ANALYSE CAUSALE ET MÉTHODES QUANTITATIVES

paramètres

Vincent Arel-Bundock

ANALYSE CAUSALE ET MÉTHODES QUANTITATIVES

Une introduction avec R, Stata et SPSS

Les Presses de l'Université de Montréal

Ce livre est publié en libre accès par les Presses de l'Université de Montréal grâce au soutien financier de la Direction des Bibliothèques de l'Université de Montréal.

Catalogage avant publication de Bibliothèque et Archives nationales du Québec et Bibliothèque et Archives Canada

Titre : Analyse causale et méthodes quantitatives : une introduction avec R, Stata et SPSS / Vincent Arel-Bundock.
Noms : Arel-Bundock, Vincent, auteur.
Description : Comprend des références bibliographiques.
Identifiants : Canadiana (livre imprimé) 20200092529 | Canadiana (livre numérique) 20200092537 | ISBN 9782760643215 | ISBN 9782760643222 (PDF) | ISBN 9782760643239 (EPUB)
Vedettes-matière : RVM : Sciences sociales—Méthodes statistiques. | RVM : Causalité. | RVM : Statistique—Logiciels.
Classification : LCC HA29.5.F7 A74 2020 | CDD 300.72/7—dc23

Mise en pages : Vincent Arel-Bundock

Dépôt légal : 1er trimestre 2021
Bibliothèque et Archives nationales du Québec

Les Presses de l'Université de Montréal remercient de son soutien financier la Société de développement des entreprises culturelles du Québec (SODEC).

Financé par le gouvernement du Canada
Funded by the Government of Canada | Canada

SODEC
Québec

IMPRIMÉ AU CANADA

FSC
www.fsc.org
MIXTE
Papier
FSC® C100212

Achevé d'imprimer
sur les presses de l'imprimerie Gauvin,
Gatineau, Québec, Canada

Introduction

> Nous estimons posséder la science d'une chose... quand nous croyons que nous connaissons la cause par laquelle la chose est, que nous savons que cette cause est celle de la chose, et qu'en outre il n'est pas possible que la chose soit autre qu'elle n'est. Il est évident que telle est la nature de la connaissance scientifique.
>
> *Aristote, Seconds analytiques*

L'analyse causale est une des tâches principales du scientifique. Un criminologue évalue l'effet d'une sentence sur la probabilité qu'un condamné récidive. Une économiste mesure l'effet de la discrimination raciale sur les perspectives d'emploi d'un immigrant. Un politologue étudie l'effet des médias sociaux sur la popularité des partis d'extrême droite. Une spécialiste du marketing jauge l'effet d'une campagne publicitaire sur les choix des consommateurs.

Malheureusement, démontrer l'existence de telles relations est difficile, puisque de nombreux phénomènes sociaux ou physiques sont fortement associés, sans être liés par une relation de cause à effet. Par exemple, la figure I.1 montre que le pourcentage de la population qui utilise un téléphone mobile est fortement associé au taux de divorce : les deux phénomènes augmentent en parallèle au fil du temps et la corrélation entre eux est presque parfaite. [1] Est-ce que cette association statistique prouve que les téléphones mobiles *causent* le divorce ? Évidemment, la réponse est « non ». L'association n'implique pas la causalité.

La distinction entre association et causalité est une des pierres d'assise de la démarche scientifique. Pourtant, cette distinction est souvent ignorée dans la vie de tous les jours, quand des arguments causaux sont défendus sur la base de simples observations descriptives. Cette différence est aussi passée sous silence dans la formation méthodologique que plusieurs étudiants reçoivent à l'université. Trop souvent,

1. Le coefficient de corrélation entre les deux variables de la figure I.1 est de 0.97. Le concept de corrélation est défini au chapitre 3.

FIGURE I.1.
Taux de divorce et d'utilisation de téléphones mobiles au Canada.

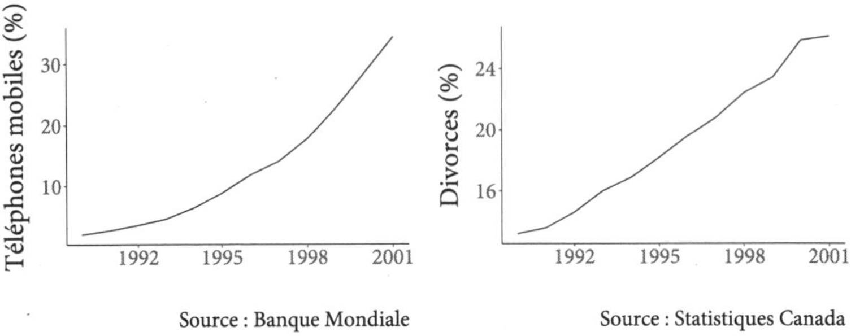

les manuels de méthodes quantitatives ignorent la question causale ou recommandent d'interpréter les résultats d'un modèle statistique en termes causaux, alors qu'ils sont corrélationnels.

Pour remédier à ce problème, ce livre offre une introduction intégrée aux méthodes quantitatives et à l'analyse causale. En plus de présenter les outils nécessaires pour exécuter des analyses statistiques, il offre un cadre théorique simple et rigoureux pour interpréter les résultats de ces analyses. Ce cadre théorique permet d'identifier les conditions qui doivent être réunies afin que l'interprétation causale de nos résultats statistiques soit justifiée.

Qu'est-ce que la causalité ?

Il y a près de 300 ans, l'Écossais David Hume proposait une définition de la causalité qui guide toujours les philosophes des sciences aujourd'hui. Dans son *Enquiry Concerning Human Understanding*, Hume (1748) décrit l'analyse causale, non pas comme le fruit d'une réflexion théorique *a priori*, mais plutôt comme la conclusion qu'un analyste tire après avoir observé des régularités empiriques. Un observateur croit qu'un phénomène en cause un autre lorsque (a) la cause et l'effet sont en constante conjonction, (b) la cause et l'effet sont contigus dans le temps et l'espace et (c) la cause précède l'effet dans le temps.

Cette théorie des régularités empiriques a inspiré plusieurs philosophes, dont l'Anglais John Stuart Mill. Dans son *System of Logic*, Mill introduit plusieurs méthodes pour formaliser l'étude des régularités empiriques et pour opérationnaliser les principes de l'analyse causale.

Une des techniques les plus importantes que Mill présente dans cet ouvrage s'appelle la « méthode de différence » :

> Dans la méthode de différence il faut [...] trouver deux cas qui, semblables sous tous les autres rapports, diffèrent par la présence ou l'absence du phénomène étudié. [...] Lorsqu'un homme est frappé au cœur par une balle, c'est par cette méthode que nous connaissons que c'est le coup de fusil qui l'a tué, car il était plein de vie immédiatement avant, toutes les circonstances étant les mêmes, sauf la blessure. (Mill, 1843, Livre III, Chapitre VIII)

La méthode de différence requiert que nous puissions comparer deux cas identiques en tous points, sauf en ce qui concerne la cause qui nous intéresse. En pratique, trouver de tels cas peut être difficile. Pour Mill, et pour les générations de méthodologues qui l'ont suivi, la quête des cas comparables est un des principaux défis de l'entreprise scientifique.

Dans les années 1970, le philosophe David Lewis a proposé une révision radicale de la théorie causale adoptée par Hume et Mill. Plutôt que de traiter l'analyse causale comme l'étude de régularités empiriques, et au lieu de chercher des individus identiques pour appliquer la méthode de différence, Lewis (1973) propose d'ancrer la causalité dans une expérience de pensée. Pour Lewis, l'analyse causale n'est pas principalement *empirique* comme chez Hume ou Mill; il s'agit plutôt d'un exercice *théorique*. Identifier la cause d'un effet, c'est interroger un monde différent, contre-factuel et non observable. Identifier la cause d'un effet, c'est poser une question hypothétique : que se serait-il passé dans un monde contre-factuel exactement identique au nôtre, mais où la cause aurait assumé une valeur différente?

L'approche théorique que nous adopterons dans ce livre repose sur cette expérience de pensée. Dans les chapitres qui suivent, vous serez invités à réfléchir aux mondes contre-factuels (hypothétiques) où la cause prend différentes valeurs.

Pour opérationnaliser cette réflexion contre-factuelle, et pour la lier aux techniques d'analyse statistique, nous tirerons profit de deux avancées majeures dans le champ de l'analyse causale. D'abord, des statisticiens comme Donald Rubin ont développé une nouvelle théorie statistique fondée sur l'analyse de mondes contre-factuels (chapitre 7). Cette théorie des « résultats potentiels » nous permet de mieux comprendre les défis pratiques auxquels font face les chercheurs, et souligne l'importance des expériences aléatoires pour l'analyse causale.

En parallèle, l'ingénieur Judea Pearl développait un nouveau langage visuel qui permet d'encoder nos postulats théoriques dans de simples « graphes orientés acycliques » (chapitre 6). Par exemple, si une théorie suggère que le phénomène X cause Y, et que le phénomène Z cause X et Y, nous pourrions illustrer cette théorie ainsi :

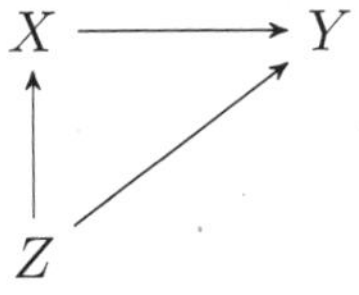

Ce type de graphe est utile sur le plan pédagogique, parce qu'il est transparent et facile à interpréter. De plus, en appliquant quelques règles simples, Judea Pearl a démontré que les graphes orientés acycliques permettent de déterminer si les résultats d'une analyse statistique peuvent être interprétés en termes de causalité.

Grâce aux innovations de Rubin, de Pearl et de leurs collaborateurs, plusieurs disciplines vivent aujourd'hui ce que les économistes Angrist et Pischke (2010) ont qualifié de « *credibility revolution* ». L'importance de cette révolution est difficile à surestimer. En combinant la théorie de l'analyse causale et les outils des méthodes quantitatives, un chercheur peut estimer rigoureusement l'effet d'un phénomène sur un autre, et ainsi contribuer à l'accumulation des connaissances sur le monde.

Feuille de route

La première partie du livre — Analyse descriptive — introduit les lecteurs à la visualisation des données et aux principes du design graphique. Elle présente les notions de probabilités et de statistiques qui sont nécessaires pour exécuter une analyse descriptive des données et pour estimer les propriétés d'une population à partir d'un échantillon. La régression linéaire par les moindres carrés est introduite comme un outil servant à résumer l'association entre plusieurs variables. Dans cette partie du livre, tous les résultats présentés sont interprétés de façon purement descriptive, et non causale.

La deuxième partie — Analyse causale — fait le pont entre l'analyse descriptive et l'analyse causale. Elle introduit deux cadres analytiques complémentaires : l'analyse graphique de Judea Pearl et la théorie des résultats potentiels de Donald Rubin. Ces deux approches permettent d'identifier les conditions *théoriques* qui doivent être satisfaites pour donner une interprétation causale aux résultats produits par le modèle de régression linéaire.

La troisième partie — Problèmes — est axée sur les problèmes pratiques auxquels font face les analystes qui travaillent avec des données d'observation : biais par variables omises, de sélection, de mesure et de simultanéité. Cette partie du livre souligne les principaux facteurs qui nuisent à l'inférence scientifique.

La quatrième partie — Solutions — offre aux lecteurs les outils dont ils ont besoin pour surmonter les défis de l'analyse causale. Elle explique que les expériences aléatoires sont souvent considérées comme le *Gold Standard* de l'analyse causale, parce qu'elles permettent d'éliminer plusieurs des biais identifiés dans la troisième partie du livre. Les chapitres qui suivent introduisent plusieurs techniques qui permettent de dériver des conclusions causales à partir de données d'observation : les expériences naturelles; l'analyse de discontinuité; l'analyse par variable instrumentale; la méthode des doubles différences; les modèles avec effets fixes; les modèles multiniveaux; le modèle linéaire généralisé; l'analyse des effets hétérogènes; et l'analyse de médiation. La présentation de chaque méthode est accompagnée de syntaxe informatique et de données, afin que les lecteurs puissent mettre la main à la pâte.

Finalement, l'annexe offre une introduction condensée aux concepts mathématiques et aux logiciels statistiques utilisés tout au long du livre. L'annexe présente aussi quelques concepts statistiques plus avancés.

Approche pédagogique

En écrivant ce livre, j'espère répondre aux besoins de ceux qui souhaitent acquérir une formation de base en méthodes quantitatives et en analyse causale. L'accent sur les *techniques* statistiques et sur la *théorie* causale distingue ce volume des autres textes de langue française dans le domaine.

Un autre aspect distinctif de ce livre est qu'il renvoie à beaucoup d'exemples, dont la majorité est tirée d'articles scientifiques publiés dans des revues avec évaluation par les pairs. La plupart des méthodes statistiques introduites sont mises en application en reproduisant de vraies analyses. Par exemple, dans son exploration des expériences naturelles, le lecteur est invité à reproduire une étude sur les quotas de femmes en politique, publiée dans l'*American Political Science Review*. La méthode des doubles différences, quant à elle, est illustrée en reproduisant l'analyse d'une étude sur le salaire minimum, publiée par l'*American Economic Review*. Les lecteurs verront donc concrètement comment les méthodes quantitatives sont déployées en recherche.

Sur le plan pédagogique, ce livre innove en faisant appel à la représentation graphique des relations causales. Mon expérience suggère que les étudiants et les lecteurs répondent bien à ces graphiques. Ils sont un outil de communication efficace, qui simplifie l'exposition, complémente l'analyse algébrique et renforce l'intuition.

Ce livre diffère aussi de plusieurs manuels de statistiques, en intégrant de près les outils logiciels. Ceux-ci devront être mis à contribution par les lecteurs qui veulent compléter les exercices qui accompagnent ce volume. Mais plus encore, le logiciel statistique est intégré à la discussion au moment même où le lecteur apprend un concept ou une technique.

En vue de rendre le texte accessible au plus grand nombre, l'emploi des idées mathématiques complexes est limité au maximum. Il n'y a aucun prérequis formel pour saisir le contenu du livre. Un grand nombre d'étudiants ont excellé dans des cours développés à partir de ce livre, même s'ils n'avaient pas étudié les mathématiques depuis l'école secondaire. Le chapitre 19 en annexe présente tous les concepts mathématiques essentiels à la compréhension, ainsi que quelques idées utiles, mais non essentielles.

Pistes de lecture

À l'université, ce livre a appuyé l'enseignement de cours en méthodes quantitatives aux niveaux du baccalauréat, de la maîtrise et du doctorat. Au baccalauréat, l'enseignant pourrait encourager une lecture sélective du livre. Par exemple, les étudiants pourraient se concentrer sur les chapitres 2 à 6 et 8 à 13, en sautant les sections intitulées « Boîte à outils » ou « Analyse algébrique ». Aux cycles supérieurs, ou dans les disciplines où les étudiants ont de solides bases mathématiques, tous les chapitres devraient être accessibles à un étudiant motivé. Pour les lecteurs plus avancés, le chapitre 20 offre un traitement plus rigoureux de certains thèmes importants, dont la régression linéaire.

Logiciels statistiques : R, Stata et SPSS

Plusieurs excellents logiciels statistiques sont aujourd'hui disponibles. Ce livre est accompagné de syntaxes complètes pour trois des langages les plus populaires : R, Stata et SPSS. Pour alléger la présentation, la syntaxe du langage R est présentée dans le texte et les syntaxes Stata et SPSS se trouvent en annexe. Toutes les analyses du livre peuvent être reproduites en exécutant ces syntaxes.

Le choix d'un logiciel statistique dépend des préférences personnelles de l'analyste et ces préférences sont largement arbitraires. J'encourage donc le lecteur à utiliser le logiciel avec lequel il est le plus confiant et efficace.

Pour les lecteurs qui ne sont pas encore familiers avec un logiciel statistique, je recommande d'adopter R. R est un logiciel libre et gratuit qui a connu une hausse fulgurante de popularité au cours des dernières années. Il est en demande sur le marché de l'emploi, tant dans les secteurs privé que public. L'interface graphique RStudio est aussi gratuite et n'a pas d'égale dans le domaine. Finalement, les ressources pédagogiques gratuites pour R sont abondantes et excellentes. Une introduction au logiciel R est offerte au chapitre 21.

Ressources en ligne et lectures complémentaires

Le site Web qui accompagne ce livre offre plusieurs ressources. D'abord, une version électronique du livre lui-même est disponible gratuitement en version libre accès. Ensuite, toutes les banques de données utilisées dans les chapitres qui suivent sont disponibles pour téléchargement. Finalement, un ensemble étoffé de capsules vidéos, de diapositives, et d'exercices est mis à la disposition des lecteurs et des enseignants.

Un livre qui couvre autant de terrain que celui-ci doit nécessairement faire des compromis. Certains thèmes auraient mérité plus d'attention, et d'autres ont dû être laissés de côté par manque d'espace. Heureusement, d'autres auteurs ont écrit des livres complémentaires au mien.

En français, le livre édité par Gauthier et Bourgeois (2016) donne un aperçu général de la recherche en sciences sociales, de la question de recherche à la mesure, jusqu'aux méthodes qualitatives et quantitatives. Guay (2014) offre une excellente introduction au logiciel R, ainsi qu'à l'estimation de nombreux tests et modèles statistiques. Gélineau

(2007) et Haccoun et Cousineau (2007) offrent des traitements clairs et conventionnels des thèmes abordés dans les chapitres 2 à 5 du présent livre.

En anglais, les livres qui s'apparentent le plus à celui-ci sont ceux de Bailey (2016), Angrist et Pischke (2008), Angrist et Pischke (2014), Morgan et Winship (2014), et Cunningham (2020). Même si certains des thèmes se recoupent dans ces publications, entendre les voix de plusieurs auteurs expliquer les mêmes concepts aide à mieux comprendre.

Pour ceux qui veulent lire un traitement plus avancé et rigoureux de la théorie des résultats potentiels, je recommande Imbens et Rubin (2015). Pearl et Mackenzie (2018) et Pearl (2000) offrent des traitements détaillés de l'analyse causale par graphe orienté acyclique.[2] Hernán et Robins (2020) présentent une fusion ambitieuse des deux cadres analytiques.

Gujarati, Porter et Gunasekar (2017) et Wooldridge (2015) sont d'excellentes introductions aux méthodes quantitatives du point de vue des sciences économiques. Greene (2017) est similaire, mais plus rigoureux. Aronow et Miller (2019) adoptent une approche qui est à la fois plus fondamentale et plus moderne. Le niveau de sophistication mathématique requis pour ces deux derniers livres est plus élevé que pour le reste.

Certains manuels intègrent plus directement les logiciels statistiques à l'apprentissage. Le livre de Cameron et Trivedi (2010) couvre un large éventail de techniques statistiques et est accompagné de syntaxe `Stata`. Les livres suivants pourraient vous aider à perfectionner votre connaissance du logiciel `R` : Monogan (2015), Wickham et Grolemund (2016), Peng (2019).

Healy (2018) est un des meilleurs traitements modernes de la visualisation des données. Ce livre est accompagné d'exemples détaillés pour le logiciel `R`. Les lecteurs qui s'intéressent à la représentation de données quantitatives en cartographie pourraient se tourner vers Field (2018).

2. Le *Book of Why* de Judea Pearl vise le grand public. Il est beaucoup moins technique que *Causality*.

Pour un traitement plus approfondi des observations répétées et des données en panel, voir Wooldridge (2010). Cattaneo, Idrobo et Titiunik (2019) font une étude détaillée de l'analyse de discontinuité. Franzese et Kam (2009) traitent des effets hétérogènes. Finalement, Gandrud (2016) offre une analyse détaillée des pratiques de recherche qui favorise la robustesse et la reproductibilité des analyses quantitatives.

Remerciements

Je remercie l'extraordinaire Sari Sikilä pour ses commentaires, les exemples et pour nos longues conversations sur la démarche scientifique. Merci à Mailis et Béa Arel pour les illustrations et les questions. Merci à Evelyne, Laurent, Danièle et Charles pour l'appui sans faille et les encouragements.

Merci à André Blais, mon mentor et ami, sans qui je ne me serais pas lancé dans cette aventure. Merci à Gérard Boismenu pour sa confiance et sa vision stratégique. Florence Vallée-Dubois m'a offert des commentaires inestimables, et a eu le courage d'être la première à enseigner avec mon manuscrit. Marco Mendoza Aviña a lu ce livre plus souvent que quiconque; il m'a offert une aide et des conseils irremplaçables.

Merci à tous les collègues, étudiants et amis qui ont contribué à ce projet. Merci à Frédérick Bastien, Laurie Beaudonnet, Charles Blattberg, Miguel Chagnon, Bill Clark, Ruth Dassonneville, David Dumouchel, Claire Durand, Rob Franzese, Jean-François Godbout, Patrick Fournier, Anne Imouza, John Jackson, Walter Mebane, Gabrielle Péloquin-Skulski, Alton BH Worthington, les étudiants des cours POL2809 et POL6021, mes collègues du département de science politique, les Bibliothèques de l'Université de Montréal, les Presses de l'Université de Montréal et deux évaluateurs anonymes.

Partie I

Analyse descriptive

Chapitre 1

Visualisation

La représentation graphique des données quantitatives a une riche tradition en statistiques, où ses bienfaits sont reconnus depuis longtemps. Des ouvrages classiques de Tukey (1977), Tufte (1983) et Cleveland (1993), jusqu'à l'admirable livre de Healy (2018), plusieurs auteurs ont montré que toute analyse descriptive ou causale devrait débuter par une inspection visuelle des données.

Après avoir expliqué pourquoi il est utile de visualiser les données quantitatives, ce chapitre décrit certains des facteurs physiologiques et perceptuels qui doivent informer le design graphique. Ensuite, il introduit quelques-uns des principes qui peuvent guider la conception de graphiques clairs et efficaces. Finalement, nous verrons plusieurs exemples de visualisations simples, qui communiquent l'information de façon transparente.

Pourquoi visualiser nos données ?

La visualisation des données remplit plusieurs fonctions. D'abord, elle permet de simplifier et de résumer les caractéristiques saillantes du monde complexe dans lequel nous vivons. Un graphique réussira souvent à rendre cohérente une masse de données qui aurait été difficile à interpréter sans lui.

Les graphiques sont un outil indispensable pour la communication et la vulgarisation scientifique. Interpréter les résultats d'une analyse statistique requiert souvent une formation spécialisée dans le domaine. En contraste, les non-spécialistes seront souvent en mesure d'interpréter correctement un graphique bien conçu. Que l'analyste veuille publier ses résultats dans une revue scientifique ou les communiquer au directeur d'une entreprise privée, la visualisation s'avère souvent utile.

Les graphiques permettent souvent d'anticiper ou de diagnostiquer les problèmes d'une analyse statistique. Par exemple, dans le chapitre 5 nous verrons que la visualisation est particulièrement utile pour identifier les observations extrêmes qui pourraient influencer les résultats d'un modèle statistique.

Une inspection visuelle des données permet souvent de découvrir certaines erreurs survenues au moment de la collecte ou du nettoyage des données. Par exemple, plusieurs organisations insèrent le chiffre -99 dans leurs banques de données pour représenter une observation manquante (p. ex., un individu qui refuse de répondre à une question de sondage). Si l'analyste ignore ce code, ses résultats pourraient être faussés. Une inspection visuelle peut désamorcer ce genre de piège.

Finalement, la visualisation des données révèle souvent des motifs qui auraient été ignorés par une analyse purement quantitative. Lorsqu'un analyste étudie ses données visuellement, il y découvre souvent des motifs inattendus. Ces motifs pourraient stimuler la réflexion et contribuer à la génération de nouvelles hypothèses de recherche.[1]

Dans le prochain chapitre, nous introduirons la moyenne, la variance et la corrélation, trois statistiques descriptives qui servent à résumer des variables numériques. La figure 1.1 montre que ces statistiques sont souvent insuffisantes pour apprécier la nature des phénomènes qui nous intéressent.[2] Les douze panneaux présentent la relation entre deux variables X et Y dans douze banques de données distinctes. Dans chacune de ces banques de données, les variables X et Y ont une moyenne de 0 et une variance de 1. Dans chacune de ces banques de données, la corrélation entre X et Y est égale à -0,06. Même si toutes ces statistiques demeurent constantes d'une banque de données à l'autre, la relation entre les deux variables varie nettement d'un panneau à l'autre dans la figure 1.1. Cet exemple illustre pourquoi les statistiques descriptives ne suffisent pas toujours. Si on veut comprendre nos données, il faut les visualiser.

1. Attention de ne pas tomber dans le piège du « *HARKing* », ou « *Hypothesizing After the Results are Known* ». Lorsque l'analyse exploratoire suscite une nouvelle hypothèse, il faudra généralement tester cette hypothèse dans une banque de données différente.

2. Les données rapportées dans la figure 1.1 ont été créées par Matejka et Fitzmaurice (2017) et sont inspirées par Cairo (2016).

FIGURE 1.1.
Relations bivariées entre X et Y dans 12 banques de données distinctes. Dans chacune, X et Y ont une moyenne de 0 et une variance de 1, et la corrélation entre X et Y est égale à -0,06.

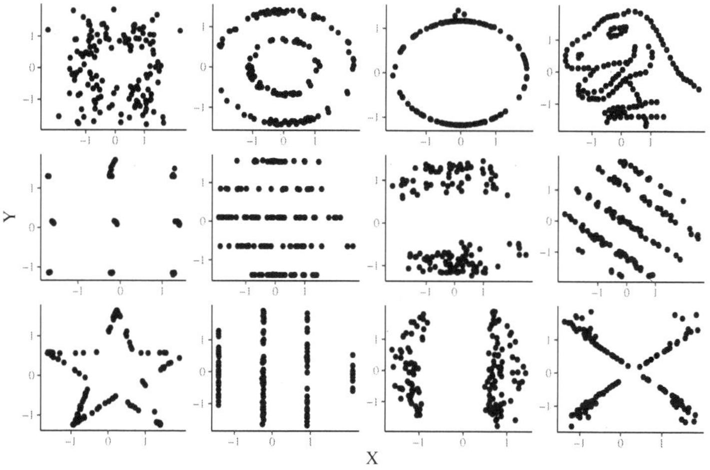

Les limites de l'œil humain

La visualisation a le potentiel d'améliorer notre compréhension des données et du monde qu'elles représentent. Par contre, tous les graphiques ne sont pas aussi parlants ou utiles.

Plusieurs chercheurs ont démontré que l'œil et le cerveau humains comparent certaines formes géométriques plus facilement que d'autres. Une expérience typique dans ce domaine consiste à présenter plusieurs formes à une personne et à lui demander de comparer la taille de ces formes en termes de pourcentage. Par exemple, dans tous les panneaux de la figure 1.2, la région blanche est 50 % plus grande que la région noire. Cleveland et McGill (1986) et Heer et Bostock (2010) ont exécuté plusieurs expériences sur la perception visuelle, en présentant des images comme celles de la figure 1.2 à un grand nombre de personnes, et en leur demandant de jauger la taille relative des différentes formes. Sur la base de ces expériences, les auteurs concluent qu'un lecteur a généralement plus de facilité à comparer la taille des bandes dans le panneau (a) de la figure 1.2 que les formes dans les

FIGURE 1.2.
Quatre méthodes distinctes pour représenter les mêmes données. Dans les quatre cas, l'aire relative des régions colorées demeure la même.

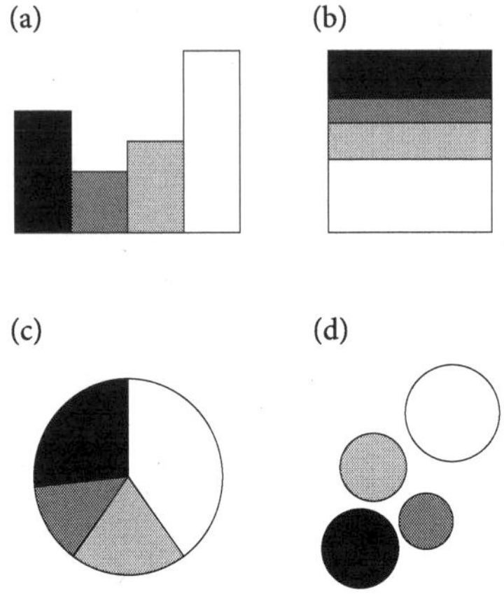

autres panneaux. Pour l'œil humain, les lignes sont plus faciles à comparer que les aires empilées, les angles ou les cercles.

Ce phénomène est mis en évidence en comparant les deux panneaux de la figure 1.3. À gauche, les quantités sont représentées par des angles, sur deux dimensions. À droite, les quantités sont représentées par des lignes, sur une seule dimension. Les données dans les deux panneaux sont exactement identiques : la pointe blanche correspond à la plus longue ligne dans la figure de droite. Pour la plupart des lecteurs, les quantités seront plus faciles à comparer dans le panneau de droite que dans celui de gauche. Dans la majorité des cas, la figure circulaire est inférieur à d'autres types de représentations visuelles. [3]

Healy (2018) décrit plusieurs autres phénomènes perceptuels importants. Parmi ceux-ci, il est utile de noter que l'œil lie les éléments visuels qui se ressemblent ou qui sont proches les uns des autres ; que les éléments incomplets sont souvent complétés inconsciemment par notre cerveau ; et que certains motifs créent des illusions d'optique.

Au-delà de la forme, il importe aussi de s'intéresser aux couleurs d'un graphique. En effet, nous savons que l'œil humain détecte plus

3. Dans certains cas, la figure circulaire peut être utile, notamment lorsqu'un analyste veut vérifier si une ou plusieurs catégories composent une majorité de l'ensemble.

FIGURE 1.3.
Deux méthodes distinctes pour présenter les mêmes données. L'aire relative des pointes correspond à la longueur relative des lignes.

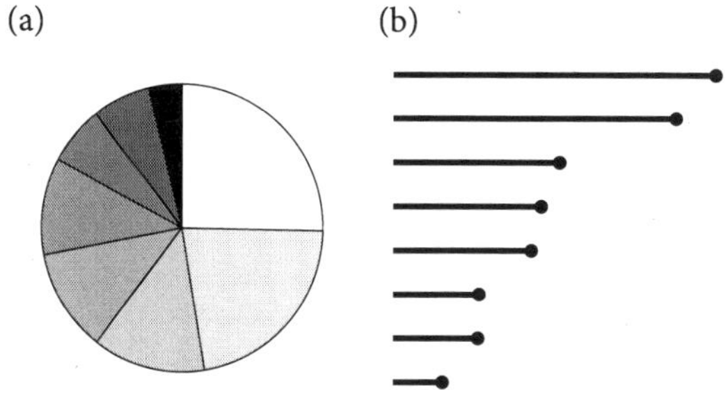

facilement les contrastes en étudiant les images monochromes que les images colorées. Lorsque le nombre de couleurs augmente dans un graphique, il devient difficile pour le lecteur de distinguer les informations pertinentes. De plus, puisque la couleur constitue un mode de transmission additionnel pour l'information, elle peut avoir préséance sur les autres (p. ex., la forme des points dans un nuage). Finalement, il est important de garder en tête qu'environ 8 % des hommes et 1 % des femmes sont daltoniens. Si un analyste veut que ses résultats soient accessibles au plus grand nombre, il doit bien choisir sa palette de couleurs (p. ex., éviter de juxtaposer le rouge et le vert).

Principes

Nos connaissances scientifiques sur la perception visuelle sont importantes, parce qu'elles permettent de poser les bases d'une analyse objective de la visualisation de données. Dans un monde idéal, nos graphiques seraient attrayants sur le plan esthétique. Par contre, les facteurs qui déterminent si une visualisation est bien conçue ne sont pas purement subjectifs ou esthétiques. Si notre but premier est de communiquer l'information de façon claire, efficace et transparente, nos graphiques doivent être conçus en tenant compte des limites physiologiques de l'œil humain. Ces limites suggèrent certains principes qui peuvent nous guider dans la conception de bons graphiques.

Principe 1 : Intégrité

L'objectif de la visualisation est de rendre compte de la nature et des caractéristiques d'une banque de données. Ces caractéristiques doivent être relatées fidèlement, avec intégrité. Un analyste malhonnête peut facilement manipuler un graphique (p. ex., échelle, axes, couleurs) pour tracer un portrait tendancieux des données.

Pour préserver l'intégrité de l'analyse, il est souvent utile de privilégier les graphiques qui montrent les données elles-mêmes, plutôt qu'une transformation de ces données. Par exemple, pour résumer la relation entre deux variables, plusieurs analystes sont tentés d'estimer immédiatement un modèle de régression (voir chapitre 5). Pour maximiser la transparence de l'analyse, il est d'abord recommandé d'étudier un simple nuage de points qui montre directement les données.

Principe 2 : Simplicité

Une stratégie efficace pour concevoir de bons graphiques est de commencer par une représentation minimaliste des données. Sur cette base, nous pouvons ensuite introduire de nouveaux éléments de façon graduelle et intentionnelle, si ces éléments aident la lecture.

Edward Tufte est une figure de proue de cette approche minimaliste. Dans son classique, *The Visual Display of Quantitative Information*, Tufte soutient qu'un bon graphique maximise ce ratio :

$$\frac{\text{Information}}{\text{Encre}}$$

Pour maximiser ce ratio, il faut concevoir un graphique dépouillé sur le plan visuel (réduire le dénominateur), mais qui exprime beaucoup d'information (augmenter le numérateur). Chaque trait et chaque point doit être conçu pour communiquer de l'information au lecteur.

En ce sens, Tufte encourage les designers à éliminer tout élément décoratif qui ne sert pas la communication. Par exemple, si les données peuvent être représentées sur deux dimensions, il serait inutile d'en ajouter une troisième en donnant de la profondeur au graphique. En général, un graphique simple se butera moins souvent aux limites de l'œil humain discutées auparavant.

Principe 3 : Contexte

Pour qu'une visualisation soit efficace, il ne suffit pas qu'elle soit simple. Il faut aussi qu'elle offre assez de contexte pour que son interprétation soit facile et sans ambiguïté. Idéalement, un graphique devrait être autosuffisant, c'est-à-dire qu'un lecteur devrait pouvoir comprendre la figure sans avoir à lire le texte.

Règle générale, un bon graphique aura ces caractéristiques :

- Un titre détaillé et informatif.
- Des axes bien étiquetés.
- Des variables clairement identifiées et mesurées sur une échelle standardisée (p. ex., dollars réels, ajustés pour l'inflation).
- Une légende descriptive.

Lorsque ces éléments sont manquants, un graphique devient difficile à interpréter.

Principe 4 : Esthétique

Les recommandations offertes précédemment sont utiles, mais elles ne doivent pas être traitées comme des lois rigides. Dans certains cas, il est utile de contrevenir aux principes de base du design graphique pour produire une image jolie ou marquante.

Les travaux du cartographe radical William « Wild Bill » Bunge débordent d'exemples (Bergmann et Morrill, 2018). Dans son *Nuclear War Atlas*, Bunge (1988) ne fait aucun effort pour masquer son point de vue de militant pacifiste. Son objectif n'est pas de traduire avec précision des relations statistiques, mais plutôt de créer des visualisations qui ont un effet viscéral sur le lecteur.

La figure 1.4 adapte une figure de cet ouvrage, où Bunge compare la puissance de feu déployée durant la Seconde Guerre mondiale à l'arsenal nucléaire des grandes puissances dans les années 1980. Bien que la figure ne nous permette pas de comparer ces deux quantités avec une précision mathématique, elle illustre parfaitement la nature insensée de la Guerre Froide et la démesure des investissements en armes de destruction massive.

Dans ce genre d'exercice, ce qui importe c'est que l'analyste fasse preuve d'intégrité et de transparence. Il doit s'assurer que la figure soit marquante, sans être tendancieuse, et sans qu'elle trace un portrait tordu de la réalité.

FIGURE 1.4.
Armement nucléaire mondial en 1982. Le point au centre représente toute la puissance de feu déployée pendant la Seconde Guerre mondiale. Les autres points représentent la puissance de feu de toutes les armes nucléaires existantes en 1982. La force nucléaire équivaut à des milliers de guerres mondiales.

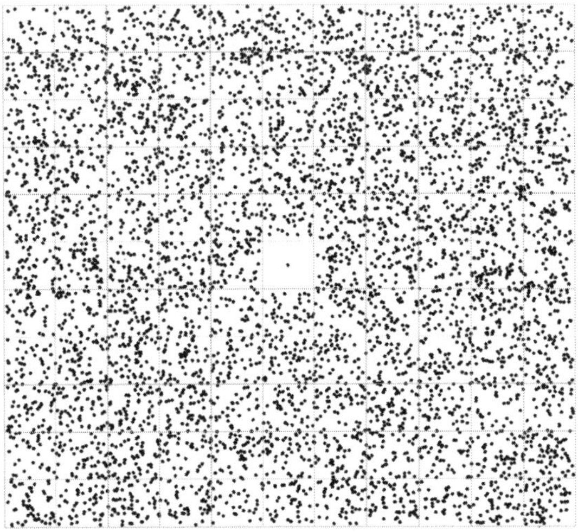

Données

Le reste de ce chapitre présente plusieurs exemples de graphiques simples, qui communiquent bien l'information. Ces graphiques sont construits à partir de trois banques de données.

La première a été assemblée dans les années 1830 par André-Michel Guerry, un des pères de la criminologie. Pour son *Essai sur la Statistique Morale de France*, l'auteur avait recueilli des informations sur tous les départements français.[4] Les données de Guerry (1833) mesurent plusieurs phénomènes, dont les crimes contre la personne, les

4. Un « département » est une région administrative du gouvernement français.

suicides, la charité et le taux d'alphabétisation. Cette banque de données comprend 85 rangées (une par département) et 23 colonnes (une par variable).

La seconde contient de l'information sur 1313 passagers qui étaient à bord du *Titanic* lors de son voyage funeste. Cette banque de données comprend 5 colonnes. Pour chaque passager, nous connaissons le nom, l'âge, le sexe, la classe de la cabine dans laquelle il voyage et nous savons s'il a survécu au naufrage.

La troisième est un extrait des *Indicateurs du développement dans le monde*, publiés par la Banque Mondiale. Cette banque de données inclut de l'information sur le PIB par habitant de nombreux pays entre 1970 et 2017 ($ US réels de 2010).

Graphiques univariés

Les premiers graphiques que nous allons considérer servent à résumer une seule variable. La figure 1.5 montre quatre façons de décrire la variable « dons aux pauvres » de la banque de données de Guerry. Cette variable enregistre le nombre de dons aux pauvres par 10 000 habitants dans chaque département français.

Le panneau (a) montre un histogramme de 10 groupes. Dans la banque de données, le nombre minimum de dons aux pauvres est égal à 0,36, et son nombre maximum est égal à 8,03. Chaque barre de l'histogramme dans la figure 1.5a couvre 1/10 de cet intervalle. La hauteur de chacune des 10 barres mesure le nombre de départements qui se trouvent dans un intervalle donné. Par exemple, la première barre verticale indique que près de 25 départements ont généré entre 0,35 et 1,13 dons par 10 000 habitants.

Un chercheur qui veut dessiner un histogramme a seulement un paramètre à choisir : le nombre de groupes (c.-à-d. le nombre de barres verticales). En augmentant le nombre de groupes, l'histogramme gagne en précision, mais perd son habileté à illustrer les tendances générales de la distribution. Le panneau (b) montre les mêmes données que dans le panneau (a), mais avec un histogramme à 50 barres.

Le panneau (c) présente une méthode analogue à l'histogramme : la densité de distribution estimée par noyau. À la gauche de la figure, la ligne est élevée. Cela indique que plusieurs départements français ont fait peu de dons aux pauvres. L'estimation par noyau produit de

FIGURE 1.5.
Distribution du nombre de dons aux pauvres par 10 000 habitants dans les départements de France.

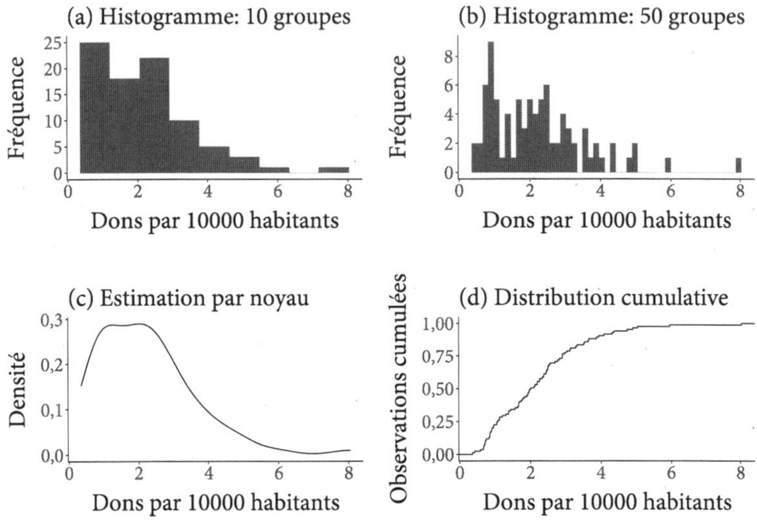

Source: Guerry (1833)

jolis graphiques qui sont faciles à interpréter. Par contre, cette approche force l'analyste à faire plus de choix arbitraires que l'histogramme. Dans l'estimation par noyau, l'analyste ne fixe pas le nombre de groupes comme avec l'histogramme, mais doit choisir des paramètres qui peuvent avoir un effet dramatique sur le résultat final (fenêtre, type de noyau, etc.).

Le panneau (d) montre la distribution cumulative de la variable « dons aux pauvres ». La position de la courbe sur l'axe vertical mesure la proportion des observations pour lesquelles la variable est inférieure au chiffre sur l'axe horizontal. Par exemple, là où l'axe horizontal est égal à 2, la hauteur de la courbe est approximativement égale à 0.50. Cela indique que 50 % des départements français ont généré moins de 2 dons par 10 000 habitants. Plus la pente est forte (verticale), plus il y a d'observations dans une région de la figure. Dans ce cas-ci, la courbe est plus accentuée dans la partie gauche de la figure; beaucoup de départements français ont fait peu de dons aux pauvres.

L'avantage de la distribution cumulative est qu'elle ne demande pas à l'analyste de choisir un paramètre arbitraire, comme le nombre de groupes ou le type de noyau. La distribution cumulative présente les données elles-mêmes, dans un état presque brut. Le désavantage de ce graphique est que peu de gens sont familiers avec la distribution cumulative et qu'elle pourrait être difficile à interpréter pour certains lecteurs.

Graphiques relationnels

Au-delà de l'analyse univariée, les graphiques nous permettent aussi d'étudier la relation entre plusieurs variables.

Nuages de points

Le nuage de points est la stratégie la plus simple pour étudier la relation entre deux variables.

Le premier panneau de la figure 1.6 montre la relation entre le taux d'alphabétisation et le rang national de chaque département en fonction du nombre de brevets que sa population enregistre. Chaque point représente un département. Lorsque le taux d'alphabétisation est élevé dans un département, le point est dessiné à la droite de la figure. Lorsque le département se classe près du premier rang national en termes d'innovation, le point est dessiné en bas de la figure.

Le nuage de points dessiné dans ce graphique semble pointer du nord-ouest au sud-est. Ceci suggère que plus la population est éduquée, plus elle est créative. Pour souligner cette relation, le deuxième panneau de la figure 1.6 ajoute une droite de régression linéaire. Comme nous le verrons dans le chapitre 5 une droite de régression à pente négative suggère que l'augmentation d'une variable (alphabétisation) est associée à une diminution de l'autre (rang national en innovation).

Dans le troisième panneau, nous ajoutons une autre dimension de comparaison : la taille de la principale ville de chaque département. Pour illustrer cette nouvelle information, la forme des points du nuage est modifiée. La légende indique que les cercles identifient les grandes villes, les triangles, les villes moyennes, et les carrés, les petites villes. De plus, nous ajoutons une étiquette manuellement pour identifier la plus grande des villes : Paris.

FIGURE 1.6.
Trois méthodes distinctes pour représenter la relation entre le taux d'alphabétisation et l'innovation technologique.

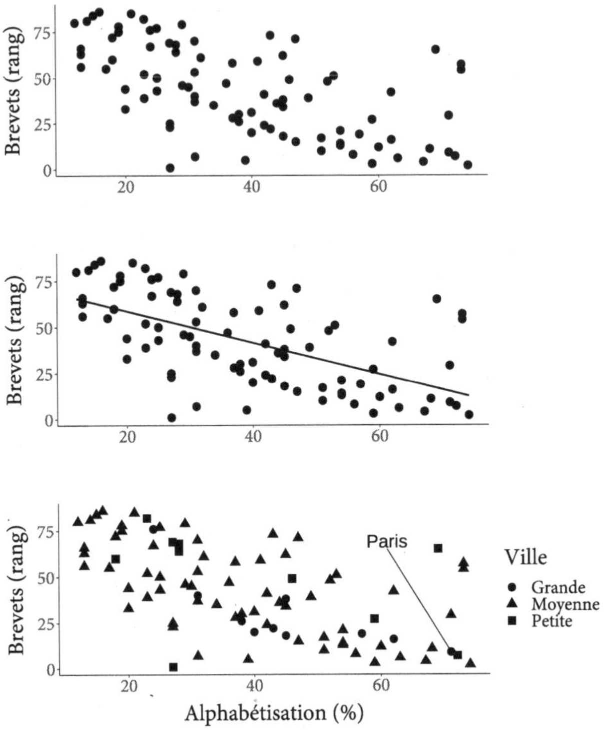

Source: Guerry (1833)

Les trois nuages de points dessinés dans la figure 1.6 illustrent bien la stratégie de design graphique suggérée par Edward Tufte : commencer avec une représentation minimaliste des données et ajouter graduellement de nouvelles informations au besoin.

Diagramme en boîte et diagramme à crêtes

Lorsque nous voulons illustrer la relation entre une variable qui représente des catégories et une variable numérique, un nuage de points peut devenir plus difficile à interpréter. Par exemple, dans le panneau (a) de la figure 1.7, les points qui représentent les départements de chaque région sont dessinés sur une même ligne. Le problème est que plusieurs des départements ont des taux d'alphabétisation qui se ressemblent ; les points correspondant à ces départements se chevauchent sur la figure, ce qui les rend difficiles à distinguer.

FIGURE 1.7.
Distribution du taux d'alphabétisation en 1831 dans les cinq grandes régions de France.

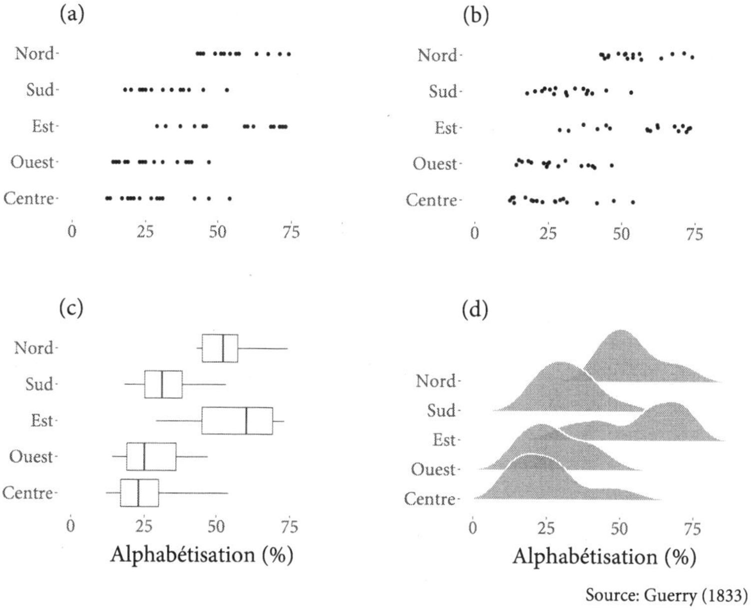

Une autre stratégie est de conserver la figure en nuage de points, mais de perturber légèrement chacun des points sur l'axe vertical. Le panneau (b) de la figure 1.7 montre le résultat. Dans ce panneau, les points ne se chevauchent plus, ce qui donne un meilleur aperçu de la distribution réelle des données. [5]

Une troisième approche est le diagramme en boîte dans le panneau (c). Les « moustaches » montrent les valeurs minimum et maximum. Les lignes qui composent la boîte identifient les quartiles et la médiane, des statistiques que nous définirons formellement dans le chapitre 3. Le taux d'alphabétisation le plus faible de la région Centre est égal à 12 % (extrémité gauche de la moustache). Vingt-cinq pour cent des départements du Centre ont un taux d'alphabétisation inférieur

5. Une stratégie similaire serait de modifier l'opacité des points sur la figure.

à 17 (gauche de la boîte). Cinquante pour cent des départements du Centre ont un taux d'alphabétisation inférieur à 23 (centre de la boîte). Soixante-quinze pour cent des départements du Centre ont un taux d'alphabétisation inférieur à 30 (droite de la boîte). Le taux d'alphabétisation le plus élevé de la région Centre est égal à 54 (extrémité droite de la moustache).

Finalement, le panneau (d) de la figure 1.7 montre un diagramme à crêtes.[6] Ce diagramme présente une densité de distribution (estimée par noyau) par groupe. Comme nous l'avons vu précédemment, ce type de graphique est joli et facile à interpréter, mais il demande à l'analyste de faire plusieurs choix arbitraires qui peuvent affecter le résultat visuel.

Analyse par sous-groupes

Une autre stratégie utile est de répéter une visualisation dans différents sous-groupes de notre banque de données. Par exemple, la figure 1.8 montre la relation que nous avons déjà étudiée, entre le taux d'alphabétisation et l'innovation, mais divise l'échantillon en fonction des grandes régions géographiques de France. La relation que nous avions observée dans la banque de données entière est plus claire dans certaines régions (centre, nord) que dans d'autres (sud).

FIGURE 1.8.
Relation entre le taux d'alphabétisation et l'innovation technologique dans les départements de France.

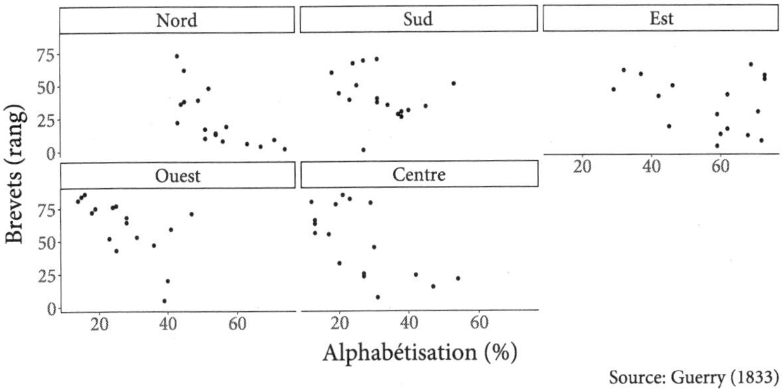

6. La statisticienne Jenny Bryan a proposé de nommer ce type de graphiques « *Joy Plot* », en honneur à l'album *Unknown Pleasures* de Joy Division.

Graphique à points

William S. Cleveland, un des pionniers de l'analyse graphique des données quantitatives, soutient qu'il est souvent préférable d'utiliser de simples points plutôt que d'autres représentations, comme des barres ou des angles.

La figure 1.9 montre comment un design simple à base de points peut communiquer beaucoup d'information. Dans cette figure, chaque point correspond à la probabilité de survie d'un type de passager à bord du *Titanic*. Les triangles identifient les hommes, et les cercles les femmes. Chaque rangée correspond aux passagers qui voyagent à bord de différentes classes de cabine.

FIGURE 1.9.
Taux de survie des passagers et passagères du *Titanic* en fonction de la classe de leur cabine.

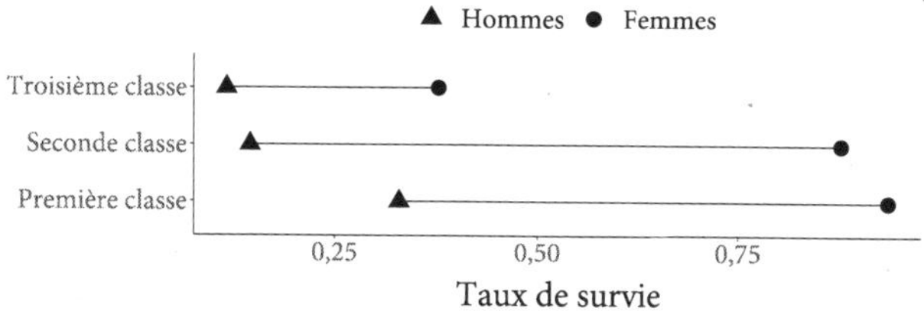

La première chose à noter est que les cercles sont tous à droite des triangles : la probabilité de survie des femmes est supérieure à celle des hommes dans toutes les classes de voyageurs. Deuxièmement, nous voyons que la probabilité de survie est plus élevée en deuxième qu'en troisième classe, et qu'elle est encore plus élevée en première classe. Finalement, nous voyons que l'écart entre les taux de survie des hommes et des femmes (c.-à-d. la longueur de la ligne) est moins grand en troisième classe que dans le reste du navire.

Séries temporelles

Une série temporelle est un graphique composé d'une ligne du temps sur l'axe horizontal et d'une variable numérique sur l'axe vertical. Ce type de visualisation est surtout utile pour communiquer l'évolution d'une variable au fil du temps, ou pour faire une comparaison avant/après, lorsqu'une variable subit un choc à un moment donné.

Le panneau (a) de la figure 1.10 montre un exemple de série temporelle. Celle-ci illustre l'évolution du produit intérieur brut par habitant de Singapour au fil du temps ($ US réels de 2010). Lorsque l'analyste veut présenter plusieurs séries temporelles sur la même figure, il peut modifier le type de lignes et inclure une légende, ou identifier les lignes directement (panneaux (b) et (c) de la figure 1.10). Notez qu'augmenter le nombre de séries temporelles présentées côte à côte nuit rapidement à la lisibilité. Règle générale, le nombre de séries temporelles présentées sur une même figure devrait être assez limité.

FIGURE 1.10.
Évolution du produit intérieur brut dans trois pays ($ US réels de 2010).

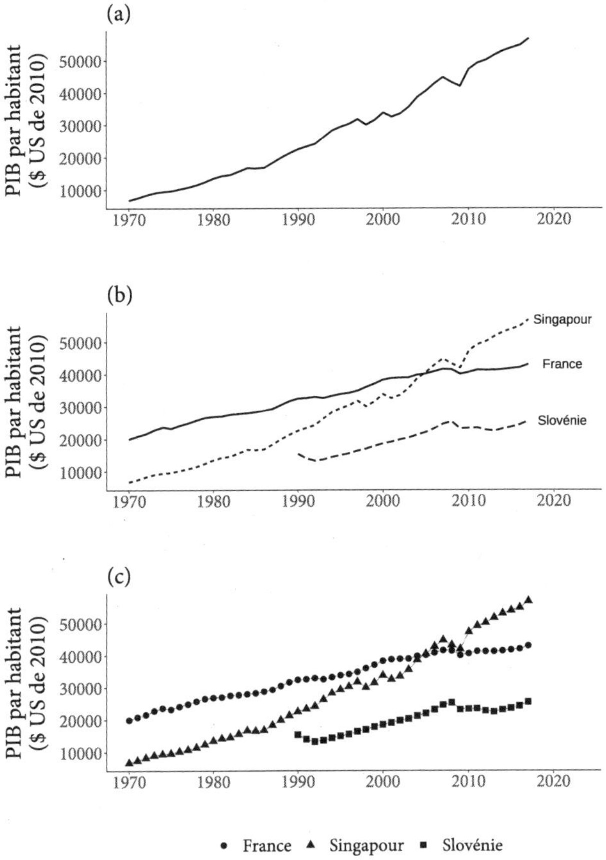

Source: Banque Mondiale

Par ailleurs, avant de dessiner une série temporelle, il est impératif de réfléchir sérieusement aux éléments de contexte à donner. Par exemple, la figure 1.11 trace l'évolution d'une variable Y au fil du temps. Chaque point représente la valeur de Y pour une année donnée. Dans le panneau de gauche, la série temporelle est présentée dans son entièreté, de l'année 2000 à 2010. L'axe vertical est fixé à l'intervalle $[0; 31]$. Dans le panneau du centre, l'axe vertical est tronqué à l'intervalle $[29{,}5; 30{,}25]$. Ce changement offre moins de contexte, mais plus de résolution. Ce panneau donne l'impression d'une chute précipitée de la variable Y en fin de période. Dans le panneau de droite, les axes vertical et horizontal sont tous deux tronqués. Ceci donne l'impression qu'Y augmente au fil du temps.

FIGURE 1.11.
Trois représentations d'une même série temporelles avec différents axes.

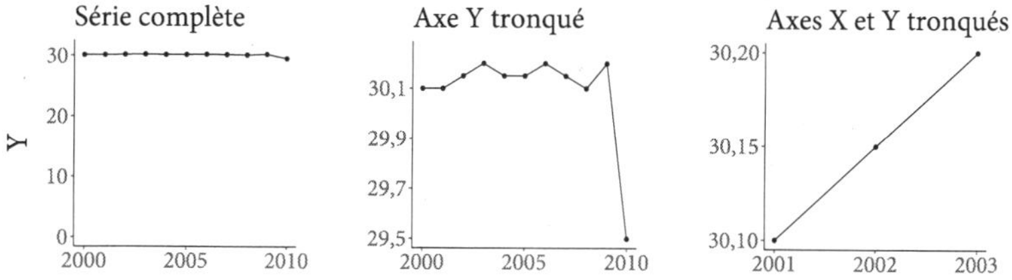

Clairement, le niveau de contexte offert par l'analyste peut avoir un effet important sur les conclusions que le lecteur tire d'un graphique. L'analyste a donc l'obligation de faire preuve d'honnêteté et de transparence dans sa présentation. Il doit donner suffisamment de contexte à son graphique pour ne pas dénaturer l'analyse.

Graphique à pentes

Dans certaines situations, il n'est pas nécessaire de présenter une série temporelle dans tous ses détails. Par exemple, si l'auteur tient simplement à souligner l'évolution à long terme du PIB par habitant, il pourrait être suffisant d'illustrer les valeurs de cette variable en début et en fin de période. La figure 1.12 montre le PIB par habitant en 1970 et en 2015 pour 5 pays. Ce graphique offre moins de détails que la figure 1.10, mais la simplicité du design facilite l'appréciation et la comparaison des trajectoires.

FIGURE 1.12.
Évolution du produit intérieur brut par habitant en milliers de $ US réels de 2010 dans cinq pays entre 1970 et 2015.

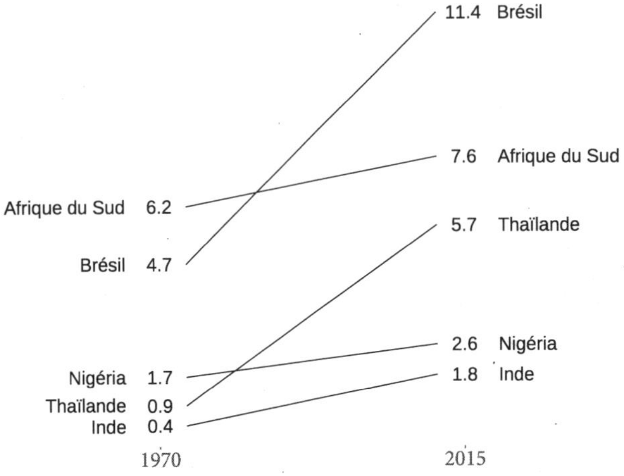

Source: Banque Mondiale

Cartes choroplèthes

Une des méthodes les plus répandues pour associer des données quantitatives à une région géographique est la carte choroplèthe. Sur ce type de carte, chaque région est colorée en choisissant une teinte qui correspond à la valeur de notre variable d'intérêt pour cette région. Par exemple, la carte 1.1 représente la province de Québec.[7] Sur cette carte, chaque circonscription est colorée pour identifier le parti politique qui a obtenu une pluralité des voies dans cette circonscription lors de l'élection fédérale de 2015.

Les cartes choroplèthes sont un outil puissant de communication scientifique. Elles peuvent présenter des données à différents niveaux d'agrégation, de la ville à la province, du pays au monde. Elles ont aussi des limites importantes. Par exemple, lorsqu'une aire géographique est grande, son poids visuel dans la présentation peut être exagéré. De même, les couleurs plus foncées ou saturées attirent plus l'œil.

Dans la province de Québec, la grande majorité de la population vit au sud; le nord-est est grand, mais peu peuplé. Comme le parti

7. Cette carte a été dessinée avec la librairie `mapcan` pour R (McCormack et Erlich, 2019).

néo-démocrate a remporté plusieurs sièges dans des circonscriptions à grande aire géographique, la carte 1.1 donne l'impression d'une victoire électorale écrasante pour ce parti. En fait, lors de l'élection fédérale de 2015, le parti néo-démocrate a remporté seulement 25 % des votes au Québec. Clairement, la prudence est de mise lorsqu'on interprète ce type de cartes.

CARTE 1.1.
Résultats de l'élection fédérale de 2015 dans la province de Québec.

Néo-démocrate | Libéral | Conservateur | Bloc Québécois

Chapitre 2

Probabilités

La théorie des probabilités est l'architecture logique qui sous-tend l'analyse de données quantitatives. Cette théorie nous permet de comparer la fréquence à laquelle un processus physique ou social produit différents résultats. Elle nous permet de caractériser l'association entre plusieurs variables. Elle nous permet d'exprimer formellement le degré d'incertitude qui entoure nos conclusions scientifiques.

Ce chapitre introduit quelques éléments fondamentaux de la théorie des probabilités. Après avoir fait la distinction entre différents types de variables, nous définissons les concepts de probabilité, de probabilité conditionnelle et d'indépendance. Ensuite, nous étudions les distributions et l'échantillonnage, deux outils indispensables en statistiques.

Le glossaire des symboles mathématiques à la fin du volume contient le vocabulaire dont certains lecteurs auront besoin pour saisir le matériel du chapitre actuel.

Événements, espace échantillonnal et variables

Avant de plonger dans l'analyse des probabilités, nous devons définir les concepts d'événement, d'espace échantillonnal et de variable. Un événement est *un* résultat possible d'un processus physique ou social. L'espace échantillonnal est l'*ensemble* de tous les événements que ce processus peut produire. Finalement, une variable est une représentation algébrique de l'espace échantillonnal. [1]

Par exemple, le lancer d'une pièce de monnaie peut produire deux événements : Pile ou Face. L'espace échantillonnal est donc

1. Dans les traitements plus formels de la théorie des probabilités, on définit une « variable aléatoire » comme une fonction qui lie les éléments de l'espace échantillonnal aux nombres réels (Casella et Berger, 2002, p. 27) Ici, nous adoptons une définition plus large qui reflète l'usage courant du mot « variable ».

l'ensemble {Pile, Face}. La variable X qui donne une représentation algébrique à cet ensemble est :

$$X = \begin{cases} 1 \text{ si Pile} \\ 0 \text{ si Face} \end{cases}$$

La variable X est donc égale à 1 si la pièce de monnaie tombe sur « pile », et 0 si elle tombe sur « face ». Suivant l'usage, nous employons une lettre majuscule comme X pour représenter une variable, et une lettre minuscule comme x pour représenter un événement spécifique.

Il existe plusieurs types de variables. Une *variable binaire* ou *dichotomique* est liée à un espace échantillonnal qui comprend seulement deux éléments : vrai/faux, oui/non, etc. Une *variable continue* peut prendre n'importe quelle valeur sur un intervalle donné : -3 ; π ; 4,5 ; etc. Une *variable de dénombrement* comprend des nombres entiers non négatifs : le nombre d'accidents de travail dans une usine, le nombre de pommes dans un pommier, etc. Une *variable ordinale* représente des catégories ordonnées :[2] Tout à fait d'accord, D'accord, Neutre, Pas d'accord, Pas du tout d'accord. Une *variable nominale* représente aussi des catégories distinctes, mais non ordonnées : Bleu, Jaune, Rouge.[3]

Si un phénomène produit toujours le même résultat, alors l'espace échantillonnal contient un seul élément. Dans ce cas, on dit qu'il s'agit d'une « constante » plutôt que d'une « variable ».

Probabilités

La probabilité d'un événement est un chiffre entre 0 et 1 qui correspond au risque d'observer cet événement. La loi de distribution d'une variable X est l'ensemble des probabilités associées à toutes les valeurs possibles de X. Nous utilisons l'expression $P(X)$ pour faire référence à cette loi.

2. Les catégories d'une variable ordinale ne sont pas nécessairement équidistantes sur le plan conceptuel. La distance « émotionnelle » entre « Tout à fait d'accord » et « D'accord » n'est peut être pas la même que la distance entre « D'accord » et « Neutre ».

3. Cette liste de types de variables n'est pas exhaustive. Par exemple, il existe des variables ratio, intervalle, ou de durée. Par ailleurs, il est utile de noter que certaines variables sont dites « bornées », c'est-à-dire qu'elles ne peuvent pas prendre de valeur au-dessus ou au-dessous d'un seuil spécifié.

Si $P(X)$ représente l'ensemble des probabilités associées à tous les éléments de l'espace échantillonnal, $P(X = x)$ représente la probabilité d'un événement spécifique x. Par exemple, si X représente le lancer d'une pièce de monnaie, alors :

$$P(X = \text{Face}) = P(X = \text{Pile}) = \frac{1}{2}$$

La somme des probabilités de tous les événements mutuellement exclusifs est égale à 1. Dans le cas de la pièce de monnaie nous avons :

$$P(X = \text{Face}) + P(X = \text{Pile}) = \frac{1}{2} + \frac{1}{2} = 1$$

Ceci implique que la probabilité d'observer un événement *différent* de x est égal à 1 moins la probabilité d'observer x :

$$P(X \neq x) = 1 - P(X = x)$$

Évidemment, si on lance une pièce de monnaie bien équilibrée, $P(X \neq \text{Face}) = 1/2$.

Probabilité à plusieurs variables

La probabilité conjointe $P(Y,X)$ représente les probabilités associées aux combinaisons possibles de deux variables.[4] L'expression $P(Y = y, X = x)$ représente la probabilité d'observer à la fois l'événement y et l'événement x.

Par exemple, le tableau 2.1 représente la distribution conjointe des produits dans une pâtisserie. La variable Y représente le type de dessert : $Y \in \{\text{Tarte, Gâteau}\}$. La variable X représente la sorte de garniture : $X \in \{\text{Fruits, Chocolat}\}$.

TABLEAU 2.1.
Nombre de desserts disponibles dans une pâtisserie, par type et garniture.

	Fruits	Chocolat
Tarte	1	2
Gâteau	3	4

4. La probabilité conjointe est souvent dénotée $P(Y \cap X)$.

La probabilité à plusieurs variables $P(Y,X)$ représente les probabilités associées à toutes les combinaisons possibles de desserts et de garnitures.

Dans le tableau 2.1, il y a 10 desserts au total. Nous voyons que :

$$\begin{aligned} P(Y = \text{Tarte}) &= \frac{3}{10} \\ P(X = \text{Fruits}) &= \frac{4}{10} \\ P(Y = \text{Tarte}, X = \text{Fruits}) &= \frac{1}{10} \end{aligned}$$

Si nous prenons un dessert au hasard, la probabilité de manger une tarte est de 30 %, la probabilité de manger un dessert aux fruits est de 40 %, et la probabilité (conjointe) de manger une tarte aux fruits est de 10 %.

Probabilité conditionnelle

La probabilité conditionnelle est un concept très important en statistiques. Lorsque nous connaissons la probabilité conditionnelle, nous pouvons répondre à cette question : si je sais déjà que la variable X est égale à x, quelle est la distribution de Y ? Plus formellement, la probabilité conditionnelle est définie ainsi :

$$P(Y|X) = \frac{P(Y,X)}{P(X)},$$

et se dit « probabilité de Y étant donné X ». En retournant à l'exemple des pâtisseries du tableau 2.1, nous voyons que :

$$\begin{aligned} P(Y = \text{Tarte}|X = \text{Fruits}) &= \frac{P(Y = \text{Tarte}, X = \text{Fruits})}{P(X = \text{Fruits})} \\ &= \frac{1/10}{4/10} = \frac{1}{4} \end{aligned}$$

Cette expression indique qu'il y a 4 desserts avec des fruits, dont 1 seul est une tarte. Intuitivement, calculer la probabilité conditionnelle équivaut à « ajuster », « contrôler », « tenir constant », ou « fixer » la variable de conditionnement. Lorsque nous calculons

$P(Y = \text{Tarte}|X = \text{Fruits})$, nous fixons la garniture. Si les seuls desserts disponibles sont garnis de fruits, la probabilité d'obtenir une tarte au hasard est de 1/4, ou 25 %.

Ce type de raisonnement conditionnel est important, puisqu'il motive le développement du modèle de régression multiple introduit au chapitre 5. La probabilité conditionnelle nous permettra aussi de définir un concept clé pour l'analyse causale : l'indépendance.

Théorème de Bayes

Le théorème de Bayes est un des résultats les plus importants de l'histoire des statistiques.[5] Ce théorème stipule que :

$$P(Y|X) = \frac{P(X|Y)P(Y)}{P(X)}$$

Imaginez qu'un journal publie la manchette suivante : « 75 % des personnes condamnées pour voie de fait ont joué à des jeux vidéos ». Formellement, le journal affirme :

$$P(\text{Jeux vidéos}|\text{Violence}) = 0{,}75$$

Cette statistique n'est pas particulièrement intéressante en soi. Ce qui nous intéresse plus, c'est la probabilité conditionnelle inverse :

$$P(\text{Violence}|\text{Jeux vidéos})$$

Si cette probabilité est élevée, nous savons que le nombre de personnes qui commettent des actes violents est élevé parmi les joueurs. Cette probabilité pourrait informer nos stratégies de détection et de prévention. Les deux probabilités conditionnelles sont liées par le théorème de Bayes :

$$P(\text{Jeux vidéos}|\text{Violence}) = \frac{P(\text{Violence}|\text{Jeux vidéos}) \cdot P(\text{Jeux vidéos})}{P(\text{Violence})}$$

5. Ce théorème est attribué au révérend Thomas Bayes (1701-1761). Il est la source d'une approche statistique (bayésienne) distincte et puissante (Gelman, Stern *et al.*, 2013).

La statistique choquante publiée par le journal pourrait donc être expliquée par trois phénomènes différents : (1) la probabilité de commettre un acte violent est élevée parmi les joueurs ; (2) la probabilité de jouer à des jeux vidéos est élevée ; ou (3) la probabilité d'être condamné pour voie de fait est faible. Sans connaître les éléments (2) et (3), il est impossible de tirer des conclusions quant à la quantité qui nous intéresse. Sans ces informations, la manchette du journal est peu informative et risque même d'induire en erreur.

Indépendance

Le concept d'indépendance est absolument crucial pour l'analyse causale. C'est l'outil théorique principal qui permettra d'identifier les conditions sous lesquelles il est possible de mesurer la relation entre une cause et un effet.

Deux variables sont indépendantes si la valeur qu'assume une des variables n'a aucune relation avec la probabilité de l'autre. Si Y et X sont indépendantes, nous écrivons : $Y \perp X$. Si Y et X ne sont *pas* indépendantes, nous écrivons $Y \not\perp X$.

Si $Y \perp X$, alors la probabilité de Y reste la même, peu importe la valeur observée x de la variable X. Pour toute valeur $x \in X$, nous avons :

$$P(Y|X = x) = P(Y)$$

Par exemple, la probabilité que je mange un sandwich à Montréal est indépendante de la température à New Delhi. [6] Peu importe la température en Inde, la probabilité ne change pas :

$$P(\text{Sandwich}|40\text{ °C}) = P(\text{Sandwich}|10\text{ °C}) = P(\text{Sandwich})$$

Qu'il fasse 10 °C ou 40 °C ou autre à New Delhi, la probabilité que je mange un sandwich à Montréal demeure la même.

6. Dans le chapitre 8 nous verrons qu'une association factice pourrait être observée si mon lunch et la température à New Delhi sont tous deux influencés par des tendances saisonnières. Nous appellerons ce problème un « biais par variable omise ».

L'indépendance statistique a une conséquence très importante. Lorsque X et Y sont indépendantes, leur probabilité conjointe est égale au produit de leurs probabilités individuelles :

$$P(Y, X) = P(Y)P(X)$$

Par exemple, si nous lançons trois dés à six faces (X,Y,Z) et que ces trois dés sont indépendants, alors nous avons : $X \perp Y$, $X \perp Z$ et $Y \perp Z$. Dans ce contexte, la probabilité conjointe d'obtenir le chiffre 5 trois fois est égale à :

$$\begin{aligned} P(X = 5, Y = 5, Z = 5) &= P(X = 5)P(Y = 5)P(Z = 5) \\ &= \frac{1}{6} \cdot \frac{1}{6} \cdot \frac{1}{6} = \frac{1}{216} \end{aligned}$$

Distributions

Les variables que nous avons considérées auparavant pouvaient assumer un nombre restreint de valeurs (p. ex., pile ou face). En pratique, plusieurs phénomènes peuvent produire un très grand nombre — voire une infinité — de résultats distincts. Dans ce cas, il est utile d'employer une autre méthode pour représenter les probabilités. Le concept de « distribution » peut remplir ce rôle.

Une distribution est une fonction mathématique qui décrit la probabilité qu'un processus physique ou social produise certains événements. Lorsqu'un processus se conforme à une distribution donnée, nous sommes en mesure de quantifier la probabilité d'observer un résultat plutôt qu'un autre.

Par exemple, la probabilité d'obtenir pile ou face lors de lancers répétés d'une pièce de monnaie peut être décrite par la distribution Bernoulli; la taille des hommes adultes canadiens suit une distribution approximativement « normale »; le nombre de morts accidentelles par ruade de cheval suit une distribution similaire à la loi Poisson.[7] Le reste de cette section introduit plusieurs distributions, dont la Bernoulli, la normale et la Poisson.

7. La distribution Poisson a été définie pour la première fois par le mathématicien français Siméon Denis Poisson. À la fin du 19e siècle, Ladislaus Bortkiewicz utilisa la distribution Poisson dans son analyse statistique de la mortalité dans l'armée prussienne.

Distributions discrètes

La première rangée de la figure 2.1 montre trois distributions « discrètes », c'est-à-dire trois distributions qui représentent la probabilité de variables dont les valeurs possibles sont dénombrables. La hauteur des barres représente la probabilité relative d'observer chaque nombre lorsque nous prenons (ou observons) un événement au hasard dans cette distribution.

La figure 2.1a présente une distribution Bernoulli. Un phénomène qui se conforme à la distribution Bernoulli peut produire seulement deux résultats. Par exemple, le lancer d'une pièce de monnaie produit les résultats « pile » (1) ou « face » (0). La forme de la distribution Bernoulli est gouvernée par le paramètre p, qui détermine la probabilité de d'obtenir un 1. Dans la figure 2.1b, la probabilité d'obtenir un 1 est égale à 75 %. Si nous observons un très grand nombre d'événements gouvernés par cette distribution, 75 % des observations seraient égales à 1, et 25 % des observations seraient égales à 0.

FIGURE 2.1.
Trois distributions discrètes et trois distributions continues. L'axe horizontal montre les valeurs possibles d'une variable. L'axe vertical mesure la fréquence relative de chacune des valeurs possibles.

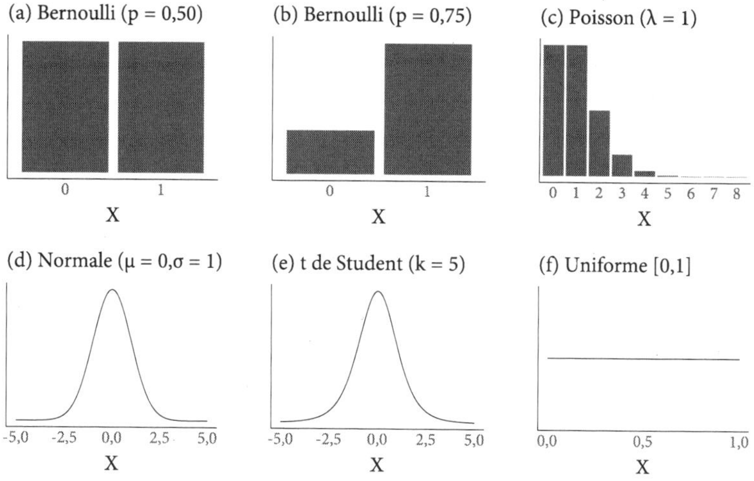

La figure 2.1c représente une distribution Poisson. Cette distribution produit des nombres entiers non négatifs. La distribution Poisson est souvent utile pour caractériser des variables de dénombrement, comme le nombre de personnes dans une salle, ou le nombre de poissons dans un aquarium. La forme de la distribution Poisson est gouvernée par un paramètre appelé λ (lambda). La figure 2.1c montre une distribution Poisson avec $\lambda = 1$. Hausser ce paramètre déplacerait le pic de l'histogramme vers la droite.[8]

Distributions continues

La seconde rangée de la figure 2.1 montre trois exemples de distributions continues. Ces distributions peuvent produire un nombre infini de valeurs pour la variable X. Comme dans les histogrammes, la hauteur de la ligne de distribution indique la fréquence relative des valeurs possibles de X.

La figure 2.1d montre une distribution normale. La distribution normale est symétrique, c'est-à-dire que la queue de gauche est le miroir de la queue de droite. Dans ce cas-ci, le pic de la distribution se trouve à 0 sur l'axe horizontal. Cela veut dire que si nous tirons un grand nombre de chiffres aléatoires à partir de cette distribution, la plupart de ces chiffres se situeront dans la région du pic, soit près de 0. La probabilité de d'obtenir un nombre qui se trouve loin de 0 du côté positif ou négatif est beaucoup moins importante, puisque la ligne de distribution est plus basse dans les extrémités de la figure. La forme de la distribution normale est déterminée par deux paramètres : la moyenne μ (mu) et l'écart type σ (sigma).

Une seule distribution peut prendre différentes formes, en fonction des paramètres qui la caractérisent. La figure 2.2 montre deux distributions normales. Celle de gauche a une moyenne de -5 et un écart type de 1 ; celle de droite a une moyenne de 0 et un écart type de 3. Dans le chapitre 3, nous verrons que la moyenne est une mesure de centralité, tandis que l'écart type est une mesure de dispersion. La moyenne détermine où se trouve le centre (ou le pic) de la distribution normale; l'écart type détermine si la distribution est évasée ou concentrée. La distribution normale avec une moyenne de 0 et un écart type de 1 est si importante qu'elle porte un nom distinct : la loi normale centrée réduite.

La figure 2.1e montre une loi de Student. Cette distribution est symétrique et centrée à zéro. La forme exacte de la loi de Student est

8. Formellement, λ mesure à la fois la moyenne et la variance de la variable aléatoire. Ces statistiques seront introduites au chapitre 3.

FIGURE 2.2.
Deux distributions normales. La moyenne détermine où se trouve le centre de la distribution, et l'écart type détermine si la distribution est évasée ou concentrée.

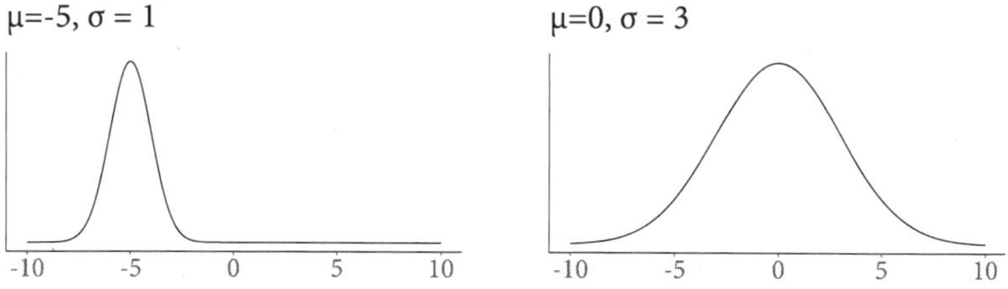

déterminée par un paramètre k appelé « degrés de liberté ».[9] Dans ce cas-ci, la loi de Student ressemble beaucoup à la distribution normale, mais ses ailes sont légèrement plus épaisses. Lorsque k augmente, la forme de la loi de Student converge vers celle de la distribution normale.

La figure 2.1f montre une distribution uniforme. Pour définir une telle distribution, il faut choisir deux valeurs qui bornent un intervalle. Ici, la distribution est ancrée par la valeur minimum 0 et la valeur maximum 1. Toutes les valeurs sur l'intervalle d'une distribution uniforme ont la même probabilité de se réaliser.

Distributions et probabilités

Les distributions continues ont une caractéristique utile : puisque la somme des probabilités d'une variable est toujours égale à 1, l'aire sous la courbe de distribution est toujours égale à 1.

Par conséquent, nous pouvons calculer la probabilité d'un événement en mesurant l'aire sous la courbe de la distribution de sa variable.[10] Par exemple, si X est une variable distribuée suivant la loi normale centrée réduite, la probabilité qu'une observation x tirée de cette distribution soit plus petite que 0 est illustrée par la région grise dans le panneau de gauche de la figure 2.3. La probabilité d'obtenir un

9. Dans plusieurs tests statistiques impliquant la loi de Student, le nombre de degrés de liberté sera égal au nombre d'observations, moins le nombre de paramètres à estimer. Par exemple, un test statistique qui vise à estimer un seul paramètre — la moyenne d'une population — utilisera une loi de Student avec $n - 1$ degrés de liberté, où n représente le nombre d'observations dans l'échantillon (voir chapitre 4).

10. La probabilité de tirer un nombre précis parmis l'infinité de nombres possibles dans une distribution continue est égale à zéro. Pour cette raison, nous calculons toujours les probabilités en mesurant l'aire sous la courbe pour un intervalle, et non pour un point.

nombre entre 0 et 1 est illustrée par la région grise dans le panneau de droite de la figure 2.3.

FIGURE 2.3.
Deux distributions normales centrées réduites. L'aire grise sous la courbe mesure la probabilité d'obtenir un nombre situé dans cet intervalle.

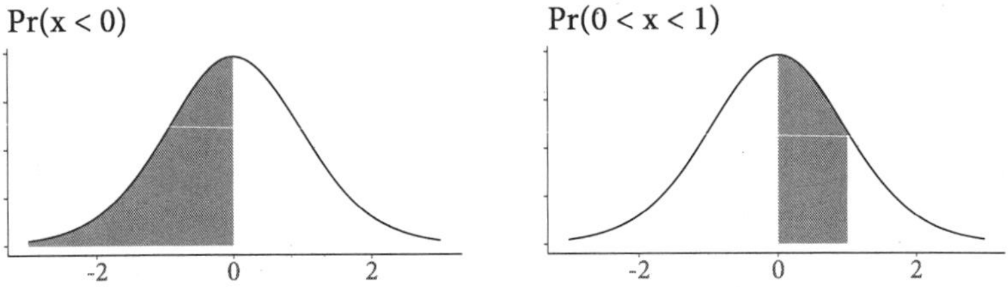

La fonction pnorm(x) du logiciel R calcule l'aire sous la courbe d'une distribution normale à gauche de x.[11] La probabilité d'obtenir un nombre plus petit que 0 est égale à :

```
pnorm(0)
## [1] 0,5
```

La probabilité d'obtenir un nombre entre 0 et 1 est égale à :

```
pnorm(1) - pnorm(0)
## [1] 0,3413447
```

Calculer l'aire sous la courbe d'une distribution sera utile dans le chapitre 4, lorsque nous introduirons la valeur p et le test d'hypothèse nulle.

11. Des fonctions analogues sont disponibles pour plusieurs autres distributions, dont pt, ppois, pchisq, pbinom, plnorm.

Chapitre 3

Statistiques descriptives

Les statistiques descriptives permettent de résumer de façon concise les caractéristiques principales de nos données. Ce chapitre introduit trois principaux types de statistiques descriptives : les mesures de centralité, de dispersion et d'association bivariée. Une étude de cas illustre ensuite comment calculer ces statistiques à partir de vraies données, en utilisant un logiciel statistique.

Centralité

La moyenne, la médiane et le mode sont trois façons distinctes d'identifier les observations qui se trouvent « au centre » d'un échantillon. L'espérance mathématique est une généralisation du concept de moyenne, qui s'applique à l'étude de populations complètes plutôt que d'échantillons.

Moyenne

Pour un ensemble X de taille n, la moyenne est représentée par $\bar{X}$ et se calcule :

$$\bar{X} = \frac{1}{n}\sum_{i=1}^{n} X_i \tag{3.1}$$

Par exemple, si X contient 5 éléments $\{1, 3, 4, 8, 9\}$, la moyenne est :

$$\bar{X} = \frac{1}{5}(1 + 3 + 4 + 8 + 9) = 5$$

Médiane

La médiane est la valeur qui sépare une série ordonnée de nombres en deux parties contenant le même nombre d'éléments. [1] Par exemple, la médiane de X est 4 :

$$\underbrace{1,3}_{\text{2 éléments}} \; \boxed{4}, \; \underbrace{8,9}_{\text{2 éléments}}$$

La médiane est plus « robuste » que la moyenne, au sens où elle est moins sensible aux valeurs extrêmes ou aberrantes. Considérez les deux ensembles suivants :

$$\{1,2,3,4,5\} \qquad \text{Moyenne} = 3\,;\ \text{Médiane} = 3$$
$$\{1,2,3,4,100\} \qquad \text{Moyenne} = 22\,;\ \text{Médiane} = 3$$

La moyenne est fortement affectée par l'introduction de la valeur extrême 100, alors que la médiane ne change pas.

Mode

Le mode est la valeur la plus fréquente d'un ensemble. Par exemple, dans l'ensemble suivant, le mode est 8 :

$$\{1,2,2,3,4,7,8,8,8\}$$

Espérance

Dans le chapitre 4, nous verrons qu'il y a une distinction importante entre les statistiques calculées à partir d'une « population » entière, ou à partir d'un « échantillon », c'est-à-dire à partir d'un sous-groupe de la population. L'espérance est un opérateur mathématique qui représente la moyenne d'une population entière, plutôt que d'un échantillon. [2]

1. Par convention, si un ensemble comprend un nombre pair d'éléments, la médiane est définie comme la moyenne des deux éléments centraux.

2. L'espérance peut également être vue comme une moyenne à « long terme », calculée après un grand nombre de répétitions de l'expérience qui produit la variable X. Par exemple, si je m'intéresse à la moyenne d'un lancer de dé, je pourrais théoriquement lancer mon dé un nombre infini de fois. Dans ce cas, l'espérance correspond à la moyenne que nous obtiendrions à partir d'un nombre infini de répétitions de l'expérience.

L'espérance de X s'écrit $E[X]$ et se calcule ainsi :

$$E[X] = \sum_{\forall x \in X} x \cdot P(X = x) \tag{3.2}$$

Pour toutes les valeurs x possibles de la variable X, nous multiplions x par la probabilité d'observer x, et nous prenons la somme.[3] Par exemple, si X représente le lancer d'un dé ordinaire à six faces, l'ensemble X est composé des chiffres de 1 à 6. La probabilité d'obtenir n'importe lequel de ces chiffres est égale à 1/6. Par conséquent, l'espérance est :

$$\begin{aligned} E[X] &= 1 \cdot \frac{1}{6} + 2 \cdot \frac{1}{6} + 3 \cdot \frac{1}{6} + 4 \cdot \frac{1}{6} + 5 \cdot \frac{1}{6} + 6 \cdot \frac{1}{6} \\ &= 3{,}5 \end{aligned}$$

Dans le chapitre 2, nous avons vu qu'une variable « binaire » ou « dichotomique » peut prendre seulement deux valeurs : 0 et 1. Si Z est une variable dichotomique avec cette probabilité :

$$P(Z) = \begin{cases} P(Z = 0) = \frac{3}{5} \\ P(Z = 1) = \frac{2}{5} \end{cases}$$

alors l'espérance est égale à

$$E[Z] = 1 \cdot \frac{2}{5} + 0 \cdot \frac{3}{5} = 40\ \%$$

L'espérance d'une variable binaire est donc égale à la probabilité d'observer un 1.

Espérance conditionnelle et indépendance

Un autre concept important est l'espérance conditionnelle, qui s'écrit :

$$E[Y|X = x]$$

3. L'opérateur de somme $\sum$ est présenté en annexe au chapitre 19. L'expression $\forall x \in X$ se dit « pour toutes les valeurs possibles x de l'ensemble X ». Notez que si X est une variable continue, l'espérance est définie par une intégrale.

Elle se dit « valeur attendue de Y lorsque X est égale à x ». Cette équation nous indique qu'il faut calculer l'espérance de la variable Y en considérant seulement les observations pour lesquelles la variable X est égale à x.

Si deux variables sont indépendantes, alors l'espérance conditionnelle est égale à l'espérance :

$$\text{Si} \quad X \perp Y, \quad \text{alors} \quad E[Y|X] = E[Y] \tag{3.3}$$

Cette règle est très importante. Dans les chapitres 5, 7, 8 et 9, c'est elle qui nous permettra de déterminer si on peut donner une interprétation causale à nos analyses statistiques.

Dispersion

Les mesures de dispersion nous aident à répondre à la question suivante : est-ce que beaucoup d'observations s'éloignent du centre de la distribution, ou est-ce que la plupart des observations sont concentrées autour du centre ?

Le panneau de gauche de la figure 3.1 montre un échantillon d'individus adultes. Le panneau de droite de la figure 3.1 montre un échantillon composé d'adultes et d'enfants. Les tailles des membres de l'échantillon de droite sont plus dispersées que les tailles dans l'échantillon de gauche.

FIGURE 3.1.
Tailles des individus dans deux échantillons. La variance des tailles est plus grande dans l'échantillon de droite que dans l'échantillon de gauche.

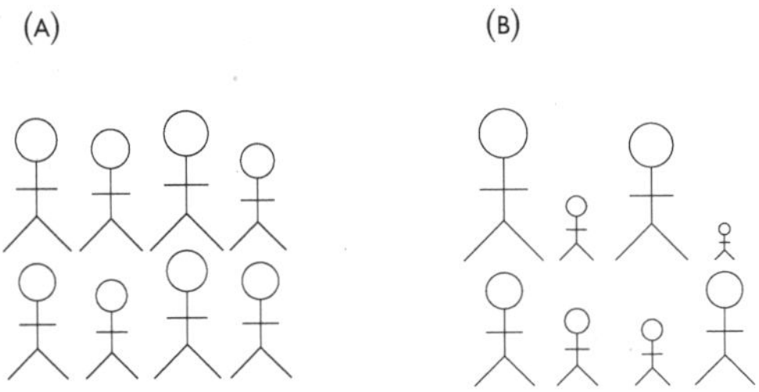

Pour mesurer la dispersion, nous allons considérer trois statistiques : la variance, l'écart type et l'écart interquartile.

Variance

La variance d'un ensemble X composé de n éléments s'écrit σ_X^2 ou $\mathrm{Var}(X)$ et se calcule ainsi :[4]

$$\sigma_X^2 = \mathrm{Var}(X) = \frac{1}{n}\sum_{i=1}^{n}(X_i - \bar{X})^2 \quad (3.4)$$

Plus la variance est grande, plus les valeurs ont tendance à s'éloigner du centre de la distribution. Par exemple, l'ensemble $X = \{0,1,2\}$ a une moyenne de 1 et une variance de :

$$\sigma_X^2 = \frac{1}{3}\left[(0-1)^2 + (1-1)^2 + (2-1)^2\right] = \frac{2}{3}$$

L'ensemble $Z = \{-2, 1, 4\}$ a aussi une moyenne de 1, mais une plus grande variance :

$$\sigma_Z^2 = \frac{1}{3}\left[(-2-1)^2 + (1-1)^2 + (4-1)^2\right] = 6$$

Écart type

Un problème de la variance est qu'elle ne peut pas être interprétée sur la même échelle que la variable originale. En effet, la formule 3.4 prend le carré des déviations par rapport à la moyenne ; la variance est donc une mesure des déviations par rapport à la moyenne, mais ces déviations sont élevées au carré, ce qui change l'unité de mesure. Pour ramener notre mesure de dispersion à la même échelle que la variable originale, il est courant de prendre sa racine carrée. Le résultat de cette transformation s'appelle un « écart type ». L'écart type de X s'écrit et se calcule ainsi :

$$\sigma_X = \sqrt{\sigma_X^2} = \sqrt{\mathrm{Var}(X)}$$

4. Lorsque nous voulons estimer la variance d'une population à partir d'un échantillon, il est préférable d'appliquer la correction de Bessel et de modifier le dénominateur : $\mathrm{Var}(X) = \frac{1}{n-1}\sum_{i=1}^{n}(X_i - \bar{X})^2$.

Écart interquartile

Comme la moyenne, la variance et l'écart type peuvent être affectés par les valeurs extrêmes ou aberrantes. Pour obtenir une mesure de dispersion plus robuste, l'analyste peut se tourner vers une autre statistique : l'écart interquartile.

Pour comprendre comment calculer l'écart interquartile, il faut d'abord introduire le concept de « centile ». Les centiles sont les 99 valeurs qui divisent une variable X en 100 groupes composés du même nombre d'observations. Pour identifier les centiles, l'analyste range toutes les observations d'une variable X en ordre croissant, et il divise celles-ci en 100 groupes de taille identique. Le 1er centile est la valeur qui sépare le 1 % des plus petites valeurs de X du reste. Le 25e centile est la valeur qui sépare le 25 % des plus petites valeurs de X du reste. Le 75e centile est la valeur qui sépare le 75 % des plus petites valeurs de X du reste.

L'écart interquartile mesure la distance entre le 25e centile et le 75e centile. Dans la figure 3.2, 25 % des valeurs de X se trouvent à gauche de la ligne pleine, et 75 % des valeurs de X se trouvent à gauche de la ligne pointillée. La distance entre les deux lignes mesure l'écart interquartile. La figure 3.2 montre que l'écart interquartile mesure la dispersion du 50 % central des données. Plus l'écart interquartile est grand, plus les observations ont tendance à s'éloigner du centre de la distribution.

FIGURE 3.2.
Écart interquartile d'une variable X. Le quart des points se trouvent à gauche de la ligne pleine. Le trois quart des points se trouvent à gauche de la ligne pointillée. L'écart interquartile est la distance entre les deux lignes verticales.

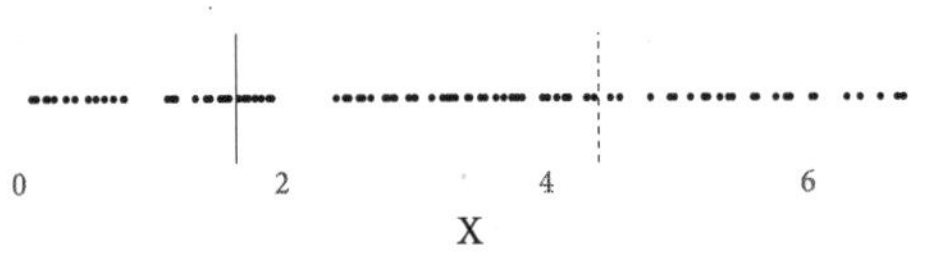

Association

Toutes les statistiques que nous avons étudiées jusqu'à maintenant étaient univariées, c'est-à-dire qu'elles ne concernaient qu'une seule variable à la fois. Nous nous penchons maintenant sur trois approches qui permettent de mesurer la force de l'association entre deux variables : la covariance, la corrélation, et les tableaux de contingence.

Covariance

La covariance mesure l'association linéaire entre deux variables. Cette statistique se calcule ainsi :

$$\text{Cov}(X, Y) = \frac{1}{n}\sum_{i=1}^{n}(X_i - \bar{X})(Y_i - \bar{Y}) \tag{3.5}$$

où n est le nombre d'observations, $\bar{X}$ est la moyenne de X, et $\bar{Y}$ est la moyenne de Y.

Lorsque la covariance est positive, les valeurs élevées de X sont associées à des valeurs élevées de Y. Lorsque la covariance est négative, les valeurs élevées de X sont associées à des valeurs faibles de Y.

Par exemple, si une chercheuse calcule la covariance entre la taille et le revenu, et si elle découvre que $\text{Cov}(\text{Taille}, \text{Revenu}) > 0$, alors elle peut conclure que les grands ont tendance à avoir un revenu élevé. Si un chercheur calcule la covariance entre l'âge et le nombre de cheveux, et s'il découvre que $\text{Cov}(\text{Âge}, \text{Cheveux}) < 0$, alors il peut conclure que les vieux ont tendance à avoir moins de cheveux que les jeunes.

Corrélation

Un problème de la covariance est qu'elle dépend de l'échelle des variables qui entrent dans son calcul. Par exemple, si nous mesurons la covariance entre les tailles de parents et de leurs enfants en centimètres plutôt qu'en mètres, la covariance estimée sera 10 000 fois plus grande.

Pour faciliter l'interprétation, il est donc utile de normaliser la covariance en la divisant par le produit des écarts types des deux variables. Le résultat de cette opération est le coefficient de corrélation de Pearson[5] :

$$r_{XY} = \frac{\text{Cov}(X, Y)}{\sigma_X \sigma_Y} \tag{3.6}$$

5. Karl Pearson (1857-1936) est un mathématicien anglais qui a fait de nombreuses contributions fondamentales au champ des statistiques. Il était aussi eugéniste et raciste.

Cette mesure d'association a plusieurs propriétés intéressantes. D'abord, la corrélation ne sera jamais inférieure à -1 ou supérieure à 1. Ensuite, lorsque $r_{XY} > 0$, on dit que la relation linéaire entre X et Y est « positive », c'est-à-dire que des valeurs élevées pour la variable X ont tendance à être associées à des valeurs élevées pour la variable Y. À l'inverse, lorsque $r_{XY} < 0$, la relation linéaire entre X et Y est dite « négative » : les valeurs élevées de X sont associées à des valeurs faibles de Y. Finalement, plus la corrélation approche les extrêmes (-1 ou 1), plus l'association entre les deux variables est forte ; quand la corrélation est égale à zéro, il n'y a pas d'association linéaire entre les deux variables.

La figure 3.3 montre quatre paires de variables. Dans le panneau (a), la relation entre X et Y est forte et négative ($r_{XY} = -0{,}9$). Le panneau (b) montre une association positive, mais modérée. Dans le panneau (c), il n'y a aucune relation linéaire entre X et Y ; la relation est nulle ($r_{XY} = 0{,}0$).

FIGURE 3.3.
Coefficients de corrélation entre quatre paires de variables.

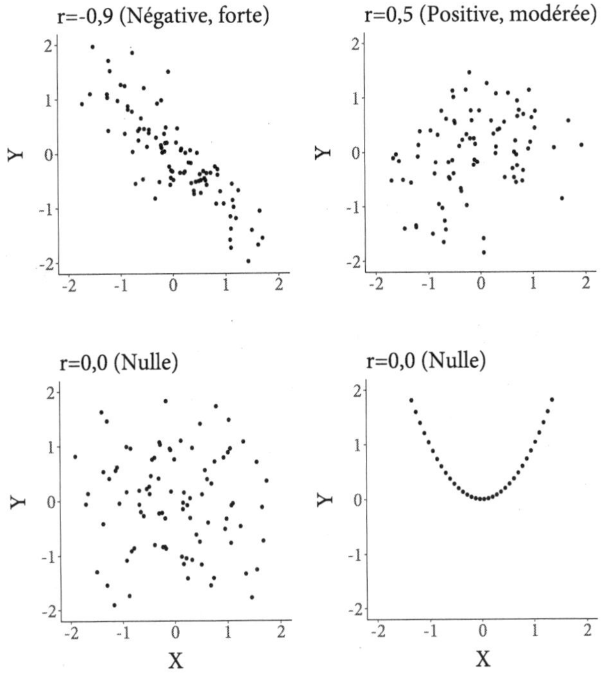

Finalement, le panneau (d) de la figure 3.3 illustre un point important : la corrélation et la covariance sont des mesures d'association *linéaire*. Si la relation entre nos deux variables est non linéaire, cette association risque de ne pas être saisie. Dans le panneau (d), la relation entre X et Y est parfaitement quadratique ($Y = X^2$), mais le coefficient de corrélation estimé est $r_{XY} = 0$. Ce coefficient de corrélation nul indique qu'il n'y a pas de relation *linéaire* entre X et Y.

Variables catégoriques

La covariance et la corrélation sont utiles pour mesurer l'association linéaire entre des variables continues. Lorsque nous voulons étudier l'association entre deux variables catégoriques (binaires, ordinales, ou nominales), nous pouvons employer un tableau de contingence.

Par exemple, le tableau de contingence 3.1 montre le nombre de morts et de survivants suite au naufrage du *Titanic* : 154 femmes sont mortes et 308 ont survécu ; 709 hommes sont morts et 142 ont survécu. Ces chiffres donnent la nette impression que le taux de survie est plus élevé pour les femmes que pour les hommes.

TABLEAU 3.1.
Taux de survie pour différents groupes de passagers suivant l'accident du *Titanic*.

	Mort	Vivant
Femme	154	308
Homme	709	142

Pour vérifier les intuitions dérivées d'un tel tableau de contingence, il est utile de donner une expression numérique à l'association entre les deux variables binaires ou ordinales qui nous intéressent. Plusieurs statistiques ont été proposées pour accomplir cette tâche.[6] Par exemple, une des statistiques les plus courramment employées dans ce contexte est le tau de Kendall (τ).

Comme la corrélation, la valeur de τ est contenue dans l'intervalle $[-1,1]$, le signe de τ indique la direction de la relation entre les deux

6. Parmi celles-ci, on compte le Gamma de Goodman et Kruskal, et le D de Somers. Les chapitres 4 et 5 introduisent le test de signification statistique autour de l'estimé d'une moyenne ou d'un coefficient de régression linéaire. Il est possible d'exécuter un test d'hypothèse nulle analogue lorsque les variables sont catégoriques, notamment à l'aide du χ^2 ou du test exact de Fisher.

variables, et une valeur de $\tau = 0$ suggère qu'il n'y a pas d'association entre les deux variables.

Études de cas

Avant de conclure ce chapitre, il est utile d'illustrer le calcul des statistiques descriptives et de tableaux de contingence avec un logiciel statistique et de vraies données. Pour commencer, nous importons la banque de données d'André-Michel Guerry (voir le chapitre 1) dans le logiciel `R` :

```
dat <- read.csv('data/Guerry.csv')
```

La variable `ville` mesure la taille de la plus grande ville de chaque département en trois catégories : Petite, Moyenne et Grande. Pour trouver le mode, nous utilisons la fonction `table`, qui compte la fréquence de chaque catégorie. Sans surprise, les villes de taille moyenne sont les plus communes (c.-à-d. le mode) :

```
table(dat$ville)
##
##  Grande Moyenne  Petite
##      10      65      10
```

La variable `population1831` mesure la population de chaque département en milliers d'habitants. Nous calculons la moyenne, la médiane, la variance et l'écart type ainsi :

```
mean(dat$population1831)
## [1] 380,7842

median(dat$population1831)
## [1] 346,3

var(dat$population1831)
## [1] 21993,84

sd(dat$population1831)
## [1] 148,3032
```

Comme nous l'avons vu précédemment, l'écart type est égal à la racine carrée de la variance :

```
sd(dat$population1831)
## [1] 148,3032

sqrt(var(dat$population1831))
## [1] 148,3032
```

Pour calculer l'écart interquartile, il suffit d'utiliser la fonction `quantile` et de soustraire le 25e percentile du 75e :

```
quantile(dat$population1831, probs = c(.25, .75))
##    25%    75%
## 283,83 445,25
```

La variable `alphabetisation` mesure le taux d'alphabétisation dans chaque département (0-100). La variable `commerce` mesure le rang national de chaque département en fonction du nombre de brevets enregistrés par la population locale. Nous mesurons la covariance et la corrélation entre ces deux variables ainsi :

```
cov(dat$commerce, dat$alphabetisation)
## [1] -260,1899

cor(dat$commerce, dat$alphabetisation)
## [1] -0,6020805
```

Ces deux statistiques suggèrent que la relation entre nos variables est négative : les départements où la population est très éduquée se classent près du premier rang en termes d'innovation.

Conformément aux équations 3.5 et 3.6, la corrélation est égale à la covariance, divisée par le produit des écarts types :

```
cor(dat$commerce, dat$alphabetisation)
## [1] -0,6020805

cov(dat$commerce, dat$alphabetisation) /
  (sd(dat$commerce) * sd(dat$alphabetisation))
## [1] -0,6020805
```

Pour illustrer la construction des tableaux de contingence et le calcul du τ de Kendall, nous nous tournons maintenant vers les données du *Titanic* que nous avons déjà inspectées dans le chapitre 1 :

```
dat <- read.csv('data/titanic.csv')
```

Chaque rangée de cette banque de données correspond à un individu qui était à bord du navire lors de son dernier voyage. La variable « femme » est égale à 1 si l'individu était une femme et 0 autrement. La variable « survie » est égale à 1 si l'individu a survécu et 0 s'il est mort.

La commande `head()` du logiciel `R` nous permet d'inspecter ces données :

```
head(dat)
##                              nom classe age femme survie
## 561 Coutts, Master William Leslie      3   9     0      1
## 321              Herman, Miss Kate      2  24     1      1
## 153       Payne, Mr Vivian Ponsonby      1  22     0      0
## 74          Evans, Miss Edith Corse      1  36     1      0
## 228     Abelson, Mrs Samuel (Anna)      2  28     1      1
## 146          Newell, Miss Madeleine      1  31     1      1
```

Pour créer un tableau de contingence, nous utilisons la fonction `table` :

```
table(dat$femme, dat$survie)
##
##         0   1
##   0 709 142
##   1 154 308
```

Pour calculer le τ de Kendall, nous utilisons la fonction `cor`, en modifiant l'argument `method` :

```
cor(dat$femme, dat$survie, method = 'kendall')
## [1] 0,5028911
```

Ce τ positif suggère qu'il y a bel et bien une association positive entre la variable « survie » et la variable « femme ».

Chapitre 4

Inférence statistique

L'inférence statistique est le processus scientifique qui consiste à former un jugement sur les caractéristiques d'une population à partir des caractéristiques d'un échantillon. L'inférence statistique est une forme d'extrapolation, qui permet au chercheur d'étudier un nombre limité d'observations pour tirer des conclusions au sujet d'un plus grand groupe. Ce chapitre introduit des concepts et techniques qui permettent cette extrapolation. [1]

Pour bien comprendre les principes de l'inférence statistique, nous allons considérer un exemple simple : l'estimation d'une moyenne. Cet exemple nous permettra d'introduire plusieurs concepts importants, dont le biais, la variance échantillonnale, l'erreur type, la statistique t, la valeur p et l'intervalle de confiance. Ces concepts nous permettront de déployer un test qui sera utile tout au long du livre : le test d'hypothèse nulle.

De l'échantillon à la population

L'objectif de l'inférence statistique est d'estimer les caractéristiques d'une population à partir des caractéristiques d'un échantillon. En statistiques, le concept de « population » renvoie à l'ensemble des individus, des objets, ou des phénomènes qui pourraient potentiellement être observés. En général, l'analyste n'aura pas suffisamment de ressources pour observer tous les membres d'une population. Par exemple, un chercheur qui s'intéresse à l'effet du sauna sur la longévité

1. Souvent, l'extrapolation sera purement descriptive, et non causale. Par exemple, une analyste peut tenter d'estimer la taille moyenne de tous les hommes canadiens sur la base d'un échantillon, ou elle peut estimer la corrélation entre X et Y dans une population, sans nécessairement présumer que X cause Y. Pour cette raison, le chapitre actuel relève de la partie « Analyse descriptive », plutôt que de la partie « Analyse causale » du livre. En contraste, plusieurs manuels de statistiques font la distinction entre les « statistiques descriptives » que nous avons traitées dans le chapitre 3 et les « statistiques inférentielles » qui sont l'objet du chapitre actuel.

des Finlandais pourrait difficilement observer les habitudes de tous les résidents du pays. Le chercheur devra plutôt se contenter d'analyser un échantillon.

Un échantillon est un sous-groupe des individus qui composent la population.[2] Un échantillon est dit « probabiliste » si les individus qui en font partie ont été sélectionnés par une procédure aléatoire. La forme la plus importante d'échantillon probabiliste est appelée un « échantillon aléatoire simple ». Pour construire un échantillon aléatoire simple, l'analyste sélectionne des individus au hasard, en s'assurant que tous les membres de la population aient la même probabilité d'être choisis. Pour le reste du livre, l'expression « échantillon aléatoire » fera référence à ce type d'échantillon probabiliste.[3]

Mise en situation

Pour bien comprendre les principes de l'inférence statistique, il est utile de considérer un exemple fictif :

> Une pomicultrice exploite un verger qui produit des centaines de milliers de pommes par automne. Elle aimerait vendre ses fruits à une chaîne de supermarchés qui accepte seulement les lots de pommes dont le poids moyen est supérieur à 100 grammes. La pomicultrice veut donc mesurer le poids moyen des pommes de son verger, pour s'assurer qu'il soit plus grand que 100.
>
> Puisque le verger produit un grand nombre de pommes, il serait trop onéreux de les peser une à une. Pour estimer leur poids, la pomicultrice tire donc un échantillon aléatoire de 50 pommes. Dans cet échantillon, le poids moyen est 105 grammes et la variance des poids observés est égale à 300.

Dans cet exemple, l'échantillon est représenté par la lettre X ; le nombre d'observations dans l'échantillon est $n = 50$; le poids moyen des pommes de l'échantillon est $\bar{X} = 105$; la variance des poids dans

2. Même si une banque de données contient de l'information sur tous les individus qui existent réellement dans notre monde, nous pouvons quand même traiter ces données comme un échantillon, parce qu'elles correspondent à une seule réalisation du processus stochastique de génération de données. Intuitivement, l'échantillon que nous observons est un seul des « mondes possibles » où les mêmes relations causales sont effectives, mais où le hasard produit des résultats différents.

3. Il existe plusieurs stratégies d'échantillonnage aléatoire, dont l'échantillonnage systématique, l'échantillonnage stratifié et l'échantillonnage en grappes.

l'échantillon est $\sigma_X^2 = 300$. Le poids moyen des pommes du verger est inconnu et dénoté par le symbole μ. La pomicultrice veut démontrer à l'acheteur que $\mu > 100$.

Concrètement, la pomicultrice se donne deux tâches. Premièrement, elle doit estimer le poids moyen des pommes du verger à partir d'un échantillon. Cette première tâche s'appelle « l'estimation ». Deuxièmement, la pomicultrice doit convaincre l'acheteur que l'estimé produit dans l'échantillon est adéquat et que le poids moyen des pommes dans la population est bel et bien supérieur à 100 grammes. Cette deuxième tâche requiert un « test d'hypothèse ». Les deux prochaines sections introduisent l'estimation et le test d'hypothèse.

Estimation

L'estimation est le cœur de l'inférence statistique. Un *estimateur* est une fonction mathématique qui peut être appliquée à un échantillon pour obtenir de l'information sur les caractéristiques d'une population. Un *estimé* est la valeur produite par un estimateur dans un échantillon donné.

Dans la mise en situation, la pomicultrice tente d'estimer le poids moyen des pommes de son verger (μ). Pour ce faire, elle calcule la moyenne des pommes dans un échantillon ($\bar{X}$). L'estimateur est donc la formule mathématique de la moyenne (équation 3.1), et l'estimé est « 105 grammes ».

Les bons estimateurs partagent deux propriétés : ils sont non biaisés et ils ont une faible variance échantillonnale.

Biais

La première caractéristique désirable pour un estimateur est l'absence de biais. Un estimateur est « non biaisé » s'il produit la bonne réponse *en moyenne*, à travers différents échantillons.

Par exemple, imaginez si la pomicultrice tirait un très grand nombre d'échantillons aléatoires et qu'elle tentait d'estimer une caractéristique μ de la population à partir de chacun de ces échantillons. Pour estimer μ, la pomicultrice appliquerait la formule 3.1 et calculerait une valeur différente de $\bar{X}$ pour chacun des échantillons. On dit que cet estimateur est non biaisé si, en moyenne à travers de nombreux échantillons, il produit la bonne réponse. Cet estimateur est non biaisé si, en moyenne, la valeur de $\bar{X}$ dans différents échantillons est égale à μ.

Formellement, l'estimateur est non biaisé si son espérance est égale au vrai paramètre que nous tentons d'estimer :

$$E[\bar{X}] = \mu$$

Le chapitre 20 démontre que la moyenne échantillonnale $\bar{X}$ décrite par l'équation 3.1 est bel et bien un estimateur non biaisé de la moyenne de la population μ.

Variance échantillonnale

La seconde caractéristique désirable pour un estimateur est qu'il ait une faible « variance échantillonnale ». Pour comprendre ce terme, il faut distinguer deux concepts : variance *dans* l'échantillon, et variance *entre* échantillons.

La variance *dans* l'échantillon est celle que nous avons introduite au chapitre 3. Cette statistique mesure la dispersion des valeurs observées au sein d'un seul groupe d'observations.

La variance *entre* échantillons — ou variance échantillonnale — mesure comment nos résultats statistiques changent lorsqu'on les calcule à partir de différents échantillons ou à travers différentes expériences. Si nos résultats changent beaucoup d'un échantillon à l'autre, la variance échantillonnale est forte; si nos résultats restent stables d'un échantillon à l'autre, la variance échantillonnale est faible.

Le tableau 4.1 illustre la distinction entre ces deux concepts en reproduisant le poids des pommes dans quatre échantillons distincts. Pour calculer la variance échantillonnale de la moyenne, nous calculons la moyenne dans chacun des échantillons, et nous calculons la variance des quatre moyennes. [4]

Lorsque la variance échantillonnale est forte, la valeur de notre estimé risque d'être loin de la valeur réelle de la population. Lorsque la variance échantillonnale est forte, il reste beaucoup d'incertitude quant à la vraie valeur du paramètre qui nous intéresse.

Le chapitre 20 montre que la variance échantillonnale de la moyenne $\text{Var}(\bar{X})$ est liée à la variance dans l'échantillon $\text{Var}(X)$, ainsi

4. La variance de chaque échantillon est calculée avec la formule corrigée de Bessel, qui est préférable dans les petits échantillons : $\frac{1}{n-1}\sum_{i=1}^{n}(X_i - \bar{X})^2$.

qu'à la taille de l'échantillon (n) :

$$\mathrm{Var}(\bar{X}) = \frac{\mathrm{Var}(X)}{n} \tag{4.1}$$

Plus la taille de l'échantillon est élevée, moins la variance échantillonnale est grande. Plus la taille de l'échantillon est grande, moins notre incertitude est grande.

La variance échantillonnale de la moyenne peut s'écrire de deux façons équivalentes : $\mathrm{Var}(\bar{X})$ ou $\sigma^2_{\bar{X}}$. Dans les deux cas, le $\bar{X}$ porte une barre, pour distinguer la variance des observations *dans* l'échantillon (σ^2_X) de la variance des moyennes *entre* échantillons $(\sigma^2_{\bar{X}})$.

La racine carrée de la variance échantillonnale s'appelle « erreur type ». L'erreur type de la moyenne est égale à :

$$\sigma_{\bar{X}} = \sqrt{\frac{\mathrm{Var}(X)}{n}} = \sqrt{\frac{\sigma^2_X}{n}} = \frac{\sigma_X}{\sqrt{n}} \tag{4.2}$$

où σ_X représente l'écart type des observations.

TABLEAU 4.1.
Poids des pommes (g) dans quatre échantillons. Pour calculer la variance de la moyenne *entre* échantillons, nous calculons la moyenne dans chacun des échantillons, et nous calculons ensuite la variance de ces moyennes.

	#1	#2	#3	#4	Variance *entre* échantillons
	92,7	92,0	109,2	104,6	
	96,1	104,9	99,3	97,5	
	96,2	108,4	94,8	99,6	
	100,3	92,3	106,6	96,6	
	97,6	94,5	103,0	91,9	
Moyenne	96,6	98,4	102,60	98,0	6,6
Variance *dans* l'échantillon	7,6	58,9	32,9	21,4	

Biais vs variance échantillonnale

La figure 4.1 illustre la distinction entre biais et variance échantillonnale. Imaginez qu'un estimateur tente de trouver le centre d'une cible à plusieurs reprises, à l'aide de différents échantillons. Les marques « X » représentent les estimés produits par l'estimateur dans différents échantillons.

FIGURE 4.1.
Distinction entre biais et variance échantillonnale. Un estimateur tente de trouver le centre d'une cible. Chaque X représente un estimé calculé à partir d'un échantillon distinct. À gauche, les estimés sont justes en moyenne, mais instables d'un échantillon à l'autre. À droite, les estimés sont stables, mais systématiquement erronés.

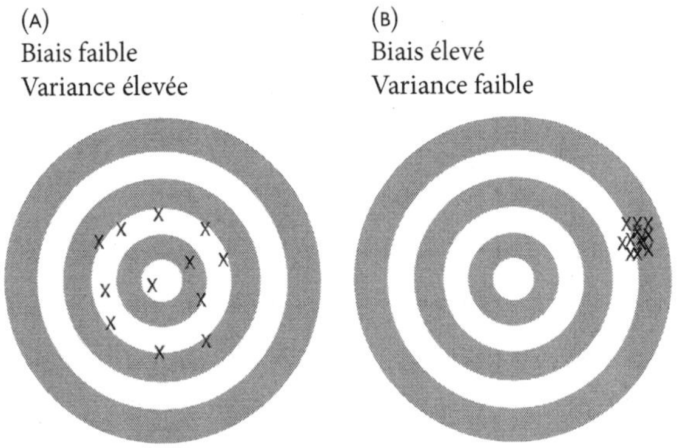

Même si notre estimateur est non biaisé, il n'atteindra pas nécessairement le centre à tous coups, puisque les propriétés statistiques de chaque échantillon varient. Par contre, l'absence de biais signifie que les estimés seront justes *en moyenne*.

Si l'estimateur a une faible variance échantillonnale, l'estimateur produira à peu près le même estimé d'un échantillon à l'autre. Par contre, les estimés pourraient être systématiquement erronés.

Le biais peut être compris comme une mesure de la « justesse » d'un estimateur. La variance échantillonnale peut être comprise comme une mesure de la « précision » d'un estimateur ou de l'incertitude scientifique liée à la nature stochastique du monde qui nous entoure. [5]

Test d'hypothèse

Un test d'hypothèse est une procédure qui permet de déterminer si les données observées sont compatibles avec une hypothèse de recherche. En combinant de l'information sur l'estimé du paramètre et sur la variance échantillonnale de l'estimateur, nous serons en mesure de vérifier si une hypothèse de recherche est plausible ou si elle doit être rejetée.

Hypothèse nulle

La première étape à franchir pour construire un test d'hypothèse est de définir une « hypothèse nulle ». L'hypothèse nulle est une phrase déclarative et quantitative qui pourrait potentiellement être infirmée par un test statistique.

Par exemple, pour vendre ses pommes, la pomicultrice doit s'assurer que leur poids moyen soit supérieur à 100 grammes. L'objectif de son analyse est donc de vérifier si nous pouvons rejeter l'hypothèse nulle suivante : le poids moyen des pommes du verger est égal à $\mu = 100$ grammes.

Souvent, l'hypothèse nulle stipule qu'un paramètre est égal à zéro. Par exemple, imaginez qu'une chercheuse tente de comparer l'effet d'un médicament ($X = 1$) et d'un placebo ($X = 0$) sur la tension artérielle (Y). Dans cette étude, l'hypothèse nulle serait définie ainsi : la différence entre la tension artérielle moyenne des individus qui ont consommé le médicament et la tension artérielle moyenne des individus qui ont consommé le placebo est égale à zéro : $\bar{Y}_{X=1} - \bar{Y}_{X=0} = 0$.

L'hypothèse nulle nous permet de poser une question contrefactuelle : si l'hypothèse nulle était vraie dans la population, quelle serait la probabilité d'observer des données comme celles de l'échantillon ? Pour répondre à cette question, il faut développer une statistique de test.

5. Plus formellement, les concepts de biais et de variance échantillonnale font référence à deux aspects distincts de la « distribution échantillonnale », c'est à dire de la distribution des estimés produits par un estimateur dans différents échantillons. Le biais fait référence au centre de la distribution échantillonnale, et la variation échantillonnale fait référence à sa dispersion.

Statistique de test

Une statistique de test est une fonction mathématique qui permet d'évaluer la plausibilité d'une hypothèse nulle. Cette section introduit une des statistiques de test les plus utilisées : la statistique t.

Pour motiver la construction de la statistique t, il est utile de retourner à notre mise en situation originale : la pomicultrice veut s'assurer que l'hypothèse nulle soit fausse; elle veut s'assurer que le poids moyen des pommes de son verger soit différent de 100 grammes. Est-ce que ses données lui permettent de rejeter cette hypothèse nulle ? La réponse à cette question dépend de deux facteurs : la différence entre l'estimé et l'hypothèse nulle, et la variance échantillonnale.

Le premier facteur à considérer est la différence entre l'estimé et l'hypothèse nulle. Plus l'estimé que nous avons obtenu dans l'échantillon s'éloigne de l'hypothèse nulle, plus nous sommes confiants que l'hypothèse nulle est fausse dans la population. Dans le cas qui nous intéresse, la moyenne estimée dans l'échantillon est $\bar{X} = 105$, et la pomicultrice tente de rejeter l'hypothèse nulle selon laquelle la moyenne de la population est 100. La différence entre ces deux quantités est égale à :

$$\begin{aligned} \bar{X} - \mu_0 &= 105 - 100 \\ &= 5 \end{aligned} \tag{4.3}$$

où μ_0 représente la valeur du paramètre à estimer dans un monde hypothétique où l'hypothèse nulle serait vraie.

Si la pomicultrice avait calculé une moyenne échantillonnale de 120g, elle aurait *plus* confiance en sa capacité à rejeter l'hypothèse nulle. Au contraire, si la pomicultrice avait calculé une moyenne échantillonnale de 101g, elle aurait *moins* confiance en sa capacité à rejeter l'hypothèse nulle. Plus les caractéristiques de l'échantillon s'écartent de l'hypothèse nulle, plus les caractéristiques de la population risquent de s'écarter de l'hypothèse nulle. Plus la valeur de l'équation 4.3 est loin de zéro, moins l'hypothèse nulle est plausible.

Le second facteur à considérer est la variance échantillonnale. Lorsque la variance échantillonnale est élevée, l'estimé $\bar{X}$ varie beaucoup d'un échantillon à l'autre. Lorsque la variance échantillonnale est élevée, l'incertitude plane autour de notre estimé. Lorsque la variance échantillonnale est élevée, l'écart entre $\bar{X}$ et μ_0 pourrait être le résultat de fluctuations aléatoires entre échantillons. Plus la variance échantillonnale est élevée, moins il est facile de rejeter l'hypothèse nulle.

Précédemment, nous avons vu que la racine carrée de la variance échantillonnale s'appelle « erreur type ». La pomicultrice peut estimer l'erreur type qui entoure son estimé en substituant ses données dans l'équation 4.2. Son échantillon aléatoire compte 50 pommes (n), le poids moyen de ces pommes est de 105 grammes, et leur variance est égale à 300. L'erreur type associée à son estimé de la moyenne est donc égale à :

$$\sigma_{\bar{X}} = \sqrt{\frac{\sigma_X^2}{n}} = \sqrt{\frac{300}{50}} = \sqrt{6} \tag{4.4}$$

La statistique t combine les équations 4.3 et 4.4 :

$$t = \frac{\bar{X} - \mu_0}{\sigma_{\bar{X}}} \tag{4.5}$$

où $\bar{X}$ est la moyenne de l'échantillon X ; μ_0 est la moyenne de la population que nous tentons de rejeter; et $\sigma_{\bar{X}}$ est l'erreur type de $\bar{X}$. Plus le numérateur de l'équation 4.5 est élevé, plus nous sommes confiants que $\bar{X} > \mu_0$.[6] Plus le dénominateur de l'équation 4.5 est élevé, plus il y a d'incertitude, et moins nous avons confiance en notre capacité à rejeter l'hypothèse nulle.

La statistique t calculée par la pomicultrice dans son échantillon est égale à :

$$t = \frac{\bar{X} - \mu_0}{\sigma_{\bar{X}}} = \frac{105 - 100}{\sqrt{6}} = 2{,}04$$

Cette statistique t s'interprète ainsi : plus t s'éloigne de zéro, plus il serait surprenant d'observer un échantillon comme le nôtre, si l'hypothèse nulle était vraie. Plus $|t|$ est grande, moins les données observées sont compatibles avec l'hypothèse nulle. Plus $|t|$ est grande, moins il est raisonnable de croire que le poids moyen des pommes du verger est 100.

6. Au contraire, des valeurs négatives suggéreraient que la moyenne de la population est plus faible que l'hypothèse nulle que nous tentons de rejeter.

Distribution de la statistique t *si l'hypothèse nulle était vraie*

La statistique t est particulièrement utile, parce que sa distribution est bien connue. En effet, des statisticiens ont démontré que si l'hypothèse nulle était vraie, et si on calculait un très grand nombre de statistiques t à partir d'un très grand nombre d'échantillons aléatoires distincts, les statistiques en question seraient distribuées suivant la loi de Student.[7] Plus précisément, si l'hypothèse nulle était vraie, les statistiques t associées à la moyenne échantillonnale suivraient une loi de Student avec $n - 1$ degrés de liberté.

Le nombre de pommes dans l'échantillon de la pomicultrice est de 50. Si l'hypothèse nulle était vraie, les statistiques t seraient distribuées comme la courbe de la figure 4.2. Dans cette figure, la ligne verticale identifie la valeur de la statistique t que la pomicultrice a calculée dans son échantillon. À l'œil, nous voyons que cette valeur de t est inusitée : elle est loin du centre de la distribution. Si l'hypothèse nulle était vraie, des échantillons aléatoires produiraient rarement des valeurs t aussi extrêmes que celle obtenue par la pomicultrice. Si le poids moyen des pommes du verger était égal à 100, il serait « étrange » de tirer un échantillon de pommes comme celui de la pomicultrice. L'échantillon semble « incompatible » avec l'hypothèse nulle.

FIGURE 4.2.
Loi de Student avec 49 degrés de liberté. La ligne verticale identifie la valeur de la statistique t calculée pour l'échantillon de 50 pommes pesées par la pomicultrice. L'aire des deux régions grises correspond à la valeur p associée à une statistique $t = 2{,}04$, soit 0,047.

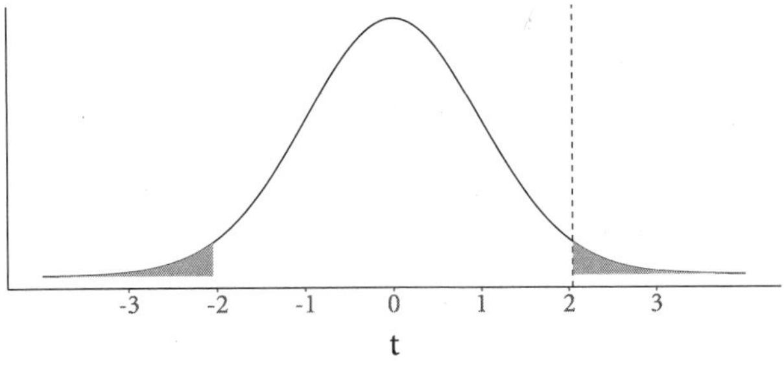

7. Ce résultat est lié aux faits que la moyenne est normalement distribuée (chapitre 20), que l'erreur type suit la distribution χ^2, et que le ratio d'une variable normale sur une variable χ^2 suit la loi de Student.

Valeur p

La valeur p permet de mesurer à quel point les données observées sont compatibles avec l'hypothèse nulle. Comme nous l'avons vu dans le chapitre 2, la probabilité de tirer une valeur dans un intervalle donné se mesure en calculant l'aire sous la courbe de distribution. Puisque nous connaissons la distribution de la statistique t sous l'hypothèse nulle, nous pouvons mesurer la probabilité d'observer une statistique au moins aussi extrême que la nôtre par pur hasard. Cette probabilité, c'est la valeur p. [8]

Pour calculer la valeur p, nous mesurons l'aire sous la courbe de la loi de Student dans les ailes, au-delà de t et de $-t$. Par exemple, pour mesurer la valeur p associée à l'estimé du poids moyen des pommes dans l'échantillon, nous mesurons l'aire sous la courbe dans les régions grises de la figure 4.2, à gauche de -2,04, et à droite de 2,04. Dans le logiciel `R`, nous utilisons la fonction `pt(x, df)`, qui calcule l'aire sous une Loi de Student avec `df` degrés de liberté à gauche de `x` :

```
pt(-2.04, df = 49) + (1 - pt(2.04, df = 49))
## [1] 0,04675969
```

Si l'hypothèse nulle était vraie, la probabilité d'observer une statistique t plus extrême que 2,04 serait inférieure à 5 %. Si le poids moyen des pommes du verger était de 100 grammes, il serait très surprenant de tirer un échantillon aléatoire de 50 pommes avec un poids moyen de 105 grammes.

Lorsque la valeur p est très petite, les propriétés de l'échantillon seraient « étranges » ou « inusitées » si l'hypothèse nulle était vraie. En sciences sociales, plusieurs analystes adoptent un « seuil de signification statistique » de 0,05. Lorsque la valeur p est plus petite que ce seuil, ces analystes « rejettent l'hypothèse nulle » et concluent que le paramètre estimé est « statistiquement significatif ». [9]

8. L'expression « plus extrême » fait référence à la probabilité d'observer une statistique t plus éloignée de zéro que celle que nous avons calculée. Cette valeur p est appelée la « valeur p bilatérale ». Certains analystes calculent une valeur p « unilatérale » en mesurant la probabilité d'observer une statistique « plus grande » ou « plus petite » que t, plutôt que « plus extrême ». La valeur p unilatérale est égale à la moitié de son analogue bilatérale; c'est un test moins conservateur. À moins d'avoir une théorie extrêmement solide pour prédire le signe du paramètre estimé, il est préférable de calculer la valeur p bilatérale.

9. Cette convention est répandue, mais il est important de noter que $p = 0{,}05$ est un seuil arbitraire et subjectif, qui ne nous vient pas d'un argumentaire théorique, mais plutôt des préférences personnelles d'un statisticien eugéniste et raciste. Fisher (1926, p. 504) écrivait : « Personnellement l'auteur préfère fixer un bas seuil de signification à 5 pour cent, et ignorer entièrement tous les résultats qui n'atteignent pas ce seuil. » (Notre traduction.)

Intervalle de confiance

L'intervalle de confiance est une autre façon de représenter l'incertitude autour de nos estimés. Cet intervalle est borné par deux valeurs qui encadrent l'estimé. Par exemple, la moyenne estimée par la pomicultrice (105 grammes) pourrait être entourée d'un « intervalle de confiance de niveau 95 % » comme celui-ci : $[100{,}1; 109{,}9]$. En général, l'analyste rejette une hypothèse nulle si celle-ci se situe hors de l'intervalle de confiance.

Chaque intervalle de confiance est lié à un seuil critique de la valeur p, spécifié *a priori*. Par exemple, construire un intervalle de confiance de 95 % indique que l'analyste est prête à rejeter l'hypothèse nulle si la valeur p est inférieure à 0,05. Construire un intervalle de confiance de 99 % signale que l'analyste est prête à rejeter l'hypothèse nulle si la valeur p est inférieure à 0,01.

Pour construire un intervalle de confiance de 95 %, nous procédons en deux étapes. Premièrement, il faut identifier la région centrale qui couvre 95 % de la loi de distribution de la statistique de test sous l'hypothèse nulle. Dans la figure 4.3, la région grise est bornée par les valeurs critiques -2 et 2. L'aire sous la courbe dans cette région grise est égale à 0,95. Si l'hypothèse nulle était vraie, 95 % des échantillons aléatoires produiraient une statistique t située dans cet intervalle.

FIGURE 4.3.
Loi de Student avec 49 degrés de liberté. L'aire de la région grise est égale à 0,95.

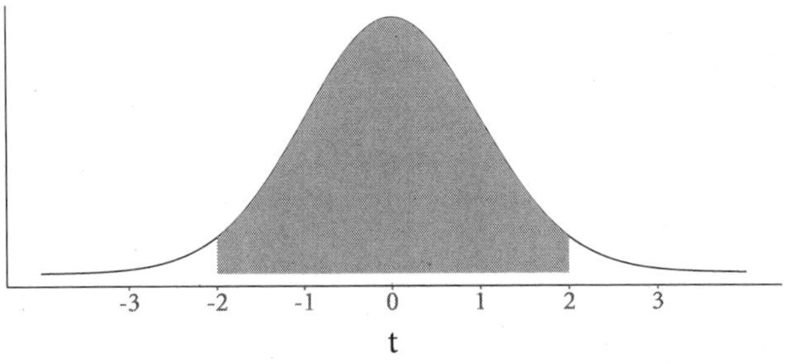

Les bornes de cette région grise s'appellent les « seuils critiques ». Pour trouver ces seuils, nous utilisons la fonction `qt` du logiciel `R` :

```
qt(0.025, df = 49)
## [1] -2,009575
qt(0.975, df = 49)
## [1] 2,009575
```

La région grise, qui couvre 95 % de la distribution, est donc bornée par l'intervalle $[-2, 2]$.

Après avoir identifié les deux seuils critiques, l'analyste peut construire un intervalle de confiance en multipliant le seuil critique par l'erreur type. L'intervalle de confiance à 95 % pour la moyenne d'un échantillon de 50 observations est défini comme suit :

$$[\bar{X} - 2 \cdot \sigma_{\bar{X}}; \bar{X} + 2 \cdot \sigma_{\bar{X}}] \tag{4.6}$$

Intuitivement, l'intervalle de confiance représente l'incertitude échantillonnale qui entoure notre estimé. Formellement, l'intervalle de confiance s'interprète ainsi : si on répétait une expérience un grand nombre de fois et qu'à chaque fois on construisait un intervalle de confiance avec l'équation 4.6, ces intervalles couvriraient la véritable valeur de $\bar{X}$ 95 % du temps. [10]

Calculer un intervalle de confiance est donc analogue au jeu du lancer d'anneaux (figure 4.4). La vérité est fixe, mais l'intervalle change d'un essai à l'autre. Si nous calculions un intervalle de confiance de 95 % à partir d'un nouvel échantillon, la probabilité que cet intervalle « entoure » la vérité serait de 95 %. L'anneau d'un intervalle de confiance à 95 % serait plus petit que l'anneau d'un intervalle de confiance à 99 % ; l'intervalle à 99 % a plus de chance d'entourer la vérité que l'intervalle à 95 %. [11]

Dans l'exemple de la pomicultrice, l'intervalle de confiance de 95 % est égal à :

$$[105 - 2 \cdot \sqrt{6}; 105 + 2 \cdot \sqrt{6}]$$
$$[100{,}1; 109{,}9]$$

10. Cette interprétation est tortueuse, mais choisie avec soin. En effet, il est important d'éviter d'interpréter l'intervalle de confiance comme suit : il y a 95 % de chances que la vraie valeur de $\bar{X}$ soit dans cet intervalle. Cette interprétation est erronée car les limites inférieures et supérieures de l'intervalle de confiance changent lorsqu'on les calcule dans différents échantillons, tandis que la vraie nature du monde reste inchangée.

11. Cette figure est inspirée d'un tweet d'Eleanor Murray, professeure d'épidémiologie à la Boston University.

FIGURE 4.4.
Intervalle de confiance et vérité. Si on répétait une expérience un grand nombre de fois et qu'on estimait le bon modèle, des intervalles de confiance de 95 % envelopperaient le vrai paramètre au moins 95 % du temps.

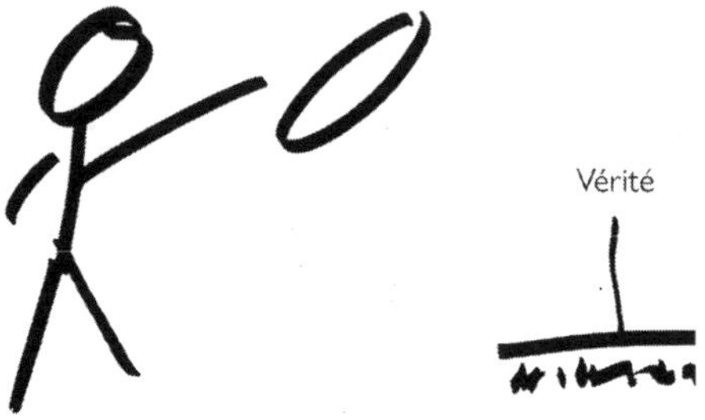

Puisque 100 se trouve à l'extérieur de l'intervalle de confiance de 95 %, nous pouvons rejeter l'hypothèse nulle selon laquelle le poids moyen des pommes est égal à 100 grammes, au seuil de signification statistique $p<0{,}05$. La différence entre l'hypothèse nulle et la moyenne estimée par la pomicultrice dans son échantillon est donc statistiquement significative au seuil de 5 %.

Pour construire des intervalles de confiance à différents niveaux de signification statistique, il suffit de modifier le seuil critique. Quand l'échantillon est grand, les trois intervalles de confiance les plus couramment employés en sciences sociales sont :

$$[\bar{X} - 1{,}64 \cdot \sigma_{\bar{X}}; \bar{X} + 1{,}64 \cdot \sigma_{\bar{X}}] \quad \text{(Intervalle de confiance de 90 \%)}$$
$$[\bar{X} - 1{,}96 \cdot \sigma_{\bar{X}}; \bar{X} + 1{,}96 \cdot \sigma_{\bar{X}}] \quad \text{(Intervalle de confiance de 95 \%)}$$
$$[\bar{X} - 2{,}58 \cdot \sigma_{\bar{X}}; \bar{X} + 2{,}58 \cdot \sigma_{\bar{X}}] \quad \text{(Intervalle de confiance de 99 \%)}$$

Le test d'hypothèse nulle, étape par étape

En résumé, nous avons exécuté un test d'hypothèse nulle en suivant les huit étapes suivantes :

1. Choisir une hypothèse nulle que nous allons tenter de rejeter.
2. Choisir un seuil de signification statistique au-dessous duquel nous sommes prêts à rejeter l'hypothèse nulle.
3. Tirer un échantillon aléatoire.

4. Estimer une statistique dans l'échantillon.
5. Calculer l'erreur type de cette statistique.
6. Combiner l'estimé, l'hypothèse nulle et l'erreur type pour calculer la statistique t.
7. Calculer la valeur p, soit la probabilité d'obtenir une statistique t au moins aussi extrême que la nôtre si l'hypothèse nulle était vraie.
8. Comparer la valeur p au seuil de signification statistique choisi à l'étape 1 pour décider si nous rejetons l'hypothèse nulle.

Les limites du test d'hypothèse nulle

La valeur p nous permet de quantifier la probabilité d'obtenir un estimé au moins aussi extrême que le nôtre si l'hypothèse nulle était vraie. Elles nous permet de mesurer le risque qu'un résultat soit purement le fruit du hasard échantillonnal. Cette information est utile, mais limitée (McCloskey et Ziliak, 2008; Benjamin *et al.*, 2018).

D'abord, il est important de mentionner que la valeur p est juste seulement si notre modèle statistique est juste. Par exemple, si la moyenne échantillonnale des pommes sous l'hypothèse nulle ne se conforme pas à la loi de Student, la valeur p que la pomicultrice a calculée est erronée. [12] De même, dans le prochain chapitre nous calculerons une valeur p associée à un modèle de régression linéaire. Cette quantité sera valide seulement si les postulats qui sous-tendent le modèle de régression sont satisfaits.

Ensuite, il est important de souligner que l'analyse statistique est probabiliste et qu'elle laisse toujours planer de l'incertitude. Par conséquent, nous ne pourrons jamais démontrer qu'une statistique est exactement égale à zéro (ou à une autre valeur). Les tests d'hypothèse nulle sont donc fondamentalement asymétriques : nous pouvons *rejeter* l'hypothèse nulle, mais jamais l'*accepter*. Nous rejetons ou nous ne rejetons pas l'hypothèse nulle.

La nature probabiliste du test d'hypothèse signifie aussi qu'il ne peut pas garantir des conclusions justes. Dans certains cas, l'analyste pourrait rejeter une hypothèse nulle, même si elle est vraie. Dans ce cas, on dit qu'il commet une « erreur de type 1 ». À l'opposé, un test statistique pourrait convaincre l'analyste de ne *pas* rejeter l'hypothèse nulle,

12. La note 7 et le chapitre 20 offrent des arguments théoriques qui justifient ce postulat.

même si cette hypothèse est fausse. Dans ce cas, on dit que l'analyste commet une « erreur de type 2 ».[13]

Une autre limite importante du test d'hypothèse nulle est qu'il ne ne suffit pas à établir l'importance ou l'intérêt substantif de l'estimé. Une corrélation peut être faible, même si elle est statistiquement significative. Une relation entre deux variables peut être hautement significative, même si ces deux variables n'intéressent personne. Il faut donc être très prudent pour ne pas confondre *statistiquement significatif* et *important pour le domaine.*

Par exemple, dans une étude sur la discrimination sur le marché l'emploi, Bertrand et Mullainathan (2004) estiment que les candidats qui portent un nom à consonance « blanche » (p. ex., Emily, Greg) ont 50 % plus de chances d'être invités à une entrevue que les candidats qui portent un nom à consonance afro-américaine (p. ex., Lakisha, Kareem). Cette différence est très importante pour le domaine, puisqu'elle signale la présence d'une injustice sociale aux conséquences majeures. La différence entre le traitement des candidats blancs et noirs est aussi significative sur le plan statistique ($p < 0{,}001$).

En contraste, considérez l'étude sur la popularité des candidates aux élections fédérales canadiennes de Sevi, Arel-Bundock et Blais (2019). Puisque le nombre d'observations dans leur banque de données est grand, ces auteurs sont en mesure de conclure que la différence entre la part des votes reçus par les femmes et celle des hommes est statistiquement significative ($p < 0{,}001$). Par contre, Sevi et ses collègues estiment qu'en moyenne, une candidate reçoit seulement 0,5 point de pourcentage moins de vote qu'un candidat. Bien que cette différence soit *statistiquement significative*, elle a très peu de conséquences pratiques sur les résultats d'élections. Les auteurs concluent donc que les « partis politiques devraient recruter plus de candidates, puisque celles-ci demeurent sous-représentées en politique canadienne, et parce qu'elles ne souffrent pas d'une pénalité électorale considérable ».

Dans ces deux études, la quantité d'intérêt est statistiquement significative. Par contre, la *taille* de cette quantité est seulement importante dans Bertrand et Mullainathan (2004), mais pas dans Sevi, Arel-Bundock et Blais (2019).

13. D'autres erreurs d'inférence sont possibles. Certains auteurs parlent notamment d'erreur de type M (magnitude) lorsque la force de la relation étudiée ou la taille de la statistique d'intérêt est erronée, ou d'erreur de type S (signe) lorsque la direction de la relation est mal estimée.

Chapitre 5

Régression linéaire

La régression linéaire est un modèle statistique qui permet de décrire et de résumer la relation entre deux variables. L'avantage principal de la régression, au-delà de la corrélation, est qu'elle nous permet d'étudier une relation bivariée tout en « ajustant » ou en « contrôlant » l'influence de tiers facteurs qui pourraient biaiser nos conclusions. Ce type d'ajustement est souvent nécessaire lorsque nous voulons tirer des conclusions causales de nos analyses.

Ce chapitre explique comment une équation linéaire peut exprimer la relation entre une variable « dépendante » (ou « à expliquer ») et plusieurs variables « indépendantes » (ou « explicatives »). [1] Il définit le modèle linéaire et identifie les conditions sous lesquelles il est possible d'obtenir un estimé non-biaisé du coefficient de régression. Ensuite, il expliquera comment quantifier l'incertitude qui entoure notre estimé du coefficient de régression, et comment exécuter un test d'hypothèse nulle. La partie principale de ce chapitre se conclut par une discussion du modèle de régression multiple, et par une illustration empirique.

Les lecteurs qui veulent pousser plus loin leur apprentissage pourront lire la section « Boîte à Outils », qui survole plusieurs thèmes utiles, dont l'analyse de variables binaires, ordinales ou nominales; la normalisation et les transformations; la qualité de l'ajustement statistique d'un modèle; l'hétéroscédasticité, l'autocorrélation et les erreurs types robustes; les données influentes; et l'effet marginal. Le chapitre 20 en annexe offre un traitement plus rigoureux et mathématique du modèle linéaire pour les lecteurs qui désirent renforcer leurs intuitions.

1. Les expressions variables «dépendantes» et «indépendantes» peuvent être trompeuses. Dans les chapitres 6 et 7, nous verrons qu'un modèle de régression linéaire ne permet pas toujours de tirer des conclusions causales au sujet de l'effet d'une variable indépendante sur une variable dépendante. Pour cette raison, le chapitre actuel se trouve dans la partie « Analyse descriptive » du livre.

Le modèle linéaire

Le modèle de régression linéaire est dit « linéaire » parce qu'il s'exprime par l'équation d'une droite. Par exemple, nous pourrions résumer la relation entre la taille d'une personne et la taille de sa mère ainsi :

$$\text{Taille d'une personne} = 118 + 0{,}3 \cdot \text{Taille de sa mère} \qquad (5.1)$$

Ce modèle prédit que si une mère mesure 160 cm, la grandeur de son enfant à l'âge adulte sera 166 cm :

$$166 = 118 + 0{,}3 \cdot 160$$

Si la mère mesurait 1cm de plus, soit 161 cm, la grandeur attendue de son enfant serait 166,3 cm :

$$166{,}3 = 118 + 0{,}3 \cdot 161$$

Ce modèle linéaire suggère qu'une augmentation de 1 cm de la taille d'une mère est associée à une augmentation de 0,3 cm de la taille de son enfant (166,3 - 166 = 0,3).

L'équation 5.1 peut prédire la taille de n'importe quelle personne, si nous connaissons la taille de sa mère. Pour l'illustrer, le tableau 5.1 rapporte des données assemblées par le statisticien Francis Galton sur la taille de 10 individus ainsi que la taille de leurs mères. [2] Chaque rangée correspond à une personne distincte. La 2e colonne montre la taille d'une personne. La 3e colonne montre la taille de sa mère. La 4e colonne montre la prédiction du modèle 5.1 : Enfant $= 118 + 0{,}3 \cdot$ Mère. La 5e colonne montre l'erreur de prédiction, soit la différence entre la taille réelle de l'individu (colonne 2) et sa taille prédite (colonne 4). La dernière colonne élève les erreurs au carré.

La figure 5.1 traduit les données du tableau 5.1 visuellement. Chaque point représente un individu, avec sa taille sur l'axe vertical et la taille de sa mère sur l'axe horizontal. La droite pleine correspond à l'équation 5.1 ; elle a une ordonnée à l'origine de 118 et une pente

2. Ces données ont été assemblées dans les années 1880 par Francis Galton, dans le cadre de son étude sur la transmission héréditaire de la taille : *Hereditary Stature.* Galton a fait plusieurs contributions fondamentales au champ des statistiques, mais ses écrits eugénistes ne méritent pas d'être célébrés.

TABLEAU 5.1.
Taille de 10 individus adultes et de leurs mères (cm). Les prédictions sont produites par le modèle suivant : Enfant $= 118 + 0.3 \cdot$ Mère. L'erreur est la différence entre la valeur observée de l'enfant et la prédiction du modèle. Le modèle de régression par les moindres carrés minimise la somme des nombres dans la dernière colonne du tableau.

Individu	Enfant	Mère	Prédiction	Erreur	Erreur carrée
1	163	174	170,2	-7,2	51,8
2	163	160	166,0	-3,0	9,0
3	169	160	166,0	3,0	9,0
4	156	165	167,5	-11,5	132,2
5	182	157	165,1	16,9	285,6
6	185	175	170,5	14,5	210,2
7	190	174	170,2	19,8	392,0
8	155	168	168,4	-13,4	179,6
9	180	164	167,2	12,8	163,8
10	166	168	168,4	-2,4	5,8

de 0,3.[3] Cette droite représente les prédictions du modèle pour toutes les valeurs possibles de la variable explicative. Par exemple, lorsque la taille d'une mère est égale à 165 cm sur l'axe horizontal, la droite est légèrement au-dessous de 170 cm sur l'axe vertical. Lorsqu'une mère mesure 165 cm, le modèle prédit que son enfant mesure un peu moins de 170 cm.

Les lignes pointillées verticales représentent les erreurs de prédiction (colonne 5 du tableau 5.1). Une erreur de prédiction correspond à la différence entre la taille observée d'un individu (identifiée par un point) et la taille prédite pour cet individu (représentée par la droite).

Lorsqu'un analyste estime un modèle de régression linéaire, il tente de trouver la droite qui fait les meilleures prédictions possibles. Pour ce faire, il doit trouver l'ordonnée à l'origine et la pente d'une droite qui passe en plein cœur du nuage de points.

Jusqu'à maintenant, nous avons abordé la régression linéaire bivariée en considérant deux variables spécifiques : la taille d'une personne et la taille de sa mère. Le modèle de régression linéaire bivariée peut prendre une forme plus générale :

3. L'ordonnée à l'origine est la valeur sur l'axe vertical lorsque la droite croise 0 sur l'axe horizontal. Le lecteur attentif aura remarqué que l'échelle horizontale de la figure 5.1 ne commence pas à 0.

FIGURE 5.1.
Reproduction graphique des 10 observations du tableau 5.1. La droite représente les prédictions du modèle de régression linéaire, et les lignes pointillées représentent les erreurs de prédiction.

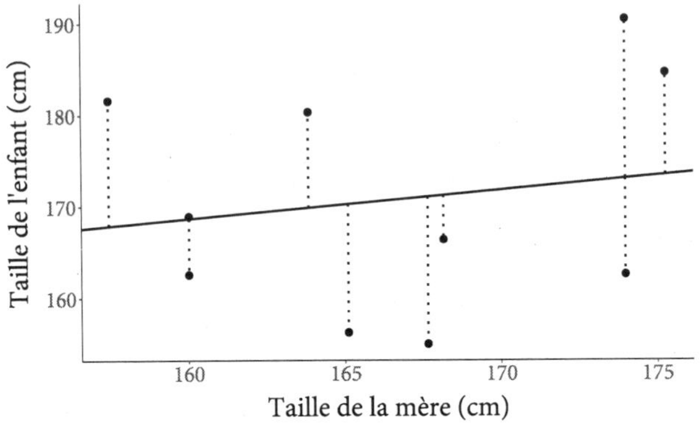

$$Y = \beta_0 + \beta_1 \cdot X + \varepsilon \tag{5.2}$$

Dans cette équation, Y est la variable dépendante ou la variable à expliquer, et X est la variable indépendante ou explicative.

β_0 est appelée « constante » ou « ordonnée à l'origine ». Lorsque toutes les variables indépendantes sont égales à zéro ($X = 0$), la valeur prédite de Y est égale à β_0.

β_1 est appelé « coefficient de régression ». Ce coefficient mesure la pente de la droite de prédiction du modèle. Quand $\beta_1 > 0$, la droite de prédiction a une pente positive. Cela indique que les valeurs élevées de X sont associées à des valeurs élevées de Y. Quand $\beta_1 < 0$, la droite de prédiction a une pente négative. Cela indique que les valeurs élevées de X sont associées à des valeurs faibles de Y.

Le symbole ε peut être interprété de trois façons complémentaires. On dit que ε mesure « l'erreur de prédiction », soit la différence entre les prédictions du modèle et les valeurs observées de la variable Y. Dans la figure 5.1, cette différence est représentée par la distance verticale entre la droite et les points. ε est aussi appelé « bruit » pour souligner le fait que la valeur de Y est déterminée par de nombreux facteurs aléatoires qui ne seront jamais saisis parfaitement par un modèle linéaire. On nomme aussi ε le « résidu » : toutes les variables qui déterminent la valeur de Y mais qui sont ignorées par le modèle sont reléguées ou représentées par ce terme résiduel.

La figure 5.2 montre deux modèles de régression linéaire. À gauche, la constante et le coefficient de régression sont positifs, et les erreurs de prédiction sont petites. À droite, la constante et le coefficient de régression sont négatifs, et les erreurs de prédiction sont grandes.

FIGURE 5.2.
Deux modèles de régression linéaire. Les points représentent les observations faites sur les variables X et Y. Les lignes correspondent aux droites de prédiction obtenues par la méthode des moindres carrés ordinaires.

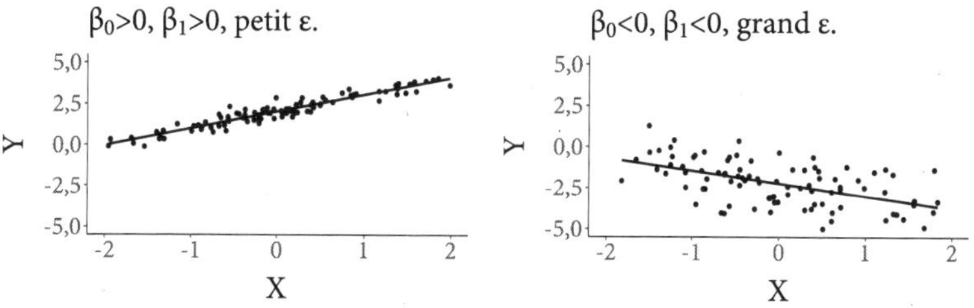

Méthode des moindres carrés ordinaires

Un bon modèle linéaire trace une droite de prédiction en plein cœur du nuage de points, de sorte à minimiser les erreurs de prédiction. La méthode des moindres carrés ordinaires est une technique qui nous permet de trouver cette droite de prédiction optimale. Plus spécifiquement, cette méthode identifie la droite de prédiction qui minimise la somme des erreurs élevées au carré, c'est-à-dire la somme des valeurs dans la dernière colonne du tableau 5.1. [4]

Pour le modèle linéaire bivarié dans l'équation 5.2, trouver la meilleure droite de prédiction équivaut à trouver les valeurs optimales de β_0 et β_1. Dans le chapitre 20, nous prouvons que les formules suivantes permettent de trouver la constante et le coefficient qui minimisent la somme des erreurs de prédiction élevées au carré :

4. Nous prenons la somme des erreurs carrées parce que la somme des simples déviations d'une variable par rapport à sa moyenne est toujours égale à 0 (voir l'équation 19.6).

$$\hat{\beta}_1 = \frac{\text{Cov}(Y, X)}{\text{Var}(X)} \tag{5.3}$$
$$\hat{\beta}_0 = \bar{Y} - \hat{\beta}_1 \cdot \bar{X},$$

où $\hat{\beta}_1$ et $\hat{\beta}_0$ portent des chapeaux pour représenter les valeurs *estimées* des coefficients qui nous intéressent, et les barres sur $\bar{Y}$ et $\bar{X}$ représentent les moyennes des variables Y et X.

Coefficient de régression

Le coefficient de régression $\hat{\beta}_1$ estime la force de l'association linéaire entre la variable dépendante et la variable indépendante. Lorsque la covariance entre Y et X est positive, le coefficient de régression est positif. Lorsque la covariance entre Y et X est négative, $\hat{\beta}_1$ est négatif.

Le coefficient de régression s'interprète ainsi :

> Une augmentation d'une unité de X est associée à une augmentation de $\hat{\beta}_1$ unités de Y.

Par exemple, imaginez qu'une analyste s'intéresse à l'association entre le nombre d'années d'études et le revenu annuel, mesuré en dollars. Pour mesurer la force de cette association, elle estime le modèle suivant à partir d'un échantillon d'adultes canadiens :

$$\text{Revenu} = \beta_0 + \beta_1 \text{Années de scolarité} + \varepsilon$$

Avec ce modèle, l'analyste estime que $\hat{\beta}_1 = 25$. Ce résultat indique qu'une augmentation d'une unité de la variable indépendante est associée à une augmentation de 25 unités de la variable dépendante. Une hausse d'une année de scolarité est associée à une hausse de 25 $ de revenu annuel.

Dans ce contexte, il serait raisonnable pour l'analyste de qualifier l'association entre éducation et revenu de « faible », puisqu'une hausse de 25 $ de revenu annuel n'aurait pas de conséquences importantes sur la qualité de vie de la plupart des Canadiens. Par contre, si l'analyste avait obtenu le même estimé à partir d'un échantillon tiré en République centrafricaine, le même estimé pourrait être considéré « fort ».

En effet, 25 $ représente une somme considérable dans un pays où le produit intérieur brut par habitant est d'environ 500 $.

Cet exemple illustre que l'interprétation des coefficients de régression dépend des unités de mesure des variables dépendante et indépendante, ainsi que du contexte dans lequel l'enquête se déroule. L'importance ou la magnitude d'un coefficient doit toujours être jugée en se référant à ces éléments contextuels.

Biais

Les équations 5.3 nous permettent d'estimer le coefficient et la constante du modèle de régression linéaire bivarié. Dans ces formules, le paramètre $\hat{\beta}_1$ portait un chapeau pour indiquer qu'il s'agit d'un *estimé* du coefficient de régression, calculé à partir d'un échantillon. Maintenant, nous allons explorer la relation entre l'estimé $\hat{\beta}_1$ (avec chapeau) dans l'échantillon, et le « vrai » paramètre β_1 (sans chapeau) dans la population.

En général, l'estimé $\hat{\beta}_1$ que nous calculons à partir d'un seul échantillon ne sera pas identique au coefficient qui serait obtenu si on pouvait étudier la population entière. De fait, aucun modèle de régression ne peut garantir qu'il identifiera les « vraies » caractéristiques d'une population à tous coups. Notre objectif doit être plus modeste : si nous estimions le même modèle dans un très grand nombre d'échantillons différents, est-ce que le modèle produirait la bonne réponse *en moyenne* ?

Si β_1 représente le coefficient dans la population et si $\hat{\beta}_1$ représente le coefficient estimé à partir d'un échantillon, nous voulons vérifier si :

$$E[\hat{\beta}_1] = \beta_1$$

Lorsque $E[\hat{\beta}_1] \neq \beta_1$, on dit que l'estimateur est « biaisé ». Lorsqu'il y a biais, notre analyse statistique produit la mauvaise réponse en moyenne. Lorsqu'il y a biais, notre analyse statistique est systématiquement erronée.

Le chapitre 20 décrit les conditions formelles qui doivent être réunies pour éliminer le biais. Ici, il suffit de considérer la plus importante de ces conditions, soit celle qui lie la variable X et le résidu ε.

Comme nous l'avons vu, le symbole ε représente la somme de tous les facteurs qui déterminent la valeur de Y, mais qui sont ignorés par le modèle. Dans le cas qui nous intéresse, X est la seule variable explicative incluse dans le modèle. ε représente donc tous les facteurs qui déterminent Y, sauf X.

Pour que l'estimé du coefficient de régression soit non biaisé, il faut que la variable explicative soit indépendante des variables qui sont ignorées par le modèle :[5]

$$X \perp \varepsilon \tag{5.4}$$

Par exemple, imaginez qu'un chercheur tente d'estimer la relation entre le nombre de crèmes glacées vendues et le nombre de noyades mensuelles au Canada :

$$\text{Noyades} = \beta_0 + \beta_1 \text{Crèmes glacées} + \varepsilon$$

Ce modèle bivarié est excessivement simple, puisqu'il ignore l'effet de la température sur le nombre de noyades : plus il fait chaud, plus les gens nagent, et plus ils se noient. La température explique le nombre de noyades, mais cette variable est reléguée au terme résiduel ε. De plus, nous savons que la température est associée à la consommation de produits rafraîchissants comme la crème glacée. Ces relations peuvent être représentées par le graphe suivant :

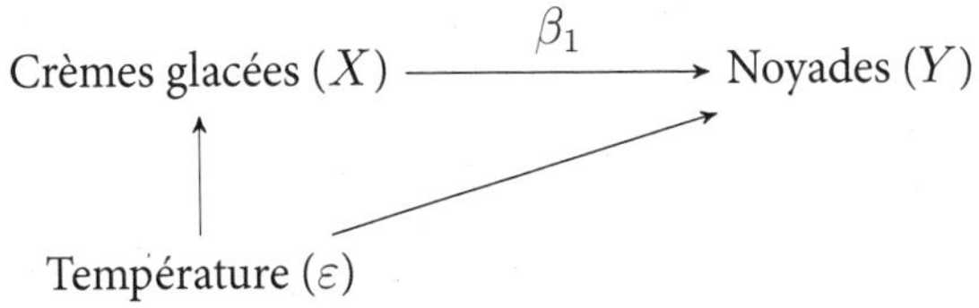

Puisque $X \not\perp \varepsilon$, nous savons que notre estimé de la relation entre X et Y, soit $\hat{\beta}_1$, risque d'être biaisé. Dans le chapitre 8, nous appellerons ce problème un « biais par variable omise ».

Il est généralement impossible de tirer des conclusions causales d'un modèle de régression, à moins que X soit indépendant de ε. Cette condition d'indépendance est si importante que ce livre voue les chapitres 8 à 11 à l'étude des problèmes qui surviennent lorsque $X \not\perp \varepsilon$.

5. Dans l'équation 5.4, le symbole ε fait référence aux vrais résidus dans la population, et non aux résidus de régression estimés dans l'échantillon $\hat{\varepsilon}$. Grâce à la formule mathématique employée pour estimer les coefficients de régression, nous savons que la corrélation entre $\hat{\varepsilon}$ et X sera toujours nulle. Malheureusement, ce résultat ne garantit pas l'absence de biais. L'équation 5.4 requiert plutôt que la variable explicative soit indépendante d'un paramètre non observable et impossible à mesurer : ε.

Incertitude

L'équation 5.3 nous montre comment estimer la constante et le coefficient du modèle de régression linéaire. L'équation 5.4 nous donne la principale condition à remplir pour que l'estimé du coefficient soit non biaisé. Malheureusement, même si le coefficient estimé est juste *en moyenne*, rien ne garantit qu'il soit juste *dans un échantillon donné.*

Une question scientifique de première importance se pose donc : est-ce que notre estimé du coefficient de régression serait très différent si nous estimions le même modèle dans un nouvel échantillon ? Pour répondre à cette question, nous allons utiliser les concepts introduits dans le chapitre 4 sur l'inférence statistique : erreur type, statistique t, valeur p, intervalle de confiance et test d'hypothèse nulle.

Erreur type

L'erreur type mesure l'incertitude scientifique qui découle du hasard échantillonnal. Elle mesure la dispersion des coefficients qui seraient obtenus si l'analyste estimait un même modèle dans un très grand nombre d'échantillons aléatoires distincts.

Le chapitre 20 montre, que sous certaines conditions, l'erreur type du coefficient de régression $\hat{\beta}_1$ est égale à :[6]

$$\hat{\sigma}_{\hat{\beta}_1} = \frac{\hat{\sigma}_\varepsilon}{\hat{\sigma}_X \cdot \sqrt{n}} \tag{5.5}$$

où $\hat{\sigma}_\varepsilon$ est l'écart type des erreurs de prédiction, $\hat{\sigma}_X$ est l'écart type de X, et n est la taille de l'échantillon.

Cette expression mathématique encode trois intuitions fondamentales. L'incertitude est plus grande lorsque :

1. L'échantillon est petit (n).
2. Le modèle fait de grandes erreurs de prédiction (σ_ε).
3. La variable explicative contient peu de variation, et donc peu d'information (σ_X).

L'équation 5.5 joue un rôle critique pour les méthodes quantitatives, puisqu'elle justifie l'étude de grandes bases de données. En effet, la formule de l'erreur type montre que quand n est petit, nos résultats sont

6. L'équation 5.5 est une approximation valide en grands échantillons. Lorsque le nombre d'observations est limité, l'analyste doit appliquer une correction basée sur le nombre de degrés de liberté aux écarts types estimés, ainsi qu'au dénominateur de l'équation 5.5 (Wooldridge, 2015).

sensibles au hasard échantillonnal ; lorsque n est petit, nos conclusions pourraient facilement être dues à des facteurs aléatoires, plutôt que systématiques. Augmenter le nombre de cas observés permet donc de réduire l'incertitude qui entoure nos conclusions.

Toutes les quantités dans l'équation 5.5 sont faciles à estimer. Par exemple, le tableau 5.1 rassemble de l'information sur la taille de 10 personnes et celle de leurs mères. Dans cet échantillon, $\hat{\sigma}_\varepsilon$ est l'écart type des erreurs dans la 5e colonne du tableau, et $\hat{\sigma}_X$ est l'écart type de la variable explicative dans la 3e colonne, et n est égal à 10.

Statistique t

Comme nous l'avons vu dans le chapitre 4, la statistique t permet de mesurer à quel point les données observées sont compatibles avec une « hypothèse nulle. » La statistique t est définie comme suit :

$$t = \frac{\hat{\beta}_1 - H_0}{\hat{\sigma}_{\hat{\beta}_1}} \tag{5.6}$$

où $\hat{\beta}_1$ est l'estimé du coefficient de régression, H_0 est l'hypothèse nulle que l'analyste tente de rejeter, et $\hat{\sigma}_{\hat{\beta}_1}$ est l'erreur type du coefficient.

Dans la majorité des cas, l'hypothèse nulle qui intéresse le chercheur est qu'il n'existe pas de relation linéaire entre la variable dépendante et la variable indépendante ($\beta_1 = 0$). Par exemple, un analyste pourrait tester l'hypothèse nulle selon laquelle un médicament n'a aucun effet sur les symptômes d'une maladie ; une chercheuse pourrait tester l'hypothèse nulle selon laquelle jouer à des jeux vidéos n'a aucun effet sur le comportement violent.

Lorsque l'hypothèse nulle H_0 est égale à zéro, la statistique t correspond au ratio du coefficient de régression et de son erreur type :

$$t = \frac{\hat{\beta}_1 - H_0}{\hat{\sigma}_{\hat{\beta}_1}} = \frac{\hat{\beta}_1}{\hat{\sigma}_{\hat{\beta}_1}}$$

Valeur p

Maintenant, nous allons choisir une hypothèse nulle et calculer une valeur p pour déterminer si elle peut être rejetée. Spécifiquement, nous allons calculer la valeur p associée à l'hypothèse nulle suivante : il n'y a aucune association linéaire entre X et Y, ou $\beta_1 = 0$.

Imaginez que nous soyons en mesure de tirer un très grand nombre d'échantillons aléatoires de 1000 observations et que nous puissions estimer un même modèle de régression bivarié dans chacun de ces échantillons. Pour chaque échantillon, nous estimons un coefficient $\hat{\beta}_1$, une erreur type $\hat{\sigma}_{\hat{\beta}_1}$ et une statistique t distincts. Des statisticiens ont démontré que si l'hypothèse nulle était vraie ($\beta_1 = 0$), et si les données se conforment aux postulats du modèle de régression linéaire classique (chapitre 20), alors les nombreuses statistiques t ainsi obtenues suivraient la loi de Student tracée dans la figure 5.3.[7]

La valeur p mesure la probabilité d'estimer une statistique t plus extrême que la nôtre, c'est-à-dire plus loin de l'hypothèse nulle, si cette hypothèse nulle était vraie. La valeur p mesure l'aire sous la courbe de la figure 5.3, dans les ailes à gauche de $-|t|$ et à droite de $|t|$. Par exemple, si $t = \hat{\beta}_1/\hat{\sigma}_{\hat{\beta}_1} = 1{,}96$, alors la valeur p est égale à la probabilité d'observer $t <$-1,96 ou $t >$ 1,96, soit l'aire des régions grises de la figure 5.3.

Intuitivement, la valeur p mesure la probabilité d'observer un échantillon plus « étrange » que le nôtre, si l'hypothèse nulle était vraie. Plus la valeur p est petite, moins les données observées sont « compatibles » avec l'hypothèse nulle. Plus la valeur p est petite, plus il est justifiable de rejeter l'hypothèse nulle.

FIGURE 5.3.
Loi de Student avec 998 degrés de liberté. La région blanche correspond à l'intervalle [-1,96 ; 1,96]. L'aire sous la courbe dans la région blanche est égale à 0,95. L'aire sous la courbe dans les régions grises est égale à 0,05.

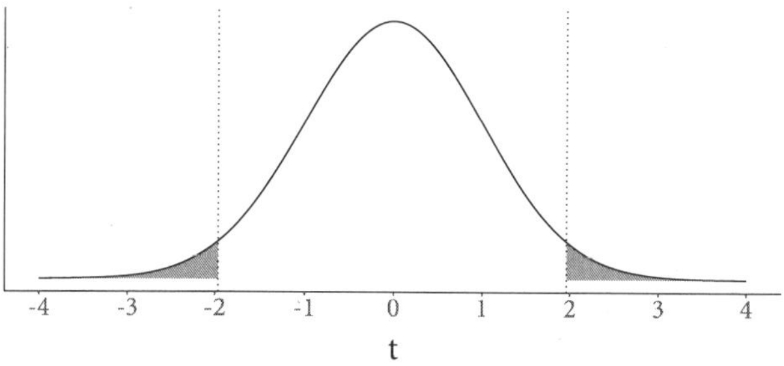

7. Le nombre de degrés de liberté de la loi de Student est égal au nombre d'observations moins le nombre de paramètres à estimer. Ici, nous avons $n = 1000$, et nous devons estimer une constante et un coefficient.

Intervalle de confiance

L'intervalle de confiance est une autre façon de représenter l'incertitude qui entoure notre coefficient estimé. Chaque intervalle de confiance est lié à un niveau de signification statistique spécifié *a priori*. Par exemple, construire un intervalle de confiance de 95 % signale que nous sommes prêts à rejeter l'hypothèse nulle si la valeur p est inférieure à 0,05. Construire un intervalle de confiance de 99 % signale que nous sommes prêts à rejeter l'hypothèse nulle si la valeur p est inférieure à 0,01.

Pour construire un intervalle de confiance de 95 %, il faut d'abord identifier les deux seuils critiques qui encadrent le 95 % central de la loi de Student. Dans la figure 5.3, nous voyons que les seuils critiques -1,96 et 1,96 (les lignes verticales) encadrent le 95 % central de la loi de Student (la région blanche sous la courbe).

L'intervalle de confiance de 95 % est donc défini ainsi :

$$[\hat{\beta}_1 - 1{,}96 \cdot \hat{\sigma}_{\hat{\beta}_1} ; \hat{\beta}_1 + 1{,}96 \cdot \hat{\sigma}_{\hat{\beta}_1}] \quad \text{(Intervalle de confiance de 95 \%)}$$

Si l'intervalle de confiance couvre l'hypothèse nulle, l'analyste ne peut pas la rejeter. Au contraire, si l'hypothèse nulle est à l'extérieur de l'intervalle de confiance, l'analyste peut la rejeter.

Pour construire des intervalles de confiance à 90 %, à 99 %, ou autres, il suffit de modifier les seuils critiques, comme nous l'avons vu dans le chapitre 4. Comme un intervalle de confiance de 99 % est toujours plus grand qu'un intervalle de confiance de 90 %, le test d'hypothèse nulle à 99 % est nécessairement plus exigeant (ou « conservateur ») que le test à 90 %.

Régression multiple

Jusqu'à maintenant, nous avons étudié un modèle de régression linéaire bivarié, avec une seule variable explicative. L'avantage principal de la régression sur la corrélation est qu'elle nous permet de mesurer l'association entre une variable dépendante et plusieurs variables indépendantes.

Par exemple, l'équation 5.1 définissait un modèle simple pour expliquer la taille d'un individu en fonction de la taille de sa mère. Évidemment, la taille d'une mère n'est pas le seul déterminant de la taille de son enfant; le modèle 5.1 relègue beaucoup de variables pertinentes au terme résiduel ε.

Pour enrichir le modèle, nous pourrions ajouter une variable qui identifie les femmes de l'échantillon :

$$\text{Taille d'une personne} = \beta_0 + \beta_1 \cdot \text{Taille de sa mère} + \beta_2 \cdot \text{Femme} + \varepsilon \quad (5.7)$$

où « Femme » est une variable binaire égale à 1 si la personne est une femme, et 0 autrement. Estimer le modèle 5.7 avec la banque de données de Galton (1886) produit les résultats suivants :

$$\text{Taille d'une personne} = 120 + 0{,}34 \cdot \text{Taille de sa mère} - 13 \cdot \text{Femme}$$

Ce modèle permet de faire des prédictions différentes pour les hommes et les femmes. Par exemple, la taille prédite d'un homme dont la mère mesure 155 cm est :

$$172{,}7 = 120 + 0{,}34 \cdot 155 - 13 \cdot 0$$

La taille prédite d'une femme dont la mère mesure 155 cm est :

$$159{,}7 = 120 + 0{,}34 \cdot 155 - 13 \cdot 1$$

La figure 5.4 montre 934 observations tirées de la banque de données de Galton. Les points gris identifient les femmes de l'échantillon, et les points noirs identifient les hommes de l'échantillon. La droite grise représente les prédictions du modèle 5.7 pour les femmes. La droite noire représente les prédictions du modèle 5.7 pour les hommes.

Encore une fois, nous pouvons passer de la forme spécifique de l'équation 5.7 à une expression plus générale du modèle de régression multiple :

$$Y = \beta_0 + \beta_1 X_1 + \beta_2 X_2 + \ldots + \beta_k X_k + \varepsilon \quad (5.8)$$

Le modèle ci-haut inclut k variables explicatives, dénotées X_1, X_2, jusqu'à X_k. Chaque variable explicative est associée à un coefficient de régression distinct $\beta_1, \beta_2, \ldots, \beta_k$. Ce modèle de régression multiple

FIGURE 5.4.
Relation entre la taille d'une mère et la taille de son enfant à l'âge adulte. La droite grise représente les prédictions du modèle pour les femmes. La droite noire représente les prédictions du modèle pour les hommes.

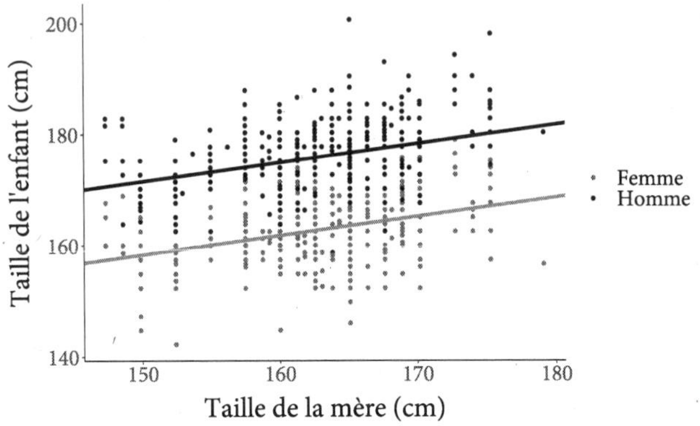

inclut plusieurs variables indépendantes et plusieurs coefficients, mais il contient seulement une variable dépendante Y et une constante β_0.

Avantages de la régression multiple : précision et biais

Le modèle de régression multiple a deux avantages principaux. Premièrement, la formule de l'erreur type (équation 5.5) montre que notre incertitude est liée au pouvoir explicatif du modèle. Spécifiquement, plus les erreurs de prédiction sont grandes, plus la variance de ces erreurs σ_ε est grande, et plus l'erreur type σ_{β_1} est grande. En ajoutant une variable au modèle, nous pouvons hausser son pouvoir explicatif et ainsi améliorer la précision de ses estimés.

Deuxièmement, nous avons déjà vu que le coefficient de régression est non biaisé lorsque la variable explicative est indépendante des variables qui causent Y, mais qui sont ignorées par le modèle (équation 5.4) : $X_1 \perp \varepsilon$. Avec la régression multiple, nous cessons d'ignorer les variables qui se cachent dans ε et nous les intégrons directement au modèle. Ceci nous permet de relâcher la condition d'indépendance. Pour que notre estimé de β_1 soit non biaisé, il suffit que X_1 soit indépendant d'ε, après avoir contrôlé les autres variables du modèle :

$$X_1 \perp \varepsilon | X_2, X_3, ..., X_n$$

Contrôle statistique

Comment un modèle de régression multiple peut-il « ajuster », « tenir constante » ou « contrôler » une variable ? Pour répondre à cette question, il est utile de considérer un modèle simple avec une seule variable explicative :

$$Y = \pi_0 + \pi_1 X_1 + \nu$$

où π_0 est la constante du modèle, π_1 le coefficient de régression et ν le résidu.

Si une seconde variable X_2 cause Y, le modèle ci-haut relègue cette variable au terme résiduel ν. Si la variable que nous ignorons est corrélée à X_1, nous savons que $X_1 \not\perp \nu$ et que notre estimé du coefficient π_1 est biaisé.

La solution à ce problème est d'intégrer la variable X_2 directement au modèle, plutôt que de la traiter comme du bruit :

$$Y = \beta_0 + \beta_1 X_1 + \beta_2 X_2 + \epsilon \tag{5.9}$$

Dans le modèle 5.9, nous estimons le coefficient β_1 en considérant seulement la variation *indépendante* de X_1, c'est-à-dire la variation dans X_1 qui n'est pas « explicable » par la variable de contrôle X_2.

La figure 5.5 illustre cette idée de « variation indépendante ». Les cercles gris représentent la variation dans X_1 et dans X_2. Les deux cercles se recoupent pour représenter le fait que ces deux variables sont corrélées ; l'intersection des deux cercles représente la variation « commune » aux deux variables. L'objectif de la régression multiple est d'estimer le coefficient β_1 en considérant seulement la variation *indépendante* de X_1. En d'autres mots, nous voulons estimer un modèle qui ignore l'information dans l'intersection du diagramme de Venne.

Comment le modèle de régression multiple fait-il pour isoler la variation indépendante ? Pour purger X_1 de son association avec X_2, nous pouvons procéder en deux étapes.

D'abord, nous estimons un modèle de régression avec X_1 comme variable dépendante, et X_2 comme variable indépendante :

$$X_1 = \lambda_0 + \lambda_1 X_2 + \tilde{X}_1$$

FIGURE 5.5.
Régression multiple en présence de collinéarité. Les cercles représentent la variation dans les variables explicatives. La régression multiple calcule les coefficients de régression en ignorant la variation commune des variables explicatives, soit l'intersection du diagramme de Venne.

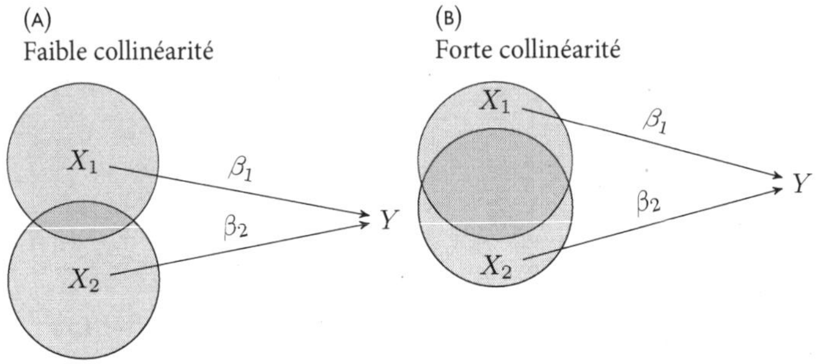

Dans cette équation, $\tilde{X}_1$ représente le bruit. Ce paramètre peut être interprété comme « la variation dans X_1 qui ne peut *pas* être expliquée par X_2 ». Dans la figure 5.5, $\tilde{X}_1$ correspond à la demi-lune qui demeure autour de X_1, après qu'on ait retranché l'intersection des deux cercles. Intuitivement, il s'agit de la variable X_1, purgée de son association avec X_2.

Avec cette nouvelle variable en main, nous pouvons estimer le modèle final :

$$Y = \beta_0' + \beta_1 \tilde{X}_1 + \varepsilon' \tag{5.10}$$

La valeur de β_1 estimée par le modèle 5.9 est exactement égale à la valeur de β_1 estimée par le modèle 5.10. β_1 peut être interprété comme une mesure de l'association entre Y et X_1, après qu'on ait retranché la variation commune entre X_1 et X_2. β_1 mesure de l'association entre Y et X_1, après qu'on ait contrôlé X_2. β_1 mesure l'association entre Y et X_1, quand on tient X_2 constant.

Multicollinéarité

Le modèle de régression multiple est utile et nécessaire lorsque les variables explicatives sont liées entre elles. Lorsque deux (ou plusieurs) variables explicatives d'un modèle sont corrélées, on dit que le modèle souffre de « multicollinéarité ».

Les conséquences de la multicollinéarité sont faciles à comprendre à l'aide de la figure 5.5. Celle-ci montre deux cas de figure. À gauche, les variables X_1 et X_2 sont faiblement corrélées. À droite, les variables X_1 et X_2 sont fortement corrélées.

Lorsque deux variables sont fortement associées, l'intersection du diagramme de Venne est grande et l'information indépendante qui est disponible pour estimer le coefficient de régression est pauvre. La pauvreté de l'information disponible se traduit par une hausse du niveau d'incertitude, et cette hausse est (correctement) saisie par une augmentation de l'erreur type. La multicollinéarité a donc des conséquences très similaires au cas où l'analyste dispose d'un petit échantillon. [8]

Il est utile de savoir que certains tests statistiques permettent de mesurer le niveau de multicollinéarité (p. ex., le « *Variance Inflation Factor* »). Par contre, ces tests ne devraient généralement pas servir à justifier l'inclusion ou l'exclusion de variables d'un modèle de régression. Comme nous le verrons dans le chapitre 6, le choix des variables à inclure dans un modèle doit surtout être guidé par des considérations *théoriques*.

Étude de cas

Pour illustrer comment estimer et interpréter un modèle de régression linéaire, nous allons considérer une banque de données qui contient de l'information sur les 250 meilleurs compteurs de l'histoire de la Ligue nationale de hockey. [9] Pour commencer, nous importons la banque de données dans le logiciel R avec la fonction `read.csv` :

```
dat <- read.csv('data/hockey.csv')
```

Chaque rangée de cette banque de données contient de l'information sur un joueur, durant une saison. La commande `head` nous permet d'inspecter les premières rangées et de constater que

8. Pour désamorcer la peur (injustifiée) de la multicollinéarité, l'économiste Arthur Goldberger (1991) a proposé à la blague de remplacer le mot «multicollinéarité» par «micronumérosité» : «*Econometrics texts devote many pages to the problem of multicollinearity in multiple regression, but they say little about the closely analogous problem of small sample size[.] Perhaps that imbalance is attributable to the lack of an exotic polysyllabic name for 'small sample size'. If so, we can remove that impediment by introducing the term micronumerosity* (Goldberger, 1991, p. 245)».

9. Cette banque de données a été extraite du site hockey-reference.com dans le cadre de l'événement TidyTuesday de l'organisation R4DS : `https://github.com/rfordatascience/tidytuesday`.

« La Merveille » Wayne Gretzky a compté 51 buts à l'âge de 19 ans et 92 buts à l'âge de 21 ans :

```
head(dat)
##          joueur  saison age aides buts parties position
## 1 Wayne Gretzky 1979-80  19    86   51      79        C
## 2 Wayne Gretzky 1980-81  20   109   55      80        C
## 3 Wayne Gretzky 1981-82  21   120   92      80        C
## 4 Wayne Gretzky 1982-83  22   125   71      80        C
## 5 Wayne Gretzky 1983-84  23   118   87      74        C
## 6 Wayne Gretzky 1984-85  24   135   73      80        C
```

Notre objectif est de mesurer l'association entre l'âge d'un joueur et le nombre de buts qu'il compte pendant une saison. Pour ce faire, nous estimons un modèle de régression linéaire qui contrôle le nombre de parties auxquels chaque joueur a participé lors d'une saison :

$$\text{Buts} = \beta_0 + \beta_1 \text{Âge} + \beta_2 \text{Parties} + \varepsilon \tag{5.11}$$

L'hypothèse nulle que nous tentons de rejeter est qu'il n'existe pas de relation entre l'âge et les buts comptés, soit $\beta_1 = 0$.

La commande `lm` nous permet d'estimer le modèle 5.11. Dans cette commande, le symbole ~ sépare la variable dépendante des variables indépendantes :

```
mod <- lm(buts ~ age + parties, data = dat)
```

La commande `summary` imprime les résultats :

```
summary(mod)
##              Estimate Std. Error t value Pr(>|t|)
## (Intercept)  9,530558   0,875200   10,89   <0,001
## age         -0,467005   0,025910  -18,02   <0,001
## parties      0,417857   0,006561   63,69   <0,001
```

Pour faciliter l'interprétation, nous réécrivons les coefficients estimés dans l'équation originale :

$$\text{Buts} = 9{,}531 - 0{,}467 \cdot \text{Âge} + 0{,}418 \cdot \text{Parties}$$

Ce modèle suggère qu'une augmentation d'une unité dans la variable « Âge » est associée à un changement d'environ -0,467 unité dans la variable « Buts ». En moyenne, vieillir d'un an est associé à un changement -0,467 dans le nombre de buts comptés pendant une saison. La relation entre les deux variables qui nous intéresse est négative, ce qui suggère que les joueurs plus âgés ont tendance à être moins productifs que les jeunes.

L'erreur type quantifie notre incertitude quant à la valeur du coefficient de régression estimé. Imaginez si on tirait un grand nombre d'échantillons aléatoires et qu'on estimait le même modèle dans tous ces échantillons.[10] L'écart type des coefficients ainsi estimés pour la variable « Âge » serait (environ) égal à 0,026.

Cette erreur type est petite par rapport au coefficient estimé. En effet, la statistique t associée au coefficient de régression est égale à :

$$t = \frac{\hat{\beta}_1 - H_0}{\hat{\sigma}_{\hat{\beta}_1}} = \frac{-0{,}467 - 0}{0{,}026} \approx -18{,}0$$

Cette statistique excède le seuil conventionnel de signification statistique ($|t| = 2$). De fait, la valeur p suggère que si l'hypothèse nulle était vraie, la probabilité d'observer un résultat plus extrême que le nôtre serait extrêmement faible (p<0,001).[11] De plus, l'intervalle de confiance à 95 % ne couvre pas zéro :

```
confint(mod)
##                  2,5 %     97,5 %
## (Intercept)  7,8147601 11,2463560
## age         -0,5178001 -0,4162109
## parties      0,4049954  0,4307189
```

Par conséquent, nous rejetons l'hypothèse nulle selon laquelle $\beta_1 = 0$ et nous concluons que l'estimé de β_1 est statistiquement significatif.

Le coefficient estimé pour la variable « Âge » est statistiquement significatif, mais il n'est pas énorme du point de vue substantif. En effet, vieillir d'un an est associé à une réduction d'à peine 0,5 but par saison.

10. Cette phrase souligne une question intéressante sur la philosophie statistique fréquentiste : qu'est-ce que l'erreur type signifie lorsque nous n'étudions pas un échantillon, mais plutôt la population entière ? Dans de tels contextes, il faut plutôt penser à notre échantillon comme à une seule réalisation du processus de génération des données ; il s'agit d'un seul échantillon parmi tous ceux qui auraient pu être produits dans des mondes différents et hypothétiques.

11. Dans les résultats imprimés par R, la valeur p paraît en notation scientifique. L'expression 2e-16 représente le chiffre 0,0000000000000002.

Boîte à outils

Maintenant que les bases de l'analyse de données par régression linéaire sont posées, nous allons considérer quelques concepts et techniques qui pourraient s'avérer utiles pour le lecteur : analyse de données binaires, ordinales ou nominales; variables normalisées; qualité de l'ajustement statistique du modèle; hétéroscédasticité, autocorrélation et erreurs types robustes; données influentes; effet marginal; et transformations.

Variable dépendante binaire

Jusqu'à présent, toutes les variables dépendantes que nous avons étudiées étaient continues. Le chapitre 16 introduira le modèle de régression logistique, une approche conçue spécialement pour analyser les variables dépendantes binaires. Mais avant de nous tourner vers ce type de modèle spécialisé, il est utile de noter qu'un analyste peut déjà étudier les variables dépendantes binaires à l'aide du modèle de régression linéaire par les moindres carrés.

Lorsqu'une variable dépendante binaire est analysée par régression linéaire, on dit que l'analyste estime un « modèle de probabilité linéaire » :

$$Y = \beta_0 + \beta_1 \cdot X + \varepsilon, \qquad \text{où } Y \in \{0, 1\} \tag{5.12}$$

Le coefficient de régression estimé par le modèle 5.12 s'interprète ainsi : une augmentation d'une unité de X est associée à un changement de $100 \cdot \beta_1$ points de pourcentage dans la probabilité que Y soit égale à 1.

Ce coefficient est simple à interpréter. Il mesure directement la principale quantité d'intérêt : l'association entre X et $P(Y = 1)$. Cette simplicité explique pourquoi, malgré certains désavantages (voir chapitre 16), le modèle de probabilité linéaire demeure très populaire en économie, en science politique et dans les autres sciences sociales.

Variable indépendante binaire

La régression linéaire permet aussi d'étudier les variables indépendantes binaires :

$$Y = \beta_0 + \beta_1 \cdot X + \varepsilon \qquad \text{où } X \in \{0, 1\} \qquad (5.13)$$

Les paramètres estimés par le modèle 5.13 s'interprètent ainsi : β_0 est la moyenne de Y quand $X = 0$; et β_1 mesure la différence entre la moyenne de Y quand $X = 0$, et la moyenne de Y quand $X = 1$.

Pour mesurer la différence entre les moyennes de deux échantillons, il suffit donc d'estimer un modèle de régression linéaire avec variable indépendante binaire. La valeur p associée au coefficient β_1 du modèle 5.13 nous permet de vérifier si la différence entre les deux moyennes est statistiquement significative.

Par exemple, imaginez qu'une chercheuse divise les participants d'une étude en deux groupes de façon aléatoire : les membres du groupe de traitement consomment de l'acide acétylsalicylique ($X = 1$), et les membres du groupe de contrôle consomment un placebo ($X = 0$). Après une heure, la chercheuse mesure l'intensité des maux de tête de chaque participant (Y). Finalement, la chercheuse estime le modèle 5.13.

Dans ce contexte, le coefficient β_1 mesure la différence entre l'intensité moyenne des maux de tête dans le groupe de contrôle et dans le groupe de traitement. La valeur p associée à β_1 permet de vérifier si nous pouvons rejeter l'hypothèse nulle selon laquelle il n'y a pas de différence entre les deux groupes.

Variable indépendante ordinale ou nominale

Pour inclure une variable indépendante ordinale ou nominale dans un modèle de régression linéaire, il faut procéder en deux étapes. [12]

Premièrement, l'analyste doit créer une nouvelle variable dichotomique pour chaque catégorie de la variable ordinale ou nominale. Le tableau 5.2 montre six observations tirées de la banque de données du *Titanic*. La variable ordinale « Classe » indique la classe de la cabine dans laquelle chaque passager voyage (1, 2, ou 3). Pour utiliser « Classe » comme variable indépendante, il faut créer trois nouvelles variables dichotomiques : « C1 » est égale à 1 pour les passagers de

12. Si les catégories d'une variable ordinale sont équidistantes sur le plan conceptuel, certains méthodologues considèrent qu'il est raisonnable de traiter cette variable comme si elle était continue.

TABLEAU 5.2.
Données sur six passagers du *Titanic*.

Nom	Survie	Femme	Classe	C1	C2	C3
Wright, Mr George	0	0	1	1	0	0
Bird, Ms Ellen	1	1	1	1	0	0
Beane, Mr Edward	1	0	2	0	1	0
Mack, Mrs Mary	0	1	2	0	1	0
Asim, Mr Adola	0	0	3	0	0	1
Lang, Mr Fang	1	0	3	0	0	1

première classe et 0 pour les autres ; « C2 » est égale à 1 pour les passagers de seconde classe et 0 pour les autres ; « C3 » est égale à 1 pour les passagers de troisième classe et 0 pour les autres.

Deuxièmement, l'analyste doit estimer un modèle de régression en incluant toutes ces nouvelles variables dichotomiques, sauf une.[13] La variable dichotomique omise s'appelle la « catégorie de référence » du modèle. Les coefficients associés aux autres variables dichotomiques doivent être interprétés par rapport à cette catégorie omise.

Par exemple, considérez le modèle suivant, conçu pour estimer la relation entre le taux de survie et la classe de cabine :

$$\text{Survie} = \beta_0 + \beta_1 \cdot \text{C2} + \beta_2 \cdot \text{C3} + \varepsilon \qquad (5.14)$$

Comme la variable dépendante est binaire, l'équation 5.14 est un « modèle de probabilité linéaire » et les coefficients sont interprétés en termes de probabilité de survie. Dans le modèle 5.14, la catégorie de référence est « C1 », puisque cette variable dichotomique est omise. Le coefficient β_1 mesure donc l'association entre un changement de la catégorie de référence (« C1 ») à « C2 » et la probabilité de survie. Le coefficient β_2, quant à lui, mesure l'association entre un passage de la 1re à la 3e classe et la probabilité de survie.

L'analyste aurait aussi pu omettre une des autres variables. Par exemple, s'il avait inclut C1 et C2 en omettant C3, les coefficients estimés auraient été interprétés en relation avec la catégorie de

13. Il est essentiel d'omettre une des variables dichotomiques, sinon les variables indépendantes sont parfaitement collinéaires, et le modèle de régression par les moindres carrés est impossible à estimer (chapitre 20).

référence C3. Le choix de catégorie de référence est arbitraire et dicté seulement par les préférences du chercheur.

Pour estimer le modèle 5.14, nous importons les données du *Titanic* dans R :

```
dat <- read.csv('data/titanic.csv')
```

La fonction `factor` du logiciel R nous permet de créer automatiquement une variable binaire par catégorie. Cette fonction se charge aussi d'omettre une catégorie de référence. Nous estimons donc le modèle 5.14 ainsi :

```
mod <- lm(survie ~ factor(classe), data = dat)
summary(mod)
##                    Estimate Std. Error t value Pr(>|t|)
## (Intercept)         0,59938    0,02468  24,284   <0,001
## factor(classe)2 -0,17286    0,03623  -4,772   <0,001
## factor(classe)3 -0,40529    0,02975 -13,623   <0,001
```

Passer de la 1re à la 2e classe à bord du *Titanic* est associé à une diminution de 17 points de pourcentage dans la probabilité de survie. Passer de la 1re à la 3e classe à bord du *Titanic* est associé à une diminution de 41 points de pourcentage dans la probabilité de survie. La probabilité de survie des passagers de 1re classe à bord du *Titanic* était donc considérablement plus élevée que celle des passagers de 2e ou de 3e classe.

Notez que la même stratégie peut être adoptée pour les variables explicatives nominales : créer une variable dichotomique pour toutes les catégories de la variable sauf une et interpréter les coefficients en référence à la catégorie omise.

Normalisation

Dans certains contextes, il est utile de « normaliser » les variables d'un modèle pour en faciliter l'interprétation. Deux types de normalisations sont particulièrement utiles : la normalisation à l'unité et la normalisation de Student.

Normalisation à l'unité : Une stratégie répandue est de ramener les variables d'un modèle sur une échelle de 0 à 1. Pour ce faire, nous transformons la variable ainsi :

$$\tilde{X} = \frac{X - \min_X}{\max_X - \min_X} \tag{5.15}$$

où $\min_X$ est le minimum de la variable X, et $\max_X$ est son maximum. Si nous transformons la variable X suivant l'équation 5.15 pour produire $\tilde{X}$, nous pouvons estimer le modèle suivant :

$$Y = \beta_0 + \beta_1 \tilde{X} + \varepsilon$$

Le coefficient de ce modèle s'interprète ainsi : une augmentation du minimum jusqu'au maximum de la variable X est associée à un changement de β_1 unités de Y.

Normalisation de Student : Une autre stratégie de normalisation commune est de modifier une variable en soustrayant sa moyenne et en divisant par son écart type :

$$\breve{X} = \frac{X - \bar{X}}{\sigma_X} \tag{5.16}$$

où $\bar{X}$ est la moyenne de X, σ_X son écart type, et $\breve{X}$ la version normalisée de la variable. Cette transformation est utile lorsque nous voulons interpréter nos coefficients de régression sur une échelle « neutre », qui fait abstraction de l'unité originale de mesure.

Considérons un modèle de régression où X et Y ont toutes deux été normalisées suivant l'équation 5.16 :

$$\breve{Y} = \beta_0 + \beta_1 \breve{X} + \varepsilon$$

Le coefficient de ce modèle s'interprète ainsi : une augmentation d'un écart type dans la variable X est associée à un changement de β_1 écarts types dans la variable Y.

Qu'est-ce qu'une relation exprimée en termes d'écarts types représente, concrètement? La figure 5.6 montre des variables distribuées identiquement, mais décalées de 0.2 ou de 1 écart type. Une augmentation de 0.2 écart type est possible à distinguer, mais les deux distributions dans le panneau de gauche restent similaires l'une à l'autre. Par contre, un changement de 1 écart type semble beaucoup plus important. Il est utile de garder en tête ces différences relatives lorsque nous interprétons l'importance substantive des coefficients de régression linéaire.

FIGURE 5.6.
Distributions normales décalées de 0,2 ou de 1 écart type.

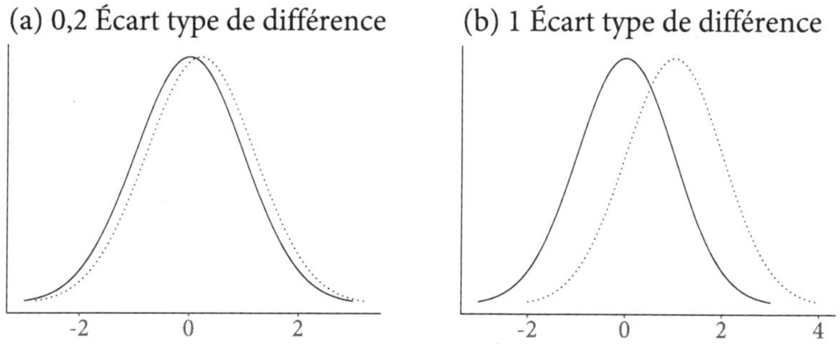

Qualité de l'ajustement statistique

Jusqu'à maintenant, nous nous sommes surtout intéressés aux coefficients de régression. Plusieurs chercheurs s'intéressent aussi à la qualité de l'ajustement de leurs modèles statistiques, c'est-à-dire à la capacité d'un modèle à faire de bonnes prédictions dans l'échantillon. Il y a plusieurs méthodes pour mesurer cette qualité.

Erreur quadratique moyenne Une première mesure de l'ajustement statistique d'un modèle est l'erreur quadratique moyenne. Considérons un modèle linéaire bivarié, estimé à partir d'un échantillon composé de n individus, identifiés par l'indice $i \in \{1, 2, 3, ..., n\}$:

$$Y_i = \beta_0 + \beta_1 X_i + \varepsilon_i \quad (5.17)$$

Dans ce modèle, l'erreur de prédiction estimée est définie ainsi :

$$\hat{\varepsilon}_i = Y_i - \hat{\beta}_0 - \hat{\beta}_1 X_i$$

Pour un échantillon de taille n, l'erreur quadratique moyenne est calculée ainsi :[14]

$$\frac{1}{n}\sum_{i=1}^{n}\hat{\varepsilon}_i^2 \tag{5.18}$$

Puisque l'erreur est élevée au carré, il est courant de prendre la racine carrée de la somme afin de ramener la statistique à la même échelle que notre variable dépendante :

$$\sqrt{\frac{1}{n}\sum_{i=1}^{n}\hat{\varepsilon}_i^2}$$

Plus l'erreur quadratique moyenne est faible, plus notre modèle fait de bonnes prédictions dans l'échantillon.

Coefficient de détermination : R^2 Le coefficient de détermination pour le modèle 5.17 est défini comme suit :

$$R^2 = 1 - \frac{\sum_{i=1}^{n}\hat{\varepsilon}_i^2}{\sum_{i=1}^{n}(Y_i - \bar{Y})^2}$$

où $\bar{Y}$ est égal à la moyenne de Y. R^2 mesure la proportion de la variance de Y qui est « saisie » ou « expliquée » par le modèle. R^2 est une statistique utile, mais elle souffre de deux problèmes.

Premièrement, le mot « expliqué » qui est souvent utilisé pour interpréter R^2 ne doit *pas* être interprété en termes de causalité. R^2 révèle simplement le rapport entre la qualité de nos prédictions et la variation totale dans la variable dépendante. Une haute valeur de R^2 signifie que le modèle est bien ajusté aux données de l'échantillon. Cela ne signifie pas nécessairement que le modèle répond aux besoins de l'analyste. Par exemple, un modèle pourrait facilement produire un estimé complètement biaisé de l'effet causal qui nous intéresse, tout en ayant un R^2 élevé.

14. Pour obtenir un estimé non biaisé de l'erreur quadratique moyenne, il faut corriger le dénominateur de l'équation 5.18 en soustrayant le nombre de degrés de liberté : $1/(n - k)$, mais cette correction est seulement importante dans les petits échantillons.

Deuxièmement, un problème du R^2 est qu'il est souvent possible d'augmenter cette statistique simplement en ajoutant des variables explicatives à notre modèle. Pour cette raison, plusieurs analystes calculent une version « ajustée » du R^2 qui impose une pénalité en fonction du nombre de paramètres à estimer :

$$\bar{R}^2 = 1 - (1 - R^2)\frac{n-1}{n-k-1}$$

où n est le nombre d'observations et k le nombre de coefficients de régression dans le modèle.

Prédictions hors échantillon Les statistiques présentées ici mesurent la « qualité de l'ajustement » d'un modèle au sens où elles mesurent seulement la capacité du modèle à s'ajuster aux valeurs de la variable dépendante dans le même échantillon qui a servi à estimer les coefficients. Par contre, un modèle peut être ajusté aux données d'un échantillon donné tout en faisant de mauvaises prédictions hors échantillon. James *et al.* (2013) offrent une bonne introduction aux défis de la prédiction dans et hors échantillon, ainsi qu'à d'autres approches comme la validation croisée.

Hétéroscédasticité, autocorrélation et erreurs types robustes

Précédemment, nous avons étudié la variance échantillonnale du coefficient de régression linéaire; nous avons aussi vu la formule qui permet d'estimer l'erreur type « classique ». Il est important de noter que l'équation 5.5 produit un estimé adéquat de l'incertitude sous deux conditions très restrictives.

Premièrement, les erreurs de prédiction doivent être « homoscédastiques », c'est-à-dire qu'elles doivent toutes être tirées de distributions ayant la même variance. [15] Dans le panneau (a) de la figure 5.7, les erreurs n'ont pas toute la même variance : les observations ne sont pas dispersées de façon uniforme autour de la droite de régression. Ce type de situation pourrait survenir si notre modèle n'a pas le même pouvoir de prédiction pour tous les types d'observation dans notre échantillon (p. ex., autocratie vs démocratie, Québec vs reste du Canada).

15. Plusieurs tests statistiques ont été développés pour détecter l'hétéroscédasticité, dont celui de Breusch-Pagan.

Deuxièmement, pour que les erreurs types classiques soient justes, il faut que les erreurs de prédiction ne soient pas corrélées entre elles. Le panneau (b) de la figure 5.7 montre un exemple où ce postulat est violé : les erreurs de prédiction sont corrélées entre elles. L'autocorrélation survient dans plusieurs contextes, dont l'analyse de séries temporelles.

FIGURE 5.7.
Erreurs de prédiction hétéroscédastiques et autocorrélées.

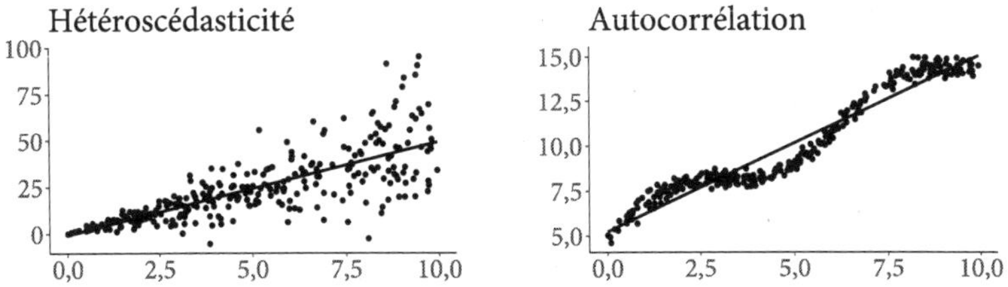

Heureusement, l'hétéroscédasticité et l'autocorrélation ne posent pas d'obstacles insurmontables. D'abord, ces problèmes n'affectent pas les coefficients de régression, mais seulement les erreurs types. [16] Ensuite, tous les logiciels statistiques modernes peuvent facilement calculer des erreurs types « robustes », qui tiennent compte de l'hétéroscédasticité et de l'autocorrélation. [17] Par exemple, les librairies `sandwich` et `estimatr` permettent d'estimer des erreurs types robustes dans `R`. Dans `Stata`, il suffit souvent de faire suivre la commande de régression par l'expression `,robust`

Données influentes

Dans le chapitre 3, nous avons vu que la moyenne était sensible aux valeurs extrêmes ou aberrantes, alors que la médiane y était robuste. De façon similaire, le coefficient de régression linéaire peut, dans certaines situations, être affecté par les observations aux caractéristiques extrêmes.

16. Dans certains cas, un problème comme l'autocorrélation des résidus peut être un symptôme que le modèle linéaire est lui-même inapproprié. Voir Wooldridge (2010) pour un traitement plus détaillé.

17. Les erreurs robustes Huber-White tiennent compte de motifs arbitraires d'hétéroscédasticité ; la procédure HAC produit des erreurs types consistantes en présence d'hétéroscédasticité et d'autocorrélation ; et les erreurs en « *clusters* » permettent aux erreurs d'être corrélées au sein de groupes spécifiés par l'analyste (p. ex., régions géographiques).

On dit qu'une observation est « aberrante » ou « extrême » lorsque le résidu du modèle de régression est élevé, c'est-à-dire lorsque le modèle prédit mal la variable dépendante pour cette unité. On dit qu'une observation est « influente » si exclure cette observation de la banque de données a un effet important sur le coefficient de régression estimé par notre modèle.

La figure 5.8 illustre le concept d'influence. Dans les deux banques de données qui sont représentées, toutes les observations (c.-à-d. les points) sont rangées le long d'une ligne, sauf une. À gauche, cette observation a beaucoup d'influence, puisqu'elle change la pente de la droite de prédiction, et donc le coefficient de régression. À droite, la valeur extrême n'a pas d'influence sur la pente, et donc pas d'influence sur le coefficient de régression. [18]

FIGURE 5.8.
Influence des observations extrêmes sur deux droites de régression.

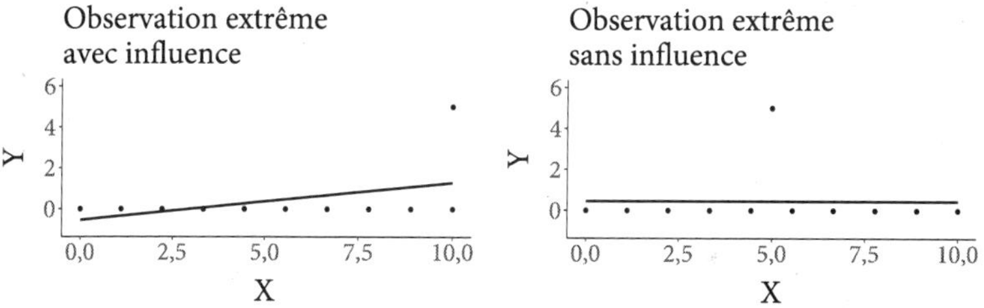

La première stratégie à mettre en place pour nous assurer que des données extrêmes ne guident pas nos résultats est de visualiser les données. Dans un article fascinant, Blaydes et Paik (2016) estiment l'effet des croisades sur le développement de la capacité étatique. Les auteurs notent que les expéditions des croisés étaient coûteuses et que le financement de telles expéditions nécessitait la mise en place ou la consolidation d'institutions politiques et fiscales, dont l'impôt et le parlement. Si les croisades forcent un État à développer sa capacité fiscale, les régions d'où plusieurs croisades sont lancées devraient générer plus de revenus d'impôts. Si les croisades renforcent la capacité étatique, nous devrions observer une relation positive entre le nombre de croisés et les revenus du gouvernement. [19]

18. L'observation qui n'a pas d'influence sur le coefficient (c.-à-d. la pente) pourrait quand même affecter la constante (c.-à-d. l'ordonnée à l'origine).

19. Blaydes et Paik (2016) présentent plusieurs tests empiriques en appui à cette hypothèse; c'est la combinaison de tous ces tests qui donne sa crédibilité à leur analyse. Ici, nous considérons un seul des tests présentés dans l'article.

La figure 5.9 montre la relation entre le nombre de croisés issus d'une région (variable indépendante) et les impôts perçus dans chaque région quelques siècles plus tard (variable dépendante).[20] La ligne pleine dans la figure 5.9 reproduit l'analyse originale des auteurs. La pente est positive, ce qui appuie l'hypothèse de recherche.

FIGURE 5.9.
Relation entre le nombre de croisés issus d'une région et les revenus d'impôts du gouvernement de cette région. La ligne pleine reproduit la droite de régression de Blaydes et Paik (2016). La ligne pointillée représente un autre modèle de régression, estimé en excluant l'Angleterre et le Portugal.

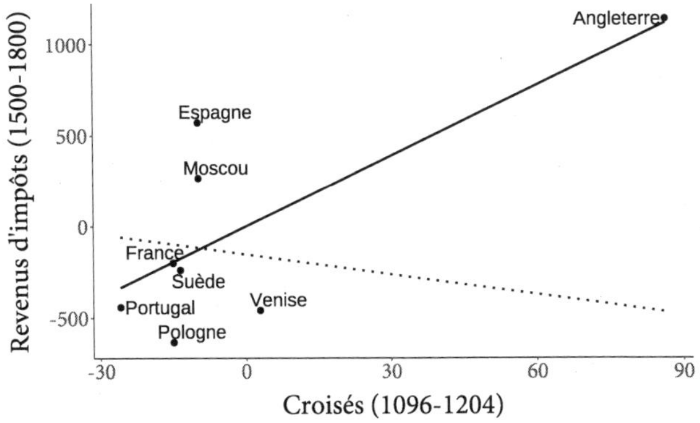

Par contre, une inspection visuelle de la figure 5.9 révèle la présence de deux observations extrêmes : l'Angleterre et le Portugal. Pour nous assurer que nos conclusions soient robustes quant au choix d'observations à inclure dans l'analyse, nous ré-estimons le modèle de régression en omettant ces deux régions. La ligne pointillée montre la nouvelle droite de régression. En excluant deux observations extrêmes, nous obtenons les résultats opposés : le nombre de croisés issus d'une région est associé à une *baisse* des revenus d'impôts. La conclusion obtenue semble donc très sensible au choix d'observations à inclure ou à exclure de l'échantillon.

Un vaste éventail de statistiques ont été créées pour mesurer l'influence potentielle des observations aberrantes, dont DFBETA, DFFITS et le D de Cook. Par exemple, les commandes suivantes reproduisent l'analyse de Blaydes et Paik illustrée dans la figure 5.9 :

```
dat <- read.csv('data/blaydes_paik.csv')
```

20. Suivant l'article original, les valeurs présentées dans cette figure ont été modifiées en contrôlant la qualité des terres agricoles et le niveau d'urbanisation.

TABLEAU 5.3.
Statistiques DFBETA pour chaque observation de la banque de données de Blaydes et Paik (2016).

Pays	Constante	Croisés
Angleterre	63,80	4,92
Pologne	-64,69	0,87
Portugal	-16,78	0,39
Suède	-9,19	0,11
France	-0,83	0,01
Venise	-71,09	-0,19
Moscou	56,76	-0,50
Espagne	101,03	-0,89

```
mod <- lm(revenus ~ croises, data = dat)
```

La pente de la droite pleine dans cette figure est égale au coefficient de régression, soit :

```
coef(mod)["croises"]
##  croises
## 12,93345
```

La pente de la droite pointillée est égale au coefficient de régression du modèle où on exclut l'Angleterre et le Portugal :

```
dat_influence <- dat[!dat$pays %in% c('Angleterre', 'Portugal'),]
mod_influence <- lm(revenus ~ croises, data = dat_influence)
coef(mod_influence)
## (Intercept)     croises
## -152,772269   -3,648099
```

La fonction `dfbeta` mesure la contribution de chaque observation à l'estimé du coefficient de régression :

```
dfbeta(mod)
```

Le résultat de cette commande est rapporté dans le tableau 5.3. Exclure le pays « Angleterre » de la banque de données réduirait le coefficient associé à la variable « croisés » de 4,92. [21]

21. Il est intéressant de noter qu'omettre plusieurs observations peut avoir une influence beaucoup plus importante que l'influence individuelle de chacune des observations.

L'étude des observations extrêmes ou aberrantes peut procéder de façon *ad hoc* comme nous venons de le voir. L'analyste peut aussi utiliser un des modèles de régression dits « robustes » qui ont été développés spécifiquement pour limiter l'influence des valeurs extrêmes (Hampel *et al.*, 1986).[22]

Effet marginal

Calculer l'effet marginal[23] est une stratégie très polyvalente pour mesurer la force de l'association entre une variable indépendante et une variable dépendante. Cette stratégie est applicable dans un large éventails de contextes, dont les modèles linéaires, les modèles avec variables transformées (section suivante), les modèles non linéaires (chapitre 16), et les modèles avec interactions multiplicatives (chapitre 17).

Formellement, l'effet marginal est défini comme la dérivée partielle de la variable dépendante par rapport à la variable explicative. L'annexe « Mathématique » (chapitre 19) introduit la dérivée partielle comme un outil qui permet de répondre à la question suivante : si la variable X augmente, est-ce que la variable Y augmente, diminue ou reste constante ? Dans ce contexte, l'expression $\partial Y / \partial X$ est interprétée comme l'effet d'un petit changement dans X sur Y, lorsque toutes les autres variables demeurent constantes. Le calcul différentiel et la régression multiple partagent donc la même interprétation. Ceci n'est pas une coïncidence.

Considérez un modèle linéaire avec deux variables explicatives :

$$Y = \beta_0 + \beta_1 X_1 + \beta_2 X_2 + \varepsilon$$

Dans ce modèle, l'effet marginal de X_1 sur Y est égal à la dérivée partielle de Y par rapport à X_1, soit :

$$\frac{\partial Y}{\partial X_1} = \beta_1$$

Dans un modèle linéaire simple, l'effet marginal de X_1 est exactement égal au coefficient de régression β_1. Malheureusement, ce n'est

22. Il ne faut pas confondre ces modèles robustes face aux valeurs extrêmes avec les erreurs types robustes face à l'hétéroscédasticité.

23. Le terme «effet» dans cette expression pourrait porter à confusion. Comme nous le verrons dans la prochaine partie du livre, un effet marginal pourrait ne pas être un effet causal.

pas toujours le cas. Dans les modèles où les variables ont été transformées, où il y a des interactions multiplicatives et là où le modèle est non linéaire, les coefficients de régression seront difficiles à interpréter directement. Dans ces situations, nous devrons calculer l'effet marginal explicitement si on veut mesurer l'effet de X_1 sur Y.

Transformations

Le modèle de régression étudié dans ce chapitre représente la relation entre X et Y par une équation linéaire. Mais même si l'équation est linéaire en ses paramètres, les variables du modèle peuvent être transformées par des fonctions arbitraires. Ceci rend le modèle linéaire flexible. Dans cette section, nous allons considérer deux types de transformations : quadratiques et logarithmiques.

Transformation quadratique : La figure 5.10 montre la relation entre deux variables X et Y. Cette relation est quadratique : lorsque X est basse, une augmentation de X est associée à une augmentation de Y. Lorsque X est élevée, une augmentation de X est associée à une diminution de Y.

Plusieurs phénomènes sont susceptibles de produire une telle relation. Par exemple, imaginez qu'un père exhorte son fils à nettoyer sa chambre. Lorsque le père rappelle à son fils qu'il doit faire le ménage, ce dernier passe plus de temps à la tâche. Par contre, les rappels peuvent devenir contre-productifs : si le père répète trop souvent, son fils peut se rebeller et cesser de travailler. Dans cet exemple, le nombre de rappels (X) a un effet positif sur le ménage (Y) lorsque la valeur de X est faible, mais cet effet est réduit lorsque la valeur de X est forte. La relation entre X et Y est curvilinéaire, comme dans la figure 5.10.

La ligne pointillée dans la figure 5.10 représente les prédictions d'un simple modèle linéaire bivarié comme ceux que nous avons étudiés jusqu'à maintenant. Ces prédictions sont mauvaises parce que le modèle ne tient pas compte de la courbure dans la relation.

Nous pouvons faire mieux en ajoutant une nouvelle variable à notre banque de données. Cette nouvelle variable X^2 est égale au carré de la variable explicative X. Le tableau 5.4 montre un échantillon de cinq observations tirées de la figure 5.10, avec les valeurs de Y, de X et de la nouvelle variable X^2.

FIGURE 5.10.
Relation quadratique entre X et Y. La ligne pointillée correspond aux prédictions d'un modèle purement linéaire. La ligne pleine correspond aux prédictions du modèle 5.19.

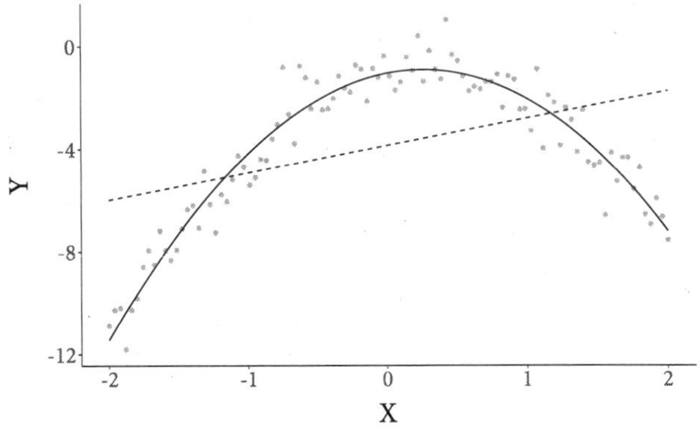

TABLEAU 5.4.
Échantillon de cinq observations tirées de la figure 5.10.

Y	X	X²
-10,261	-1,838	3,380
-2,140	-0,141	0,020
-4,538	1,515	2,296
-1,286	0,384	0,147
-6,042	-1,152	1,326

Avec ces données, nous pouvons estimer une relation quadratique :

$$Y = \beta_0 + \beta_1 \cdot X + \beta_2 \cdot X^2 + \varepsilon \tag{5.19}$$

La ligne pleine dans la figure 5.10 montre les prédictions du modèle 5.19. Sur la base des données dessinées dans la figure, le modèle estime les coefficients suivants : $\hat{\beta}_0 = -1, \hat{\beta}_1 = 1, \hat{\beta}_2 = -2$. Insérer ces valeurs dans l'équation donne :

$$Y = -1 + 1 \cdot X - 2 \cdot X^2 + \varepsilon \tag{5.20}$$

Comment devrions-nous interpréter ces coefficients? Dans la section précédente, nous avons vu que l'effet marginal de X sur Y était égal à la dérivée partielle du modèle par rapport à X. La même chose est vraie pour les modèles où X est transformée.

Dans le modèle 5.19, l'effet marginal de X sur Y est :

$$\begin{aligned}\frac{\partial Y}{\partial X} &= \beta_1 + \beta_2 \cdot 2 \cdot X \\ &= 1 - 2 \cdot 2 \cdot X \\ &= 1 - 4 \cdot X \end{aligned} \tag{5.21}$$

L'effet marginal de X sur Y dans le modèle 5.19 est donc *conditionnel* : l'effet d'un *changement* dans X sur Y dépend du *niveau* de X.

La figure 5.11 illustre cette conditionnalité en traçant l'équation 5.21. L'axe horizontal montre le niveau de la variable X. L'axe vertical montre l'effet marginal d'un changement dans X sur la variable dépendante Y. Plus le niveau de X est élevé, moins l'effet d'un changement dans X sur Y est élevé.

FIGURE 5.11.
Effet marginal dans un modèle de régression avec variable explicative quadratique (équation 5.19).

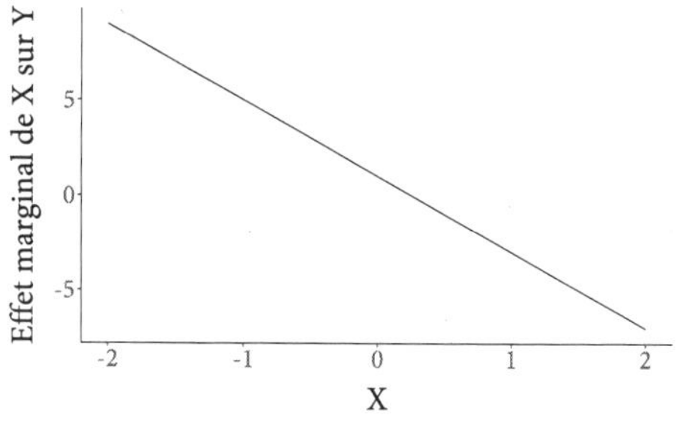

Lorsque X = -1, augmenter X d'une unité est associé à une augmentation de 5 unités dans la variable Y. Lorsque X = 0,25, augmenter X d'une unité n'est associé à aucun changement dans la variable Y. Lorsque X = 1, augmenter X d'une unité est associé à une diminution de 3 unités dans la variable Y.[24]

24. Plus formellement, la dérivée partielle correspond à la pente instantanée de la courbe de régression. L'interprétation donnée ici est donc valide seulement pour de très petits changements dans la variable X.

Transformation logarithmique : Une fonction pratique pour transformer nos variables est le logarithme naturel (voir le chapitre 19). Grâce à cette fonction, nous pouvons estimer trois types de modèles :

$$Y = \beta_0 + \beta_1 \cdot ln(X) + \varepsilon \qquad \text{Lin-Log}$$
$$ln(Y) = \lambda_0 + \lambda_1 \cdot X + \varepsilon \qquad \text{Log-Lin}$$
$$ln(Y) = \pi_0 + \pi_1 \cdot ln(X) + \varepsilon \qquad \text{Log-Log}$$

Les effets marginaux que ces modèles produisent ont des interprétations utiles et intuitives.[25] Dans le modèle Lin-Log, une augmentation de 1 pour cent de la variable X est associée à un changement de $\beta_1/100$ unités de la variable Y. Dans le modèle Log-Lin, une augmentation de 1 unité de la variable X est associée à un changement de $\lambda_1 \cdot 100$ pour cent de la variable Y. Dans le modèle Log-Log, une augmentation de 1 pour cent de la variable X est associée à un changement de π_1 pour cent de la variable Y.[26]

25. Ces propriétés sont dues au fait que pour une fonction $z = ln(w)$, la dérivée $\partial z/\partial w = 1/w$. Elles tiennent seulement à de très petits changements dans X.

26. Cette relation entre deux pourcentages est souvent appelée « élasticité ».

Partie II

Analyse causale

Chapitre 6

Graphes orientés acycliques

La première partie du livre a présenté plusieurs techniques d'analyse descriptive, dont la visualisation, les statistiques univariées, les mesures d'association bivariée, et la régression linéaire. Malheureusement, les résultats produits par ces techniques ne peuvent pas automatiquement être interprétés de façon causale, puisque la causalité n'est pas une propriété purement statistique ou mathématique. Pour déterminer si une relation est causale, nous devons complémenter l'analyse *statistique* par une analyse *théorique*.

Ce chapitre présente le graphe orienté acyclique (GOA), un outil qui nous permettra d'identifier les conditions nécessaires pour donner une interprétation causale à des résultats statistiques. Les GOA nous aideront aussi à identifier les variables de contrôle qui doivent être incluses dans un modèle de régression multiple de même que celles qui doivent en être exclues.

La théorie causale structurelle

La théorie causale structurelle est une théorie générale de la causalité fondée sur la comparaison de mondes contre-factuels. Dans son livre *Causality*, Pearl (2000) montre comment les comparaisons contre-factuelles peuvent être analysées graphiquement avec un outil appelé le « graphe orienté acyclique ». Les GOA offrent un vocabulaire puissant et intuitif pour encoder visuellement nos théories et nos hypothèses de recherche.

Pour dessiner un GOA, une analyste doit d'abord mobiliser ses connaissances du domaine d'étude. Celles-ci pourraient être dérivées logiquement d'une théorie, être informées par une analyse empirique ou tirées d'études scientifiques antérieures. Sur la base de ces connaissances de fond, une chercheuse identifie les variables pertinentes à sa théorie et trace des flèches pour représenter les relations causales entre chaque variable.

Par exemple, imaginez qu'une chercheuse tente de mesurer l'effet de l'éducation sur l'idéologie politique. Des études antérieures suggèrent qu'en moyenne (1) l'éducation augmente le revenu individuel ; (2) le revenu individuel augmente l'appui aux partis politiques qui promettent des baisses d'impôt ; (3) le revenu des parents augmente l'éducation de leurs enfants ; et (4) le revenu des parents augmente le revenu de leurs enfants.

Ces relations causales peuvent être représentées par le GOA suivant :

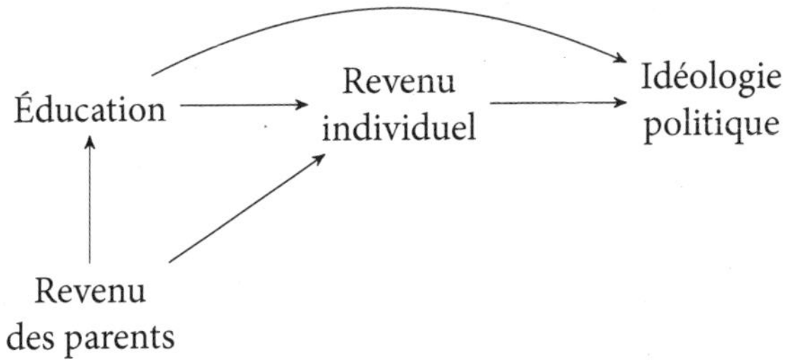

Dessiner un GOA remplit trois fonctions principales. D'abord, toute analyse causale repose nécessairement sur des postulats théoriques, et pas seulement sur des relations mathématiques ou statistiques. Dessiner un GOA force l'analyste à révéler ses postulats et ses hypothèses de recherche de façon explicite et transparente.

Ensuite, les techniques formelles que nous introduirons dans ce chapitre permettent d'analyser un GOA et de répondre à la question suivante : est-il possible d'identifier l'effet causal de la variable indépendante sur la variable dépendante ?

Finalement, étudier un GOA nous permet d'identifier les variables de contrôle qui doivent être *incluses* dans son modèle de régression multiple ainsi que celles qui doivent en être *exclues*.

Graphes orientés acycliques

La première caractéristique notable du GOA est qu'il s'agit d'un graphe « orienté ». Le GOA est orienté parce que les flèches qui le composent indiquent la direction de la relation causale qui lie les variables.

Dans un GOA, les relations causales sont toujours unidirectionnelles.[1] Lorsqu'on dessine une flèche qui pointe de A vers B, on signale que A cause B, et non l'inverse :

$$A \to B$$

Lorsque deux relations causales se suivent, on dit qu'elles forment un « chemin ». Par exemple, si A cause B et B cause C, nous obtenons le chemin suivant :

$$A \to B \to C$$

On dit qu'une variable est la « descendante » d'une autre variable si elle est en aval dans le chemin. On dit qu'une variable est « l'ancêtre » d'une autre variable si elle est en amont dans le chemin. Dans l'exemple ci-haut, A et B sont les ancêtres de C, tandis que B et C sont les descendants de A.

Dans la théorie causale structurelle, A cause C si, et seulement si, A est l'ancêtre de C. Dit autrement, A cause C si, et seulement si, il existe un chemin entre A et C où toutes les flèches pointent vers C.

Dans ce chemin, A cause C :

$$A \to B \to C$$

Dans ce chemin, A ne cause *pas* C :

$$A \to B \leftarrow C$$

Lorsqu'il n'y a pas de chemin causal entre A et C, cela signifie qu'il n'y a pas de relation causale entre ces deux variables. En moyenne, un estimateur non biaisé de l'effet causal de A sur C devrait alors produire un estimé égal à zéro.

Graphes orientés acycliques

La deuxième caractéristique importante du GOA est qu'il est « acyclique ». Dans ce contexte, le terme « acyclique » signifie que le GOA ne contient pas de chemin circulaire qui nous ramène au point de départ, et où toutes les flèches pointent dans la même direction.

1. Le chapitre 11 discute de la causalité bidirectionnelle.

Par exemple, ce graphe est un GOA valide, puisqu'il ne comprend pas de cycle :

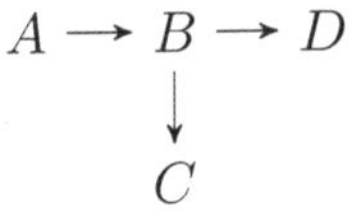

Ce graphe n'est *pas* un GOA valide, puisqu'il comprend un cycle :

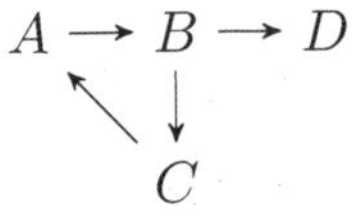

Cette caractéristique du GOA est importante, parce que les résultats théoriques que nous introduirons plus bas ont seulement été prouvés mathématiquement dans le contexte de graphes acycliques (Pearl, 2000).

Effet causal vs information statistique

Pour analyser un GOA, il est utile de distinguer deux phénomènes : l'effet causal et l'information statistique.

Précédemment, nous avons vu qu'un GOA peut seulement représenter un effet causal unidirectionnel. Dans un GOA, l'effet causal circule de la cause à l'effet, mais jamais de l'effet à la cause. En contraste, l'information statistique peut circuler dans les deux directions. La cause peut nous donner de l'information sur l'effet, et l'effet peut nous donner de l'information sur la cause.[2]

Considérez le GOA suivant :

Pluie ⟶ Humidité du sol

Lorsqu'il pleut, le sol devient humide. Dans cet exemple, la pluie cause l'humidité du sol et non le contraire. La relation causale est unidirectionnelle. Par contre, si nous voyons que le sol est humide, nous pouvons déduire qu'il a plu récemment. Le sol humide nous donne

2. Plus formellement, on dit que l'information statistique circule entre deux variables A et C si observer la valeur de A change notre estimé de $P(C = c)$, et si observer la valeur de C change notre estimé de $P(A = a)$.

de l'information pertinente pour déduire (ou prédire) s'il y a eu de la pluie au cours des dernières heures. L'effet nous donne de l'information sur la cause. Même si les relations causales sont toujours unidirectionnelles, l'information statistique peut parfois circuler dans les deux directions.

L'information statistique peut aussi circuler sur des chemins plus complexes. Par exemple, les individus qui ont des comportements sexuels risqués sont plus nombreux à contracter une infection transmise sexuellement (ITS) et à sentir une brulûre à la miction :

Comportement à risque ⟶ Infection ⟶ Brûlure

Dans ce GOA, la relation est unidirectionnelle, passant de « Comportement à risque » à « Infection », à « Brûlure », dans cet ordre. Par contre, l'information statistique circule dans les deux sens.

L'extrémité gauche du chemin nous permet de mieux prédire l'extrémité droite du chemin : les individus qui ont un comportement sexuel à risque ont plus de chances de souffrir des symptômes d'une ITS. Un ami qui constate le comportement risqué d'Alexandre le prévient qu'il risque de sentir une brûlure bientôt.

L'extrémité droite du chemin nous permet de mieux prédire l'extrémité gauche du chemin : les individus qui sentent une brûlure à la miction ont plus de chances d'avoir contracté une ITS en s'engageant dans des activités à risque. Un médecin qui constate qu'Alexandre ressent une brûlure à la miction lui pose des questions sur son comportement sexuel et recommande un test de dépistage sanguin.

Lorsque l'information statistique circule entre A et C, on dit que le chemin entre ces deux variables est « ouvert ». Lorsque l'information ne circule pas entre A et C, on dit que le chemin entre ces deux variables est « fermé ».

Typologie des chemins

Qu'est-ce qui détermine si un chemin est ouvert ou fermé ? Pour répondre à cette question, il faut créer une typologie des chemins. On peut distinguer trois structures causales :

1. Fourchette : $A \leftarrow B \rightarrow C$
2. Chaîne : $A \rightarrow B \rightarrow C$
3. Collision : $A \rightarrow B \leftarrow C$

Le reste de cette section décrit les caractéristiques de ces trois types de chemins. Deux conclusions seront particulièrement importantes : (1) les chaînes et les fourchettes sont ouvertes, mais les collisions sont fermées ; (2) lorsqu'un modèle de régression contrôle le maillon central d'un chemin, il renverse le flot d'information : un chemin fermé devient ouvert, et un chemin ouvert devient fermé.

Fourchette : $A \leftarrow B \rightarrow C$

Une fourchette est composée d'une cause B et de deux effets A et C. Par exemple, une canicule a deux conséquences : elle fait monter la colonne de mercure du thermomètre et augmenter les ventes de crèmes glacées.

Mercure ⟵ Température ⟶ Crème glacée

Une fourchette est ouverte parce que l'information statistique circule entre ses deux extrémités : l'extrémité gauche de la fourchette nous permet de mieux prédire l'extrémité droite, et vice versa. Lorsque nous voyons le mercure monter, nous pouvons prédire que les ventes de crèmes glacées augmenteront. À l'inverse, si les ventes de crèmes glacées sont élevées, nous pouvons prédire que la colonne de mercure du thermomètre est haute. Observer une extrémité de la fourchette nous donne de l'information sur l'autre extrémité. La fourchette est ouverte.

Dans le chapitre 5, nous avons étudié le modèle de régression linéaire par les moindres carrés. Ce modèle nous permettait d'analyser les données en « contrôlant » ou en « gardant constantes » certaines variables. Intuitivement, lorsqu'on contrôle une variable dans un modèle de régression, c'est comme si on fixait cette variable à une seule valeur constante et connue. Lorsqu'on contrôle une variable dans un modèle de régression, c'est comme si on observait cette variable prendre une valeur donnée. Ce contrôle a un effet déterminant sur le flot d'information dans un GOA.

Contrôler le maillon central d'une fourchette ferme le chemin. Par exemple, si nous savons déjà que la température extérieure est de 35 °C, il est inutile de regarder le mercure pour prédire les ventes de crèmes glacées. Si on connaît déjà la température exacte, la hauteur de la colonne de mercure ne nous donne aucune information additionnelle pour mieux prédire ; connaître le maillon central de la fourchette est suffisant. Lorsque nous fixons le maillon central d'une fourchette, les deux extrémités ne « communiquent » plus.

Chaîne : $A \rightarrow B \rightarrow C$

Une chaîne est une séquence de deux relations causales : A cause B, et B cause C. Nous avons déjà considéré un exemple de chaîne dans la section précédente : les comportements sexuels risqués augmentent la probabilité de contracter une ITS, et une infection augmente le risque de sentir une brulûre à la miction.

Comportement à risque ⟶ Infection ⟶ Brûlure

Une chaîne est ouverte parce que l'information statistique circule entre ses deux extrémités : connaître la cause nous donne de l'information pertinente pour prédire l'effet, et connaître l'effet nous donne de l'information pertinente pour prédire la cause. Observer une extrémité de la chaîne nous donne de l'information sur l'autre extrémité. La chaîne est ouverte.

Contrôler le maillon central d'une chaîne ferme le chemin. Par exemple, le médecin d'Alexandre pourrait mesurer directement le maillon central de la chaîne (« Infection ») en lui administrant un test de dépistage sanguin. Imaginez que ce test révèle qu'Alexandre n'a *pas* contracté d'ITS. Après avoir mesuré l'infection directement, l'extrémité gauche de la chaîne ne nous aide plus à prédire l'extrémité droite de la chaîne. Connaître les habitudes sexuelles d'Alexandre ne nous aide pas à prédire s'il ressent une brulûre, puisque le médecin sait déjà qu'Alexandre n'a *pas* contracté d'ITS. Après avoir mesuré l'infection directement, l'extrémité droite de la chaîne ne nous aide plus à prédire l'extrémité gauche de la chaîne. Puisque la sensation de brulûre n'est *pas* liée à une ITS, ce symptôme ne nous donne pas d'indice pour prédire le comportement sexuel d'Alexandre.

Après avoir observé le maillon central d'une chaîne, l'effet ne nous aide plus à prédire la cause. Lorsque nous fixons le maillon central d'une chaîne, ses deux extrémités ne « communiquent » plus. Lorsque nous contrôlons la variable au milieu d'une chaîne, le chemin devient fermé.

Collision : $A \rightarrow B \leftarrow C$

Une collision est composée de deux variables A et C qui contribuent à causer un même effet B. Par exemple, une équipe de hockey a plus de chances de remporter la victoire si elle joue bien et si l'arbitre est biaisé en sa faveur.

Performance de l'équipe ⟶ Victoire ⟵ Biais de l'arbitre

Une collision est fermée parce que l'information statistique ne circule pas entre ses deux extrémités. Le fait qu'un arbitre soit biaisé en faveur d'une équipe ne nous donne pas d'information sur la qualité du jeu de cette équipe. [3] De même, la performance d'une équipe nous en dit peu sur le biais potentiel de l'arbitre. Observer une extrémité de la collision ne nous donne pas d'information sur l'autre extrémité. Le chemin est fermé.

Contrôler le maillon central d'une collision ouvre le chemin. Si nous savons qu'une équipe a gagné même si elle a mal joué, les chances que l'arbitre soit biaisé sont plus élevées. À l'opposé, si nous savons qu'une équipe a gagné même si l'arbitre n'était pas biaisé, les chances que l'équipe ait bien joué sont plus hautes. Connaître le maillon central d'une collision nous permet de faire le lien entre ses extrémités. Lorsque nous fixons le maillon central, les deux extrémités « communiquent ».

Fourchettes, chaînes et collisions

En somme, les trois structures causales ont les propriétés suivantes :

$A \leftarrow B \rightarrow C$	Ouvert
$A \rightarrow B \rightarrow C$	Ouvert
$A \rightarrow B \leftarrow C$	Fermé

Lorsque l'analyste contrôle une variable dans un modèle de régression multiple, nous traçons un cadre autour de la variable. Par exemple, si l'analyste contrôle la variable B, nous écrivons : $\boxed{B}$. Comme nous l'avons déjà vu, un modèle statistique qui contrôle le

3. Ceci requiert que les arbitres ne tentent pas systématiquement d'aider les équipes gagnantes ou perdantes.

maillon central du chemin renverse le flot d'information : la fourchette et la chaîne deviennent fermées, et la collision devient ouverte :

$A \leftarrow \boxed{B} \rightarrow C$	Fermé
$A \rightarrow \boxed{B} \rightarrow C$	Fermé
$A \rightarrow \boxed{B} \leftarrow C$	Ouvert

Finalement, il est utile de souligner un phénomène contre-intuitif : contrôler le descendant d'une collision ouvre le chemin. Par exemple, dans le GOA suivant, le chemin entre A et C est fermé par la collision $A \rightarrow B \leftarrow C$. Par contre, si on contrôle D, le flot d'information est renversé, et le chemin entre A et C devient ouvert :

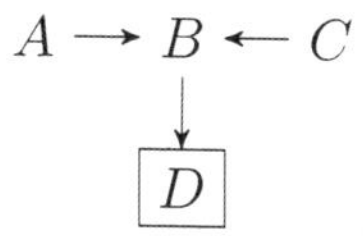

Combinaisons de fourchettes, chaînes et collisions

Un chemin peut être composé de plusieurs fourchettes, chaînes ou collisions. Un chemin complexe est ouvert si, et seulement si, tous les maillons qui le composent sont ouverts. Dès qu'un seul des maillons est fermé, le chemin dans son ensemble est fermé.

Par exemple, ce chemin entre A et E est ouvert, parce que tous les maillons qui le composent sont des fourchettes ou des chaînes :

$A \leftarrow B \leftarrow C \leftarrow D \rightarrow E$	Ouvert

En contraste, ce chemin entre A et E est fermé, parce qu'il comporte une collision :

$A \rightarrow B \leftarrow C \rightarrow D \rightarrow E$	Fermé

Si au moins un des maillons du chemin entre A et E est fermé, le chemin entier est fermé. Par exemple :

$$A \leftarrow B \leftarrow C \leftarrow \boxed{D} \rightarrow E \qquad \text{Fermé}$$

$$A \leftarrow \boxed{B} \leftarrow \boxed{C} \leftarrow \boxed{D} \rightarrow E \qquad \text{Fermé}$$

$$A \rightarrow \boxed{B} \leftarrow C \rightarrow D \rightarrow E \qquad \text{Ouvert}$$

Puisque que contrôler le descendant d'une collision renverse le flot d'information, ce chemin est ouvert :

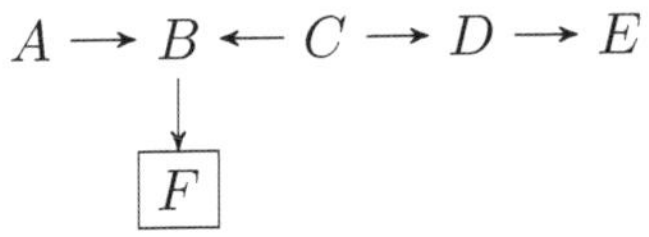

Identification causale

Nous avons maintenant les outils nécessaires pour décortiquer un GOA et pour déterminer sous quelles conditions un modèle statistique permet d'identifier l'effet causal. Les deux conditions suivantes sont suffisantes pour que l'effet causal de X sur Y soit identifiable :

1. Le modèle statistique ne contrôle pas un descendant de X.
2. Tous les « chemins par la porte arrière » entre X et Y sont fermés.

La condition d'identification 1 identifie les variables qui doivent être exclues d'un modèle statistique, et la condition d'identification 2 identifie les variables de contrôle qui doivent être incluses. Nous allons maintenant considérer ces deux conditions fondamentales en séquence.

Condition 1 : Ne pas contrôler les descendants de X

La première règle de l'identification causale est qu'il faut éviter de contrôler une variable qui est en aval de la cause qui nous intéresse (c.-à-d., un descendant). En général, un modèle statistique qui contrôle un descendant de X n'identifiera pas l'effet causal total de X sur Y.[4]

4. Parfois, lorsqu'un descendant ne se trouve *pas* sur un chemin qui lie la cause X à l'effet Y, contrôler cette variable n'affectera pas les estimés produits par notre modèle. Ce contrôle serait alors inoffensif, mais inutile.

Pour comprendre l'intuition qui motive cette règle, considérons un GOA qui représente un modèle théorique de la détermination des salaires en fonction du genre :

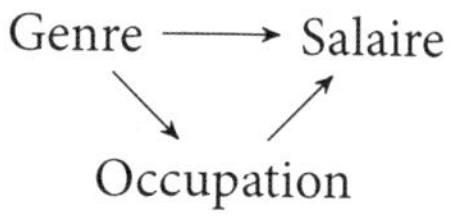

Dans ce GOA, le genre peut avoir un effet sur le salaire à travers deux chemins. D'abord, il pourrait y avoir une discrimination directe, lors de la détermination des salaires. Ensuite, il pourrait y avoir un mécanisme indirect de discrimination structurelle, qui passe à travers l'occupation. Par exemple, si les femmes ou les personnes transgenres sont moins susceptibles d'être promues à des postes de direction au sein d'une entreprise, leurs salaires seront plus faibles. Une étude sur la discrimination « à occupation comparable », c'est-à-dire une analyse statistique qui contrôle l'occupation des individus, ignorerait un des principaux mécanismes qui lient le genre et le salaire. Dans ce type d'études, l'effet causal (total) du genre sur le salaire n'est pas identifié. [5]

Condition 2 : Bloquer les chemins par la porte arrière

La seconde règle de l'identification causale est que tous les chemins par la porte arrière doivent être fermés. Un « chemin par la porte arrière » est un chemin qui remplit deux conditions :

1. Le chemin lie la cause X à l'effet Y.
2. Une des extrémités du chemin pointe vers X.

Intuitivement, un chemin par la porte arrière représente « les causes de la cause » (le chemin pointe vers X). Quand les facteurs qui déterminent la valeur de X sont liés à Y (le chemin est ouvert), la condition 2 de l'identification causale est violée, et il est impossible d'estimer l'effet causal de X sur Y.

Pour vérifier si la condition 2 de l'identification causale est remplie, il faut procéder en trois étapes :

5. Au chapitre 18, nous verrons comment étudier les effets « partiels », que nous appellerons alors les effets « directs » et « indirects ».

1. faire la liste de tous les chemins qui lient la cause X à l'effet Y, c'est-à-dire la liste de tous les chemins où la cause et l'effet sont à différentes extrémités ;
2. identifier les chemins dont une extrémité pointe vers X ;
3. vérifier si ces chemins sont ouverts.

Par exemple, imaginez qu'un chercheur s'intéresse à l'effet causal de l'éclatement familial (p. ex., divorce) sur la probabilité qu'une personne devienne itinérante :

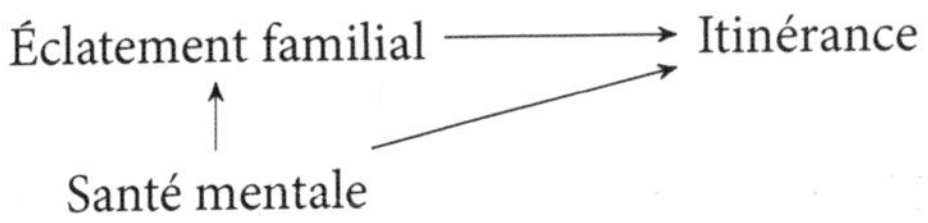

Ce GOA postule que l'éclatement familial cause l'itinérance. Il suggère aussi qu'un trouble de santé mentale pourrait être une cause commune aux deux autres phénomènes ; ce trouble pourrait augmenter la probabilité d'éclatement familial et d'itinérance. Ce tiers facteur ouvre un chemin par la porte arrière entre la cause et l'effet qui intéresse le chercheur.

Éclatement familial ← [Santé mentale] → Itinérance

Pour estimer l'effet causal de l'éclatement familial sur l'itinérance, il faut contrôler les troubles de santé mentale qui auraient pu causer les deux autres variables. Pour estimer l'effet causal, il faut fermer le chemin par la porte arrière.

Intuitivement, la règle 2 de l'identification causale nous indique comment éliminer les relations fallacieuses ou les autres explications possibles.

Exemples

Pour illustrer comment les règles de l'identification causales peuvent être déployées en pratique, nous revisitons le GOA avec lequel nous avons ouvert le chapitre :

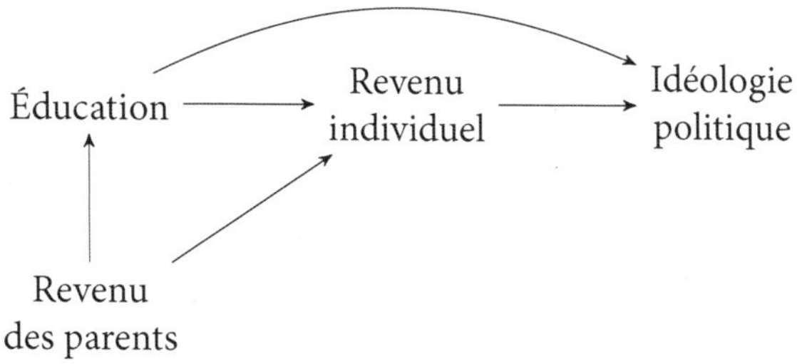

Dans cet exemple, la chercheuse tente d'estimer l'effet causal de « Éducation » sur « Idéologie politique ». La règle 1 de l'identification causale nous dit qu'il ne faut pas contrôler les descendants de la cause qui nous intéresse. Par conséquent, notre modèle statistique ne devra *pas* contrôler la variable « Revenu individuel ».

La règle #2 de l'identification causale nous dit qu'il faut fermer tous les chemins par la porte arrière. Dans ce cas-ci, il y a un chemin par la porte arrière entre la cause et l'effet :

Pour fermer ce chemin, nous pourrions contrôler la variable « Revenu des parents » ou la variable « Revenu individuel ». Cependant, puisque « Revenu individuel » est un descendant de « Éducation », contrôler cette variable violerait la condition 1 de l'identification causale. Par conséquent, identifier l'effet causal de « Éducation » sur « Idéologie politique » requiert que nous contrôlions la variable « Revenu des parents » et que nous ne contrôlions *pas* la variable « Revenu individuel ».

Cette stratégie pourrait être opérationnalisée par un modèle linéaire :

$$\text{Idéologie} = \beta_0 + \beta_1 \text{Éducation} + \beta_2 \text{Revenu des parents} + \varepsilon$$

La figure 6.1 montre six autres exemples. Dans chacun de ces GOA, les variables encadrées doivent être contrôlées si nous voulons estimer l'effet causal de X sur Y.

Dans le panneau (A), il n'y a aucun chemin par la porte arrière, donc nous n'avons pas besoin de contrôler quoi que ce soit. Afin d'estimer

FIGURE 6.1.
Six modèles qui permettent d'obtenir un estimé non biaisé de l'effet causal de X sur Y. Les carrés identifient les variables qui doivent être contrôlées par le modèle statistique.

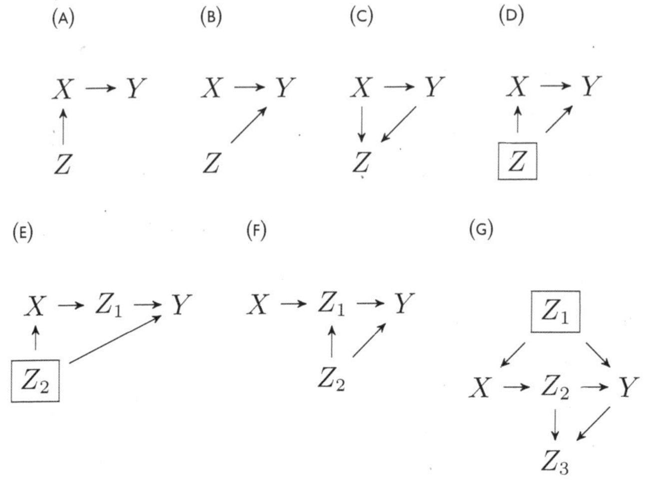

l'effet causal de X sur Y, il suffit de mesurer l'association bivariée entre ces variables.

Dans le panneau (B), il n'y a aucun chemin par la porte arrière. Encore une fois, il est inutile de contrôler des tiers facteurs ; la régression bivariée suffit.

Dans le panneau (C), deux chemins lient X à Y. D'abord, il y a le chemin causal qui nous intéresse : $X \rightarrow Y$. Ensuite, il y a un chemin non causal : $X \rightarrow Z \leftarrow Y$. Ce chemin n'est pas un chemin par la porte arrière, puisque son extrémité ne pointe pas dans X. Par conséquent, nous n'avons pas besoin d'agir pour fermer ce chemin. En fait, comme Z est un descendant de X, contrôler Z violerait la première condition de l'identification causale.[6]

Dans le panneau (D), il y a un chemin ouvert par la porte arrière : $X \leftarrow Z \rightarrow Y$. Il est donc essentiel de contrôler Z si on veut estimer l'effet causal de X sur Y.

Dans le panneau (E), il y a un chemin par la porte arrière : $X \leftarrow Z_2 \rightarrow Y$. Dans ce contexte, il est essentiel de contrôler Z_2 si nous

6. Puisque $X \rightarrow Z \leftarrow Y$ est une collision, contrôler Z ouvrirait le flot d'information sur ce chemin non causal et biaiserait nos résultats.

voulons estimer l'effet causal de X sur Y. Il est aussi important de ne pas contrôler Z_1, puisque cette variable est descendante de X.

Dans le panneau (F), il n'y a pas de chemin ouvert par la porte arrière. L'effet de X sur Y est identifiable, même si nous ne contrôlons aucune variable.

Le panneau (G) montre un modèle théorique légèrement plus complexe. Dans ce modèle, trois chemins lient les variables X et Y :

$$X \rightarrow Z_2 \rightarrow Y$$
$$X \rightarrow Z_2 \rightarrow Z_3 \leftarrow Y$$
$$X \leftarrow Z_1 \rightarrow Y$$

Dans les deux premiers chemins, les variables Z_2 et Z_3 sont toutes deux descendantes de X. Suivant la première condition de l'identification causale, nous savons qu'il ne faut pas contrôler ces variables. Le troisième chemin est ouvert et il se termine par une flèche qui pointe vers X. La seconde condition de l'identification causale dit qu'il est essentiel de bloquer ce chemin par la porte arrière en contrôlant Z_1. Pour estimer l'effet causal de X sur Y, il faut donc contrôler Z_1, mais éviter de contrôler Z_2 ou Z_3.

Leçons

L'analyse des GOA permet de tirer plusieurs leçons pratiques pour l'analyse de données quantitatives et l'inférence causale. En particulier, les GOA démontrent l'utilité des expériences aléatoires, soulignent les dangers associés au biais post-traitement et révèlent une limite importante du modèle de régression multiple.

Expériences aléatoires

La condition 2 de l'identification causale montre pourquoi les expériences aléatoires sont souvent considérées comme le « *Gold Standard* » de l'inférence causale. Si la valeur du traitement est déterminée de façon purement aléatoire, alors le traitement n'a aucun ancêtre. Par construction, aucune des flèches du GOA ne pointe vers la cause, et il n'existe aucun chemin par la porte arrière. Dans une expérience où la valeur du traitement est aléatoire, la condition 2 de l'identification causale est satisfaite automatiquement. Voilà pourquoi les expériences aléatoires sont souvent considérées comme une méthode privilégiée pour l'étude de relations causales.

Biais post-traitement

La condition 1 de l'identification nous aide à comprendre un problème que plusieurs méthodologistes appellent le « biais post-traitement ». Ce type de biais survient lorsqu'un analyste contrôle un descendant de la cause. Ceci viole la première condition de l'identification causale et risque d'introduire un biais post-traitement. Ce type de biais peut prendre deux formes spécifiques : bloquer un chemin causal et ouvrir un chemin non causal.

Bloquer un chemin causal. La première forme de biais post-traitement est illustrée par ce GOA :

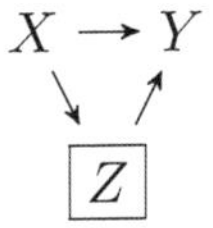

Dans ce cas-ci, il y a deux chemins causaux à travers lesquels la variable X influence Y : $X \rightarrow Y$ et $X \rightarrow Z \rightarrow Y$. La variable Z est postérieure à la cause X, puisqu'elle se trouve en aval dans la chaîne causale. Contrôler la variable Z dans un modèle de régression bloquerait un des deux chemins causaux et produirait un estimé biaisé de l'effet « total » de X sur Y.[7]

Ouvrir un chemin non causal. La deuxième forme de biais post-traitement est illustrée par ce GOA :

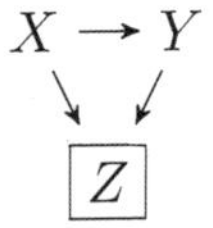

Dans ce cas-ci, il y a un seul chemin causal entre les deux variables d'intérêt : $X \rightarrow Y$. Le deuxième chemin qui lie X et Y est non causal, puisque les flèches ne pointent pas toutes de X vers Y. Qui plus

7. Pour plus de détails sur le concept d'effet « total », consultez le chapitre 18 sur l'analyse de médiation.

est, le chemin $X \rightarrow Z \leftarrow Y$ est fermé, puisqu'il s'agit d'une collision. Cependant, si l'analyste estime un modèle de régression multiple qui contrôle Z, le chemin non causal devient ouvert et laisse passer l'information statistique : $X \rightarrow \boxed{Z} \leftarrow Y$. Cette information statistique *non causale* biaise notre estimé de l'effet de X sur Y.

En général, il faut donc éviter de contrôler les descendants de la cause qui nous intéresse. Violer la première condition de l'identification risque d'introduire un biais post-traitement et de fausser nos conclusions.

Interprétation des variables de contrôle

L'analyse des GOA aide aussi à acquérir un réflexe très important : dans un modèle de régression multiple, il est souvent préférable de ne *pas* interpréter directement les coefficients associés aux variables de contrôle. En général, ces coefficients n'estiment pas de relation causale. Le GOA suivant illustre bien le problème :

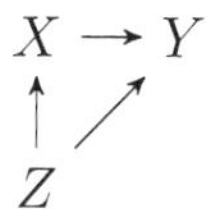

Pour identifier l'effet causal de X sur Y, il faut fermer la chemin par la porte arrière en contrôlant Z (condition d'identification 2). Pour estimer l'effet causal de X sur Y, nous pourrions estimer le modèle de régression linéaire suivant :

$$Y = \beta_0 + \beta_1 X + \beta_2 Z + \varepsilon \tag{6.1}$$

En contraste, pour identifier l'effet causal de Z sur Y, il faut éviter de contrôler X, puisque X est un descendant de Z (condition d'identification 1). Pour estimer l'effet causal de Z sur Y, nous pourrions estimer le modèle de régression linéaire suivant :

$$Y = \alpha_0 + \alpha_1 Z + \nu \tag{6.2}$$

Le modèle 6.1 permet d'estimer l'effet causal de X, mais pas l'effet causal de Z. Le modèle 6.2 permet d'estimer l'effet causal de Z, mais pas l'effet causal de X. En général, il est donc prudent de ne pas interpréter les coefficients associés aux variables de contrôle d'un modèle de régression multiple. Idéalement, chaque question de recherche devrait être testée à l'aide d'un modèle propre.

Simulations

Pour renforcer notre intuition quant aux règles de l'identification causale, il est utile de procéder par simulation. L'objectif de cet exercice est de créer une banque de données artificielles qui se conforment exactement à la théorie causale encodée par un GOA. Puisque nous avons créé cette banque de données nous-mêmes, nous connaissons précisément la vraie valeur de l'effet causal qu'un bon modèle statistique devrait estimer. Nous pouvons ainsi comparer la performance de différentes approches empiriques.

Simulation 1 : Relation causale simple

Dans le modèle suivant, une augmentation d'une unité de X cause une augmentation de 1,7 unité de Y :

$$X \xrightarrow{1,7} Y$$

Pour créer des données synthétiques qui se conforment à ce modèle, nous utilisons la fonction `rnorm(n)` qui tire n nombres aléatoires dans une distribution normale. Puisque X n'a pas d'ancêtre, cette variable est purement aléatoire. Y, quant à elle, est égale à $1,7 \cdot X$, plus une composante aléatoire :

```
n <- 100000
X <- rnorm(n)
Y <- 1.7 * X + rnorm(n)
```

Un bon modèle statistique devrait estimer que l'effet causal de X sur Y est (approximativement) égal à 1,7. Comme prévu, le modèle de régression linéaire estime le bon coefficient :

```
mod <- lm(Y ~ X)
coef(mod)
## (Intercept)           X
## 0,004531294 1,699787915
```

Simulation 2 : Chaîne

L'exemple précédent était composé d'une seule relation causale. Lorsque nous étudions une chaîne de relations causales, où chaque composante de la chaîne est linéaire, l'effet causal est égal au produit des effets individuels. Par exemple, le véritable effet de X sur Y dans ce GOA est $3 \cdot 0{,}5 = 1{,}5$:

$$X \xrightarrow{3} Z \xrightarrow{0,5} Y$$

Il est facile de vérifier ce résultat par simulation :

```
X <- rnorm(n)
Z <- 3 * X + rnorm(n)
Y <- 0.5 * Z + rnorm(n)
mod <- lm(Y ~ X)

coef(mod)
##  (Intercept)           X
## -0,001872439  1,502841637
```

Simulation 3 : Collision

Maintenant, considérons un GOA avec une collision :

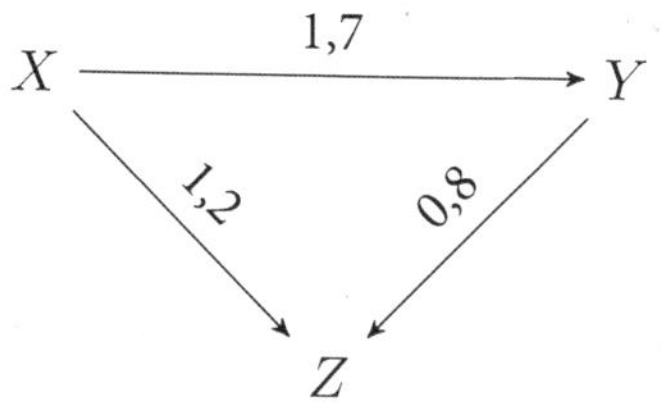

Nous pouvons simuler des données qui se conforment à ce GOA ainsi :

```
X <- rnorm(n)
Y <- 1.7 * X + rnorm(n)
Z <- 1.2 * X + 0.8 * Y + rnorm(n)
```

Dans ce modèle, il n'y a pas de chemin par la porte arrière. Nous n'avons donc pas besoin de contrôler quoi que ce soit. En fait, puisque Z est un descendant de X, il est important de ne pas contrôler cette variable. Le modèle sans variable de contrôle produit un bon estimé de l'effet causal de X sur Y, soit environ 1,7 :

```
mod <- lm(Y ~ X)
coef(mod)
##  (Intercept)            X
## -0,002469542  1,698450149
```

Le modèle avec variable de contrôle produit un estimé biaisé de l'effet causal de X sur Y, soit environ 0,45 :

```
mod <- lm(Y ~ X + Z)
coef(mod)
## (Intercept)           X           Z
## -0,00154507  0,44451419  0,49004406
```

Simulation 4 : Fourchette

Ce GOA encode les relations entre 4 variables :

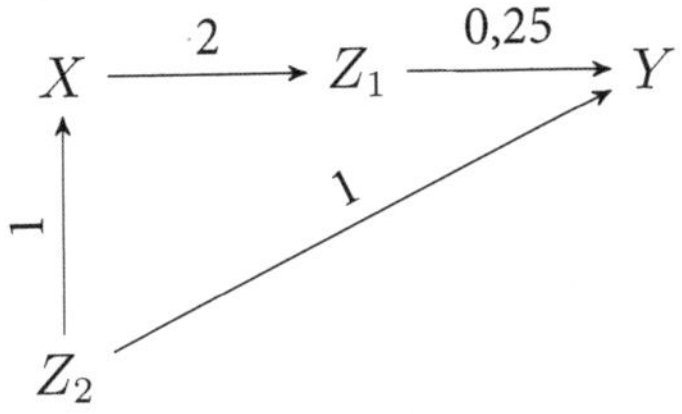

Les commandes suivantes simulent des données conformes au modèle représenté par le GOA ci-haut :

```
Z2 <- rnorm(n)
X <- Z2 + rnorm(n)
Z1 <- 2 * X + rnorm(n)
Y <- 0.25 * Z1 + Z2 + rnorm(n)
```

Dans ce GOA, il faut fermer le chemin par la porte arrière en contrôlant Z_2 et il faut éviter de contrôler le descendant Z_1 :

```
mod <- lm(Y ~ X + Z2)
coef(mod)
## (Intercept)           X          Z2
## 0,001665513 0,497013187 1,003123203
```

Simulation 5 : Modèle complexe

Le GOA qui suit reproduit la structure étudiée dans le panneau (G) de la figure 6.1.

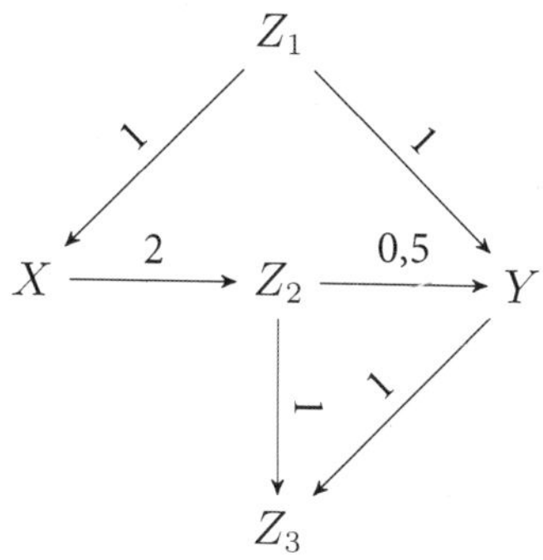

Ce code simule des données conformes au modèle théorique :

```
Z1 <- rnorm(n)
X <- Z1 + rnorm(n)
Z2 <- 2 * X + rnorm(n)
Y <- 0.5 * Z2 + Z1 + rnorm(n)
Z3 <- Z2 + Y + rnorm(n)
```

Puisque nous avons créé cette banque de données nous-mêmes, en suivant exactement les relations encodées dans le GOA, nous savons que le vrai effet causal de X sur Y dans ces données est égal à $2 \cdot 0{,}5 = 1$. L'analyse théorique du GOA que nous avons menée auparavant montrait aussi qu'un modèle statistique non biaisé devait *inclure* Z_1, mais *exclure* Z_2 et Z_3.

Pour vérifier la conclusion de notre analyse théorique, nous estimons huit modèles avec différentes combinaisons des trois variables de contrôle Z_1, Z_2 et Z_3 :

```
M1 <- lm(Y ~ X + Z1)
M2 <- lm(Y ~ X)
M3 <- lm(Y ~ X + Z2)
M4 <- lm(Y ~ X + Z3)
M5 <- lm(Y ~ X + Z1 + Z2)
M6 <- lm(Y ~ X + Z1 + Z3)
M7 <- lm(Y ~ X + Z2 + Z3)
M8 <- lm(Y ~ X + Z1 + Z2 + Z3)
```

Le tableau 6.1 montre les résultats de ces huit modèles. Comme prévu, le modèle avec un seul contrôle sur la variable Z_1 est juste (coefficient de 1 pour la variable X). Par contre, *les sept autres modèles produisent des résultats erronés.* Choisir les bonnes variables à inclure et à exclure de notre modèle statistique est crucial.

TABLEAU 6.1.
Résultats de huit modèles de régression linéaire dans une banque de données où le vrai coefficient associé à la variable X est égal à 1.

Coefficients	M1	M2	M3	M4	M5	M6	M7	M8
Constante	0.0	0.0	0.0	0.0	0.0	0.0	0.0	0.0
X	1.0	1.5	0.5	-0.2	0.0	-0.2	0.2	-0.0
Z_1	1.0				1.0	0.6		0.5
Z_2			0.5		0.5		-0.4	-0.3
Z_3				0.5		0.4	0.6	0.5

Chapitre 7

Problème fondamental de l'inférence causale

Le chapitre 6 a introduit le graphe orienté acyclique, un outil qui permet d'analyser les conditions théoriques sous lesquelles il est possible d'identifier un effet causal. Maintenant, nous allons étudier un cadre analytique complémentaire, le modèle causal Neyman-Rubin (MCNR), qui donne une expression algébrique aux intuitions graphiques que nous avons déjà acquises.

Ce cadre analytique a d'abord été proposé dans un texte peu remarqué du statisticien Jerzy Neyman (1923). Des idées similaires ont ensuite été reprises, développées et popularisées par Donald Rubin à partir des années 1970. Le MCNR est aujourd'hui un des cadres analytiques les plus importants en statistiques et en économie. Sa popularité dans les autres sciences sociales est aussi en forte croissance. Tous les chercheurs qui s'intéressent à l'inférence causale devraient se familiariser avec les principes de base du MCNR.

Dans ce livre, le MCNR permettra de développer notre intuition concernant les défis de l'inférence causale et la puissance des expériences aléatoires. Il ouvrira aussi la porte vers une étude algébrique du biais de sélection.

Analyse contre-factuelle et résultats potentiels

Le MCNR exprime formellement l'analyse causale sous la forme d'un raisonnement contre-factuel. Cette formalisation repose sur le vocabulaire qui est traditionnellement employé pour décrire les expériences aléatoires : certains participants sont affectés à un groupe de « traitement » alors que d'autres sont assignés à un groupe de

« contrôle ». Par exemple, les membres du groupe de traitement pourraient consommer un médicament, et les membres du groupe de contrôle pourraient consommer un placebo.

Soit une variable explicative binaire $X_i \in \{0,1\}$. Si l'individu i reçoit le traitement, on écrit $X_i = 1$. Si l'individu i fait partie du groupe de contrôle, on écrit $X_i = 0$.

Dans ce contexte, la variable dépendante peut prendre deux valeurs. Si i fait partie du groupe de traitement, le résultat est Y_{i1}. Si i fait partie du groupe de contrôle, le résultat est Y_{i0}.

Y_{i1} et Y_{i0} sont appellés les « résultats potentiels », parce qu'ils ne correspondent pas nécessairement à ce que le chercheur observe en réalité. Y_{i1} est le résultat qui surviendrait dans le monde hypothétique où i est assigné au groupe de traitement. Y_{i0} est le résultat qui surviendrait dans le monde hypothétique où i est assigné au groupe de contrôle. Ces deux résultats ne peuvent pas être observés simultanément, puisque chaque individu fait partie d'un seul groupe : i est membre du groupe de traitement ou du groupe de contrôle, mais pas des deux. Y_{i1} et Y_{i0} sont donc des résultats *potentiels*, puisqu'un seul des deux résultats se concrétisera réellement.

Le tableau 7.1 montre un exemple. Six individus sont affectés aléatoirement à deux groupes expérimentaux. Les membres du groupe de traitement consomment une aspirine ($X_i = 1$). Les membres du groupe de contrôle consomment un placebo ($X_i = 0$). Après une heure, le chercheur mesure le niveau de douleur rapporté par chaque individu sur une échelle de 0 à 10, où 10 représente le niveau de douleur maximal. Y_{i1} mesure le niveau de douleur qui affligerait l'individu i s'il était assigné au groupe de traitement ($X_i = 1$). Y_{i0} mesure le niveau de douleur qui affligerait l'individu i s'il était assigné au groupe de contrôle ($X_i = 0$).

Puisqu'une personne ne peut pas être affectée simultanément au groupe de traitement et au groupe de contrôle, le chercheur peut observer un seul résultat potentiel par individu. Pour les membres du groupe de traitement, nous pouvons seulement mesurer Y_{i1}, mais pas Y_{i0}. Pour les membres du groupe de contrôle, nous pouvons seulement mesurer Y_{i0}, mais pas Y_{i1}.

Effet de traitement individuel

Le MCNR définit l'effet causal comme la différence entre ce qui arriverait à l'individu i s'il recevait le traitement, et ce qui arriverait au

TABLEAU 7.1.
Résultats potentiels pour six participants à une expérience. Chaque individu i est assigné aléatoirement à un traitement $X_i \in \{0,1\}$. Y_{i0} mesure le niveau de douleur *potentiel* que vivrait l'individu i s'il était assigné au groupe de contrôle. Y_{i1} mesure le niveau de douleur *potentiel* que vivrait l'individu i s'il était assigné au groupe de traitement. $Y_{i1} - Y_{i0}$ est l'effet de traitement individuel. Puisque nous observons seulement un des deux résultats potentiels, l'effet de traitement individuel n'est pas observable. C'est ce qu'on appelle le problème fondamental de l'inférence causale.

Individu	X_i	Y_{i1}	Y_{i0}
1	Aspirine (1)	2	?
2	Placebo (0)	?	4
3	Aspirine (1)	3	?
4	Placebo (0)	?	6
5	Placebo (0)	?	2
6	Aspirine (1)	1	?

même individu s'il était assigné au groupe de contrôle. En d'autres mots, l'effet causal κ du traitement X_i sur l'individu i est égal à la différence entre les deux résultats potentiels :

$$\kappa = Y_{i1} - Y_{i0} \tag{7.1}$$

Malheureusement, nous ne pouvons jamais observer les deux résultats potentiels pour un seul et même individu. Par conséquent, l'effet de traitement individuel dans l'équation 7.1 est toujours impossible à mesurer. C'est ce qu'on appelle le *problème fondamental de l'inférence causale.*

Par exemple, si je prends une aspirine aujourd'hui et un placebo demain, les conditions d'administration sont différentes : mon niveau de douleur initial, ma condition biologique et neurologique, mon environnement sonore et visuel et mon âge varient tous d'un jour à l'autre. L'individu qui consomme une aspirine aujourd'hui est différent de l'individu qui consomme un placebo demain. Aujourd'hui, le chercheur observe Y_{i1}, mais demain il observe Y_{j0}, où $i \neq j$.

Le problème fondamental de l'inférence causale est omniprésent en sciences sociales. Par exemple, il est impossible de mesurer l'effet causal de la crise fiscale grecque de 2009 sur la montée du parti politique populiste Aube Dorée (Χρυσή Αυγή), parce que nous ne pouvons pas observer la popularité du parti dans un monde contre-factuel sans crise économique. Il est impossible de mesurer l'effet causal des études de doctorat sur le revenu de Vincent Arel-Bundock, parce que nous ne pouvons pas observer son revenu dans un monde contre-factuel où il a étudié moins longtemps. Il est impossible de mesurer l'effet causal d'une thérapie cognitive comportementale sur le trouble obsessif compulsif d'un individu donné, dans des conditions données, parce que nous ne pouvons pas observer le monde contre-factuel où cet individu ne bénéficie pas du traitement.

Le problème fondamental de l'inférence causale signifie qu'il sera *toujours* impossible d'estimer l'effet de traitement individuel.

Effet de traitement moyen

Pour sortir de cette impasse, nous abandonnons l'effet de traitement au niveau *individuel*, pour nous intéresser à l'effet de traitement *moyen* :

$$E[Y_{i1} - Y_{i0}] \tag{7.2}$$

Dans le reste du chapitre, nous identifions les conditions nécessaires pour que cet effet de traitement moyen soit identifiable, même si les effets individuels ne le sont pas.

Pour identifier ces conditions, il faut d'abord établir formellement la relation entre les résultats *potentiels* et les résultats *observés*. Les résultats potentiels continuent d'être exprimés par Y_{i1} et par Y_{i0}. En contraste, le résultat observé est représenté par Y_i. Lorsque $X_i = 1$, le résultat observé est égal à $Y_i = Y_{i1}$; lorsque $X_i = 0$, le résultat observé est égal à $Y_i = Y_{i0}$:

$$Y_i = \begin{cases} Y_{i1} \text{ si } X_i = 1 \\ Y_{i0} \text{ si } X_i = 0 \end{cases}$$

Cette relation peut être réexprimée par l'équation suivante :

$$Y_i = X_i Y_{i1} + (1 - X_i) Y_{i0} \tag{7.3}$$

Si $X_i = 1$, alors :

$$\begin{aligned} Y_i &= 1 \cdot Y_{i1} + (1-1)Y_{i0} \\ &= Y_{i1} \end{aligned}$$

Si $X_i = 0$, alors :

$$\begin{aligned} Y_i &= 0 \cdot Y_{i1} + (1-0)Y_{i0} \\ &= Y_{i0} \end{aligned}$$

À cause du problème fondamental de l'inférence causale, nous n'observons pas tous les résultats *potentiels*. Par contre, le chercheur a accès à tous les résultats *observés*. Il est donc facile d'estimer l'expression suivante, en prenant la moyenne de la variable dépendante dans le groupe d'individus qui ont reçu le traitement : [1]

$$E[Y_i | X_i = 1] \tag{7.4}$$

En substituant l'équation 7.3 dans l'équation 7.4 et en remplaçant X_i par 1 nous obtenons : [2]

$$\begin{aligned} E[Y_i | X_i = 1] &= E[X_i Y_{i1} + (1 - X_i) Y_{i0} | X_i = 1] \\ &= E[1 \cdot Y_{i1} + (1-1) Y_{i0} | X_i = 1] \\ &= E[Y_{i1} | X_i = 1] \end{aligned} \tag{7.5}$$

De même,

$$E[Y_i | X_i = 0] = E[Y_{i0} | X_i = 0] \tag{7.6}$$

Nous allons maintenant adopter un postulat très restrictif : les résultats potentiels sont indépendants du traitement, soit $Y_{i0} \perp X_i$ et $Y_{i1} \perp X_i$. La règle 3.3 de l'espérance conditionnelle stipule que

1. Cette moyenne serait l'analogue échantillonnal de l'espérance qui nous intéresse dans la population.

2. La substitution de X_i par 1 est autorisée parce que nous prenons l'espérance conditionnelle sur $X_i = 1$.

lorsque deux variables sont indépendantes, l'espérance est égale à l'espérance conditionnelle :

$$\begin{aligned} E[Y_{i1}] &= E[Y_{i1}|X_i = 1] \\ E[Y_{i0}] &= E[Y_{i0}|X_i = 0] \end{aligned} \tag{7.7}$$

Avec ces résultats en main, nous pouvons retourner à l'effet de traitement moyen. En appliquant la règle 20.2 de l'espérance, nous pouvons décomposer l'équation 7.2 en deux parties :

$$\begin{aligned} \text{Effet de traitement moyen} &= E[Y_{i1} - Y_{i0}] \\ &= E[Y_{i1}] - E[Y_{i0}] \end{aligned}$$

Finalement, nous substituons les équations 7.7, 7.5 et 7.6 pour arriver au résultat final :

$$\begin{aligned} \text{Effet de traitement moyen} &= E[Y_{i1}|X_i = 1] - E[Y_{i0}|X_i = 0] \\ &= E[Y_i|X_i = 1] - E[Y_i|X_i = 0] \end{aligned}$$

Cette équation montre que nous pouvons décomposer l'effet de traitement moyen en deux parties : $E[Y_i|X_i = 1]$ et $E[Y_i|X_i = 0]$.

Ces deux espérances sont faciles à estimer dans notre échantillon. $E[Y_i|X_i = 1]$ peut être estimée en calculant la moyenne de Y pour les membres du groupe de traitement. $E[Y_i|X_i = 0]$ peut être estimée en calculant la moyenne de Y pour les membres du groupe de contrôle. La différence entre ces deux moyennes est un estimé de l'effet de traitement moyen ; elle nous permet de contourner le problème fondamental de l'inférence causale.

Si les individus du tableau 7.1 sont affectés au groupe de traitement et de contrôle de façon aléatoire, nous pouvons estimer l'effet de traitement moyen en comparant la moyenne dans les deux groupes :

$$\text{Effet de traitement moyen} = \frac{(2+3+1)}{3} - \frac{(4+6+2)}{3} = -2$$

En moyenne, consommer une aspirine réduit l'intensité des maux de tête de 2 unités sur une échelle de 0 à 10.

Postulats

La démonstration ci-haut repose sur deux postulats restrictifs : (1) indépendance du traitement et des résultats potentiels, et (2) stabilité et non-interférence. [3]

Indépendance du traitement et des résultats potentiels

Le premier postulat que nous devons accepter pour identifier l'effet de traitement moyen est très restrictif. Pour que l'équation 7.7 tienne, il faut que la valeur du traitement soit indépendante des résultats potentiels : $X_i \perp Y_{i0}, Y_{i1}$.

Par exemple, si nous voulons estimer l'effet causal d'une thérapie cognitive comportementale sur le trouble obsessif compulsif, il faut que l'assignation au traitement soit indépendante des résultats potentiels. Cette condition est violée lorsqu'un psychologue choisit le plan de traitement de son patient en fonction des résultats anticipés, c'est-à-dire en fonction de la santé psychologique attendue si le patient faisait partie du groupe de contrôle ou du groupe de traitement.

De même, si nous voulons estimer l'effet causal des études de doctorat sur le revenu, il faut que la décision de s'engager dans ces études soit complètement indépendante des revenus potentiels avec et sans études. Si ce n'est pas le cas, la différence entre les revenus moyens des doctorants et des non-doctorants n'identifie pas l'effet causal.

La condition d'indépendance dont nous avons besoin pour contourner le problème fondamental de l'inférence causale est difficile à satisfaire en pratique, surtout lorsque nous analysons des données observationnelles. Pour cette raison, plusieurs chercheurs qui s'intéressent à l'analyse causale se tournent vers les expériences aléatoires.

Stabilité et non-interférence

Le second postulat que nous devons accepter pour identifier l'effet de traitement moyen est aussi très restrictif. Pour que l'équation 7.3 soit valide, le chercheur doit accepter un postulat communément appelé « SUTVA », ou « *Stable Unit Treatment Value Assumption* ».

SUTVA requiert que les résultats potentiels soient « stables », au sens où un traitement bien défini correspond à un résultat potentiel

3. Un troisième postulat nécessaire pour l'inférence causale est la « positivité ». Il doit y avoir une probabilité plus grande que zéro qu'un individu soit assigné à chacun des traitements possibles (Aronow et Miller, 2019 ; Hernán et Robins, 2020).

qui est lui aussi bien défini. Cette condition sera violée si notre mesure X_i ne saisit pas toutes les versions possibles d'un traitement (p. ex., changement de dose ou hétérogénéité dans les conditions d'administration).

SUTVA requiert aussi l'absence d'interférence entre les unités d'observation : les résultats potentiels d'un individu ne doivent pas être affectés par le traitement que reçoit un autre individu. Par exemple, si ma conjointe est vaccinée contre la grippe, les risques que j'attrape la maladie sont réduits. Mes résultats potentiels (avec ou sans vaccin) sont affectés par le traitement reçu par les autres.

SUTVA est un postulat difficile à satisfaire en pratique, mais le développement de méthodes qui permettent de l'assouplir est un champ de recherche actif en statistiques.

Inférence causale et expériences aléatoires

Dans ce chapitre, nous avons vu que l'effet de traitement individuel est toujours impossible à estimer, à cause du problème fondamental de l'inférence causale. Plutôt que d'estimer l'effet de traitement individuel, nous avons donc montré comment estimer l'effet de traitement moyen. Pour estimer cet effet de traitement moyen, nous avons dû accepter un postulat très restrictif : l'indépendance du traitement et des résultats potentiels. Les expériences aléatoires sont un outil puissant pour l'analyse causale, parce qu'elles garantissent que le postulat d'indépendance soit rempli.

Dans une expérience aléatoire, la valeur du traitement X_i reçu par l'individu i est entièrement déterminée par la chance. Lorsque des participants sont affectés aléatoirement aux groupes de traitement et de contrôle, le traitement est le pur fruit du hasard. Par construction, ce traitement aléatoire est (en moyenne) indépendant des résultats potentiels. Par conséquent, la différence entre les moyennes du groupe de traitement et du groupe de contrôle dans une expérience aléatoire identifie l'effet causal. Le modèle causal Neyman-Rubin montre pourquoi les expériences aléatoires sont souvent considérées comme le « *Gold Standard* » de l'inférence causale.

Partie III

Problèmes

Chapitre 8

Biais par variable omise

Les chapitres 6 et 7 nous ont donné les outils théoriques nécessaires pour déterminer si un résultat statistique peut être interprété de façon causale. Dans les chapitres 8 à 11, nous déploierons ces outils pour étudier quelques-uns des principaux défis empiriques auxquels font face les chercheurs.

Le premier défi de l'inférence causale que nous allons considérer s'appelle le « biais par variable omise ». Une relation observée entre deux variables peut être factice si elle est causée par une troisième variable ignorée par notre modèle statistique. Dans ce cas, on dit que notre estimé de l'effet causal souffre d'un biais par variable omise.

Par exemple, il y a une corrélation positive entre le nombre de pompiers déployés sur le site d'un incendie et les dommages causés par cet incendie. En moyenne, lorsqu'il y a plus de pompiers, les flammes détruisent plus. Est-ce que cela veut dire que les pompiers *causent* les dommages ? Évidemment, la réponse est négative : l'intervention des pompiers *réduit* les dommages causés par le feu. La relation positive entre le nombre de pompiers et les dommages est due à un tiers facteur : l'intensité des flammes. [1] Plus l'incendie est intense, plus il cause de dommages; plus l'incendie est intense, plus nous avons besoin de pompiers pour l'éteindre.

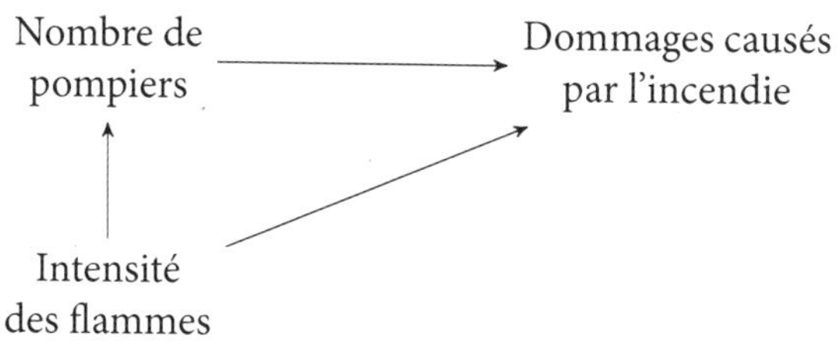

1. Pour respecter la séquence temporelle des événements, il serait plus précis de dire « l'intensité des flammes au moment où les pompiers sont appelés ».

Dans le graphe ci-haut, nous voyons que l'intensité des flammes cause à la fois la variable indépendante et la variable dépendante. Cette variable ouvre un chemin par la porte arrière, qui induit un biais par variable omise. Dans ce contexte, un modèle de régression bivarié naïf pourrait nous mener à la conclusion absurde que les pompiers causent les dégâts.

Le biais par variable omise est très répandu en sciences sociales. Lorsque nous étudions des données observationnelles, les sources potentielles de biais par variable omise sont presque illimitées. Une des compétences les plus utiles pour un chercheur est la capacité d'identifier ces sources de biais. Le chercheur qui observe une corrélation entre deux variables doit faire preuve d'imagination scientifique afin de penser aux tiers facteurs pertinents. C'est là un travail créatif et théorique qui doit être soutenu par notre connaissance qualitative de l'objet d'étude ainsi que par les études antérieures. Ce travail peut aussi être appuyé par l'analyse graphique ou algébrique.

Analyse graphique

Pour voir comment l'analyse graphique aide à appréhender le biais par variable omise, il est utile de considérer des exemples concrets.

Est-ce que les livres causent le succès scolaire ?

Plusieurs chercheurs ont observé une forte association entre le nombre de livres sur les étagères d'une maison et le succès scolaire des enfants qui y habitent. Sur la base de cette association, un politicien pourrait tirer les conclusions suivantes : (1) augmenter le nombre de livres dans une maison causerait une amélioration de la performance des enfants qui y habitent ; (2) le gouvernement devrait mettre en place un programme massif d'achat de livres pour enfants. [2]

Est-ce que ces conclusions causales sont justifiées ? Pour répondre à cette question, il est utile de représenter notre modèle théorique sous la forme d'un GOA :

2. Depuis 1995, la fondation *Dolly Parton's Imagination Library* a distribué gratuitement plus de 100 millions de livres pour enfants.

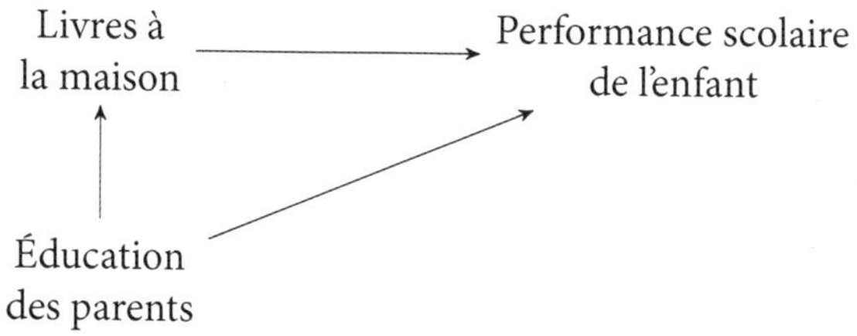

Ce graphe encode l'intuition théorique de base : le nombre de livres dans une maison pourrait causer le succès scolaire des enfants. Par contre, nous voyons qu'il y a une troisième variable à considérer : le niveau d'éducation des parents. Les parents plus éduqués achètent plus de livres et ils transmettent des compétences scolaires à leurs enfants (Engzell, 2019). Cette troisième variable ouvre un chemin par la porte arrière entre la variable indépendante et la variable dépendante. Comme nous l'avons vu dans le chapitre 6, un chemin ouvert par la porte arrière biaise les résultats de l'analyse causale. Pour estimer l'effet du nombre de livres sur le succès scolaire, il faut bloquer ce chemin en contrôlant le niveau d'éducation des parents :

$$\text{Livres} \leftarrow \boxed{\text{Éducation}} \rightarrow \text{Performance}$$

Étudier seulement l'association bivariée entre livres et performance sans contrôler l'éducation des parents produirait une conclusion erronée. Si la vraie cause du succès scolaire est la transmission du savoir des parents à l'enfant, un programme gouvernemental d'achat de livres risque d'être inefficace.

Est-ce que l'alcool cause le diabète ?

Le lien entre la consommation d'alcool et l'état de santé est l'objet de nombreuses études, mais les chercheurs arrivent souvent à des conclusions contradictoires. Dans une surprenante étude, Holst *et al.* (2017) analysent un sondage mené auprès de 70 000 résidents du Danemark et estiment que la consommation de bière est associée à un risque réduit de diabète. En contraste, une étude de Griswold *et al.* (2018) conclut qu'il est plus sûr de ne pas consommer d'alcool du tout.

Il faut être prudent avant de tirer des conclusions causales sur la base de telles études, parce que plusieurs tiers facteurs pourraient fausser l'analyse. Par exemple, les gens qui choisissent un régime alimentaire faible en calories pourraient éviter l'alcool, puisque les boissons alcoolisées ont souvent un haut contenu calorique. De même, les sportifs pourraient s'abstenir de consommer de l'alcool, pour éviter que leur performance soit affectée :

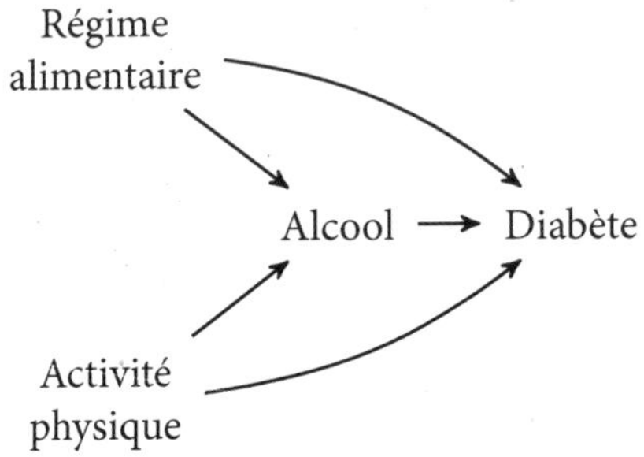

Dans ce modèle théorique simpliste, il y a deux sources de biais par variable omise, représentées par les deux chemins ouverts par la porte arrière. Pour obtenir un estimé non biaisé de l'effet de l'alcool sur la santé, il faut bloquer ces deux chemins :

$$\text{Alcool} \leftarrow \boxed{\text{Régime alimentaire}} \rightarrow \text{Diabète}$$

$$\text{Alcool} \leftarrow \boxed{\text{Activité physique}} \rightarrow \text{Diabète}$$

Si un chercheur veut estimer l'effet causal de l'alcool sur la santé à l'aide de données d'observation (p. ex., un sondage), il doit identifier toutes les variables susceptibles d'introduire un tel biais par variable omise. Cet exercice théorique lui permettra de déterminer quelles variables de contrôle doivent être incluses dans un modèle de régression multiple.

Solution graphique

Les exemples ci-haut illustrent bien la méthode d'analyse graphique qui permet de déterminer si nos estimés souffrent d'un biais par variable omise. Spécifiquement, nos estimés seront non biaisés si les deux conditions de l'identification causale introduites dans le chapitre 6 sont satisfaites :

1. Le modèle ne contrôle pas un descendant de la cause.
2. Tous les chemins par la porte arrière sont bloqués.

Dans une étude observationnelle, l'analyste ne sera généralement pas en mesure de garantir que ces deux conditions soient remplies. Il devra plutôt faire preuve de créativité scientifique pour identifier et contrôler les principales sources de biais par variable omise.

Analyse algébrique

L'analyse graphique du biais par variable omise est utile, puisqu'elle nous permet de déterminer si un effet causal est identifiable. Par contre, cette analyse ne nous donne pas suffisamment d'information pour anticiper la taille ou la direction du biais. Pour cela, nous devons nous tourner vers l'analyse algébrique.

Nous tentons d'estimer l'effet causal de X sur Y à l'aide d'un modèle de régression bivarié :

$$Y = \alpha_0 + \alpha_1 X + \nu \tag{8.1}$$

Dans ce modèle, α_0 est la constante, α_1 est le coefficient de régression et ν est le terme résiduel. Comme nous l'avons vu dans le chapitre 5, l'estimé du coefficient α_1 par les moindres carrés ordinaires est obtenu en appliquant cette formule :

$$\hat{\alpha}_1 = \frac{\text{Cov}(Y,X)}{\text{Var}(X)} \tag{8.2}$$

Si une variable omise A détermine la valeur de Y, le modèle 8.1 est incomplet. Dans ce cas, le modèle « véridique » ou « complet » pourrait être :

$$Y = \beta_0 + \beta_1 X + \beta_2 A + \varepsilon \tag{8.3}$$

Est-ce que la variable A introduit un biais par variable omise dans l'estimé du coefficient α_1 ? Est-ce que le coefficient du modèle incomplet est égal au coefficient du modèle complet ($\alpha_1 = \beta_1$) ? Est-ce que l'analyste peut ignorer A ? Est-ce que $\hat{\alpha}_1$ est un estimé causal ?

Pour répondre à ces questions, nous substituons l'équation 8.3 dans l'équation 8.2 et nous appliquons les règles de manipulation de la covariance présentées au chapitre 20 :[3]

3. Dans ces calculs, les paramètres β_0 et β_1 sont traités comme des constantes.

$$\begin{aligned}
\hat{\alpha}_1 &= \frac{\text{Cov}(Y, X)}{\text{Var}(X)} \\
&= \frac{\text{Cov}(\beta_0 + \beta_1 X + \beta_2 A + \varepsilon, X)}{\text{Var}(X)} \\
&= \frac{\text{Cov}(\beta_0, X) + \text{Cov}(\beta_1 X, X) + \text{Cov}(\beta_2 A, X) + \text{Cov}(\varepsilon, X)}{\text{Var}(X)} \\
&= \frac{\text{Cov}(\beta_1 X, X) + \text{Cov}(\beta_2 A, X) + \text{Cov}(\varepsilon, X)}{\text{Var}(X)} \\
&= \frac{\beta_1 \text{Cov}(X, X) + \beta_2 \text{Cov}(A, X) + \text{Cov}(\varepsilon, X)}{\text{Var}(X)} \\
&= \beta_1 + \beta_2 \cdot \frac{\text{Cov}(A, X)}{\text{Var}(X)} + \frac{\text{Cov}(\varepsilon, X)}{\text{Var}(X)} \qquad (8.4)
\end{aligned}$$

Auparavant, nous avons présumé que le modèle 8.3 était « véridique » ou « complet ». Cela signifie qu'il ne souffre pas d'un biais par variable omise et que $X \perp \varepsilon$. En moyenne, la covariance entre X et ε sera donc égale à zéro, et le dernier terme de l'équation 8.4 tombe :

$$\hat{\alpha}_1 = \beta_1 + \beta_2 \cdot \frac{\text{Cov}(A, X)}{\text{Var}(X)} \qquad (8.5)$$

Cette équation montre que le coefficient estimé par le modèle court $\hat{\alpha}_1$ n'est *pas* égal au paramètre β_1 qui nous intéresse. L'estimé $\hat{\alpha}_1$ est biaisé.

De plus, l'équation 8.5 montre que le biais est égal à $\beta_2 \cdot \frac{\text{Cov}(A,X)}{\text{Var}(X)}$. La fraction dans cette expression est équivalente au coefficient de régression de ce modèle :

$$A = \pi_0 + \pi_1 X + \gamma \qquad \text{où } \pi_1 = \frac{\text{Cov}(A,X)}{\text{Var}(X)} \qquad (8.6)$$

Les résultats obtenus jusqu'à maintenant peuvent être résumés par l'équation suivante :

$$\underbrace{\hat{\alpha}_1}_{\text{Estimé}} = \overbrace{\beta_1}^{\text{Vérité}} + \underbrace{\beta_2 \cdot \pi_1}_{\text{Biais}} \tag{8.7}$$

Le biais par variable omise qui affecte le modèle 8.1 dépend donc de deux facteurs :

1. β_2 : La relation entre la variable omise (A) et la variable dépendante (Y).
2. π_1 : La relation entre la variable omise (A) et la variable indépendante (X).

Si l'un ou l'autre de ces coefficients est égal à zéro, nous pourrions estimer le modèle 8.1 et ignorer la variable A sans craindre que nos résultats soient biaisés.

L'équation 8.7 est utile, puisqu'elle nous informe sur la direction et la force du biais par variable omise. Spécifiquement, la *direction* du biais dépend du signe des deux relations qui le constituent, et sa *taille* dépend de la force des deux relations en question. Plus les relations β_2 et π_1 sont fortes, plus le biais risque d'être important. Le tableau 8.1 montre le signe du biais avec différentes combinaisons de π_1 et β_2.

TABLEAU 8.1.
Signe du biais par variable omise en fonction des relations entre la variable dépendante Y, la variable explicative X et la variable omise A (modèles 8.1, 8.3, 8.6).

		Relation entre A et Y	
		+	-
Relation entre A et X	+	Biais positif	Biais négatif
	-	Biais négatif	Biais positif

Est-ce que les livres causent le succès scolaire ?

Retournons à l'exemple introduit plus tôt. Un chercheur qui s'intéresse à l'effet causal des livres sur la performance scolaire pourrait estimer trois modèles analogues aux équations 8.1, 8.3, 8.6 :

$$\text{Performance} = \alpha_0 + \alpha_1 \text{Livres} + \nu$$
$$\text{Performance} = \beta_0 + \beta_1 \text{Livres} + \beta_2 \text{Éducation des parents} + \varepsilon$$
$$\text{Éducation des parents} = \pi_0 + \pi_1 \text{Livres} + \gamma$$

Le premier de ces trois modèles risque d'offrir un estimé biaisé de l'effet des livres sur la performance scolaire ($\hat{\alpha}_1$). Spécifiquement, l'équation 8.7 montre que le coefficient de régression du modèle incomplet est égal à :

$$\hat{\alpha}_1 = \beta_1 + \beta_2 \cdot \pi_1 \tag{8.8}$$

Si l'éducation des parents est positivement associée à la performance scolaire des étudiants ($\beta_2 > 0$), et si l'éducation des parents est positivement associée au nombre de livres disponibles ($\pi_1 > 0$), alors le biais par variable omise est positif : $\beta_2 \cdot \pi_1 > 0$. Estimer un modèle naïf bivarié tend à *surestimer* l'effet positif des livres sur la performance des étudiants.

Plus la relation entre l'éducation des parents et la performance scolaire est forte, plus le coefficient bivarié risque d'être biaisé. Plus la relation entre l'éducation des parents et le nombre de livres à la maison est forte, plus $\hat{\alpha}_1$ risque d'être biaisé.

Est-ce que l'alcool cause le diabète ?

Un chercheur qui s'intéresse à l'effet de l'alcool sur la santé pourrait estimer trois modèles :

$$\text{Santé} = \alpha_0 + \alpha_1 \text{Alcool} + \nu$$
$$\text{Santé} = \beta_0 + \beta_1 \text{Alcool} + \beta_2 \text{Exercice} + \varepsilon$$
$$\text{Exercice} = \pi_0 + \pi_1 \text{Alcool} + \gamma$$

Le premier de ces trois modèles risque d'offrir un estimé biaisé des bienfaits de l'alcool pour la santé ($\hat{\alpha}_1$). Si l'exercice physique est lié à un meilleur état de santé ($\beta_2 > 0$), et si la consommation d'alcool est négativement associée à l'exercice physique ($\pi_1 < 0$), alors le biais par variable omise est négatif : $\beta_2 \cdot \pi_1 < 0$. Estimer un modèle naïf bivarié tend à *sous-estimer* les bienfaits de la consommation d'alcool pour la santé (ou à exagérer ses méfaits).

Les limites de l'approche algébrique

L'approche algébrique adoptée dans cette section nous permet de développer notre intuition concernant la direction et la force potentielle du biais par variable omise. Par contre, l'équation 8.7 mesure le biais qui survient dans un modèle avec seulement deux variables explicatives. En pratique, il y a souvent beaucoup de variables explicatives, et nous pouvons rarement toutes les inclure dans nos modèles de régression. Si plusieurs variables introduisent des biais de différentes tailles et de différents signes, il devient difficile d'anticiper la taille ou la direction du biais total. Il est donc important d'interpréter les résultats de notre analyse algébrique prudemment. L'équation 8.7 est une règle approximative plutôt qu'une loi déterminante.

Solutions

La meilleure stratégie pour éliminer le biais par variable omise est souvent d'exécuter une expérience avec traitement aléatoire. Dans le chapitre 12, nous verrons que ce type d'expérience n'est pas, en moyenne, affectée par le biais par variable omise. S'il est impossible de mener une expérience aléatoire, d'autres méthodes peuvent parfois limiter le biais par variable omise. Nous pourrions bloquer les chemins par la porte arrière en contrôlant les variables omises dans un modèle de régression multiple (chapitres 5, 6, 16) ; employer une méthode quasi expérimentale (chapitre 13) ; estimer un modèle de régression par variable instrumentale (chapitre 14) ; ou exécuter une analyse de sensibilité.

Chapitre 9

Biais de sélection

Le second défi de l'inférence causale que nous allons considérer s'appelle le « biais de sélection ». En sciences sociales, cette expression peut faire référence à deux problèmes distincts, qui impliquent des solutions distinctes. [1]

Premièrement, le biais de sélection peut renvoyer à une *sélection dans l'analyse.* Dans ce cas, certains individus ou certaines variables ne sont pas observés par l'analyste. Par conséquent, l'échantillon étudié n'est pas représentatif de la population qui nous intéresse, et l'effet causal n'est pas identifiable pour cette population.

Deuxièmement, le biais de sélection peut renvoyer à une *sélection dans le traitement.* Dans ce cas, le processus qui détermine qui reçoit le traitement (ou la valeur du traitement) est associé à la variable dépendante. Nous verrons que, sur le plan analytique, ce type de problème est très similaire au biais par variable omise que nous avons étudié dans le chapitre 8.

Analyse graphique : sélection dans l'analyse

Le biais de sélection dans l'analyse peut survenir pour plusieurs raisons. Il peut être lié au choix du chercheur d'étudier certaines régions, organisations, ou phénomènes plutôt que d'autres. Il peut découler du choix des individus de participer ou non à une expérience. Il peut être lié à la difficulté d'observer ou de mesurer certains objets d'étude.

Pour déterminer si la sélection dans l'analyse pose obstacle à l'inférence causale, nous commençons par tracer un GOA qui représente notre théorie.

1. L'expression « biais de sélection » n'a pas de définition consensuelle. Elle est employée différemment dans différents domaines. Par exemple, en épidémiologie, Hernán, Hernández-Díaz et Robins (2004) font référence à une situation où un modèle statistique contrôle une collision qui est associée à la fois à la cause et à l'effet. Dans ce chapitre, l'expression biais de sélection est employée de façon moins restrictive, suivant les pratiques courantes en sciences sociales.

Par exemple, imaginez qu'une chercheuse veuille estimer l'effet d'un nouveau médicament qui vise à atténuer les symptômes de la maladie de Lyme. Elle recrute plusieurs participants pour mener une expérience et assigne la moitié de ces participants à un groupe de traitement, et l'autre moitié à un groupe placebo. La maladie cause des symptômes, et le médicament réduit les symptômes. Malheureusement, le médicament cause aussi des effets secondaires comme la nausée :

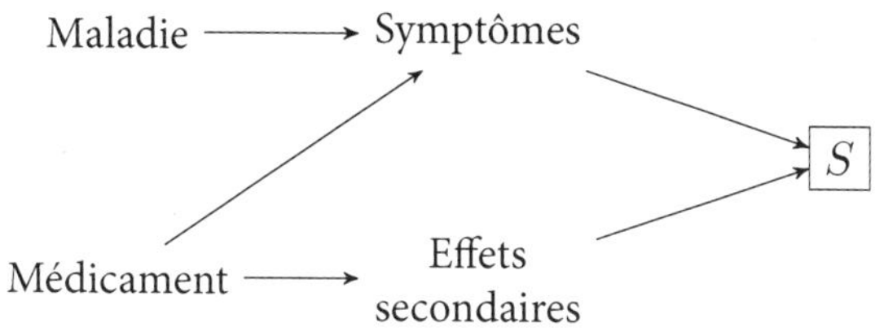

Puisque la participation à cette étude est volontaire, certains patients abandonnent en cours de route, et la chercheuse est forcée d'ignorer ces individus dans l'analyse statistique. Ainsi, les patients qui souffrent de forts symptômes et ceux qui sont victimes d'effets secondaires intenses sont plus susceptibles de quitter l'étude.

Pour représenter ce mécanisme de sélection, nous ajoutons une variable S au GOA. Cette variable représente le résultat du processus de sélection. Tous les facteurs qui déterminent si un individu est inclus dans l'analyse déterminent la valeur de S. Dans ce cas-ci, les variables « Symptômes » et « Effets secondaires » déterminent quels individus persévèrent dans l'étude, et donc quels individus seront sélectionnés pour faire partie de l'analyse statistique. Nous traçons donc des flèches à partir de ces variables jusqu'à S.

La variable S est encadrée pour représenter une intuition importante : lorsqu'une analyste exclut des observations de son échantillon en fonction de S, c'est comme si elle « conditionnait » ou si elle « contrôlait » cette variable.

Le GOA que nous venons de considérer montre comment le processus de sélection peut introduire un biais dans l'analyse. Premièrement, si la chercheuse sélectionne ses observations en fonction de S, c'est comme si elle contrôlait un descendant de la variable explicative « Médicament ». Ceci viole la première condition de l'identification causale que nous avons étudiée dans le chapitre 6.[2] Deuxièmement, contrôler S ouvre un chemin non causal entre la variable indépendante et la variable dépendante :

Ce chemin « transporte » de l'information statistique entre la variable indépendante et la variable dépendante, et vient biaiser les résultats de l'analyse.

Pour bien comprendre la diversité des sources de biais de sélection dans l'analyse, il est utile de considérer quelques autres exemples.

Sélection sur la variable dépendante

Un des problèmes de sélection les plus fréquents en sciences sociales survient lorsqu'un analyste choisit les membres de son échantillon en fonction de la variable dépendante.[3]

Rêve américain. La presse d'affaires tente souvent de convaincre ses lecteurs qu'en travaillant fort, un entrepreneur peut bâtir un empire, même s'il dispose de peu de ressources. En appui à cet argument, on cite souvent les cas de Google, Apple, Microsoft, Amazon, Disney et Hewlet-Packard, six compagnies qui ont toutes été dirigées à partir de garages.

Est-ce que ces anecdotes nous permettent de conclure que le capital initial dont disposent les entrepreneurs a peu d'effet sur le succès commercial ? Non. Puisque nous avons étudié seulement des entreprises à succès, l'échantillon est sélectionné en fonction de la variable dépendante, et l'inférence est biaisée :

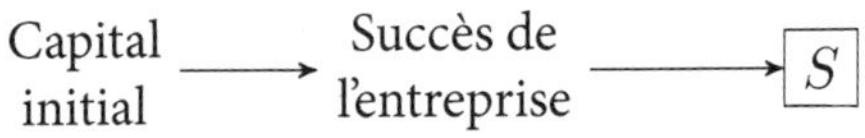

Dans ce GOA, la variable encadrée S représente le processus de sélection dans l'échantillon. La variable qui cause la sélection est le niveau de succès des entreprises, puisque les seules entreprises qui sont

2. Sélectionner l'échantillon en fonction d'un descendant de la variable explicative ne biaise pas toujours l'estimé de l'effet causal. Dans ce cas-ci, le descendant S pose problème parce qu'il repose sur un chemin qui lie la variable indépendante et la variable dépendante.

3. La méthode d'échantillonnage par cas témoins est un des rares cas où il est approprié de considérer la valeur de la variable dépendante dans la procédure d'échantillonnage.

citées en exemple sont celles qui ont réussi. En étudiant seulement les *success stories*, nous ignorons les innombrables compagnies lancées dans un garage, mais qui ont ultimement été vouées à l'échec. Pour que l'effet causal du capital sur le succès soit identifiable, il ne faut pas que la valeur de la variable dépendante détermine quelles observations sont incluses dans l'analyse.

Choc économique et guerre civile. Un autre exemple de sélection sur la variable dépendante est typique de la littérature sur les origines des mouvements populaires contestataires. Imaginez qu'un chercheur tente d'identifier l'effet causal d'une crise économique sur la probabilité qu'un pays tombe en guerre civile :

Crise économique → Guerre civile → [S]

Dans ce contexte, il serait inapproprié d'étudier seulement des pays (ou des périodes historiques) frappés par la guerre civile, puisque cela négligerait tous les cas de pays qui subissent une crise économique sans pour autant tomber en guerre civile. Il ne faut pas que le chercheur choisisse ses cas en fonction de la variable dépendante.

Régression linéaire en sous-groupes. La figure 9.1 illustre pourquoi sélectionner un échantillon en fonction de la variable dépendante est problématique. Dans les trois panneaux de la figure, l'axe horizontal représente une variable indépendante X, et l'axe vertical représente une variable dépendante Y. Tous les points sont tirés d'une seule et même banque de données. Le panneau de gauche montre la banque de données entière. Le panneau du centre tire des observations de cette banque de données en fonction de la variable indépendante : $X > 0$. Le panneau de droite tire des observations de la banque de données en fonction de la variable dépendante : $Y > 0$.

La ligne dans chaque panneau représente la droite de régression bivariée entre X et Y, estimée à partir des points dessinés dans chaque panneau. À gauche, le modèle de régression est estimé à partir des données complètes. Au centre, le modèle de régression est estimé sur un échantillon sélectionné en fonction de la variable indépendante. À droite, le modèle de régression est estimé sur un échantillon sélectionné en fonction de la variable indépendante.

FIGURE 9.1.
Trois extraits d'une même banque de données. Les lignes représentent le résultat d'une régression bivariée avec *Y* comme variable dépendante et *X* comme variable indépendante. Lorsque les observations sont sélectionnées en fonction de la variable dépendante, les résultats sont biaisés.

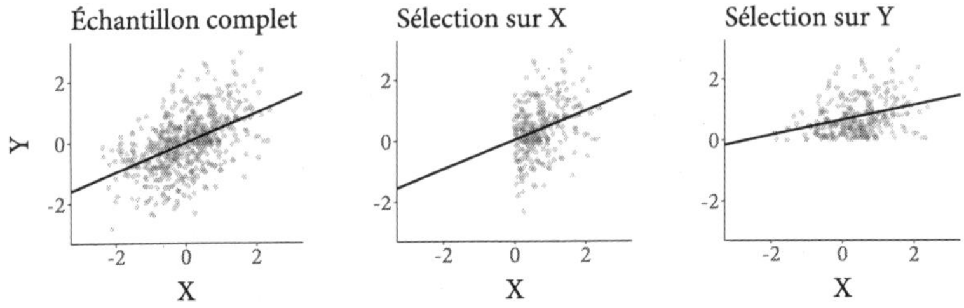

Quand nous sélectionnons en fonction de la variable indépendante (panneau du centre), le résultat est presque identique aux résultats obtenus dans l'échantillon complet (panneau de gauche). Par contre, quand nous sélectionnons en fonction de la variable dépendante (panneau de droite), l'ordonnée à l'origine et la pente (c.-à-d. le coefficient de régression) sont très différentes de celles estimées dans la banque de données complète. Sélectionner l'échantillon en fonction de la variable dépendante biaise nos estimés.

Sélection sur une collision

Une autre source de biais survient lorsque le processus de sélection *S* correspond à une collision dans le modèle théorique. Deux cas illustrent ce problème : le biais de publication et les tests d'admission.

Biais de publication. Les revues scientifiques prestigieuses comme *Nature* ou *Science* publient une infime proportion des articles qui leur sont soumis. Un article est plus susceptible d'être choisi pour publication si les résultats sont intéressants ou surprenants et si la méthodologie est rigoureuse. Cette combinaison de facteurs peut être illustrée par le GOA suivant :[4]

4. Cet exemple est dû à Richard McElreath, l'auteur du livre *Statistical Rethinking* (McElreath, 2018).

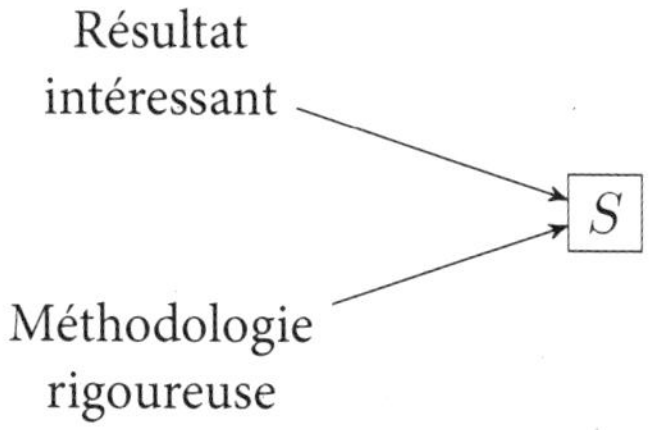

Dans ce GOA, il n'y a aucune flèche entre le type de résultat et la rigueur de l'article, pour représenter le fait qu'il n'y a pas nécessairement de relation entre ces deux variables dans la population entière des projets de recherche scientifique.[5] Par contre, l'intérêt du sujet de recherche et la rigueur de la méthodologie déterminent tous deux si un article sera publié par une revue scientifique.

La figure 9.2 illustre ce processus de sélection. Chaque point représente un article (hypothétique) soumis par un auteur. La rigueur scientifique est représentée sur l'axe horizontal, et le niveau d'intérêt généré par les résultats est représenté par l'axe vertical. Les deux dimensions sont indépendantes : le nuage de points est circulaire et ne révèle pas d'association entre les deux variables.

FIGURE 9.2.
Biais de sélection induit par le choix de l'échantillon en fonction d'une collision. Même s'il n'existe aucune relation entre le niveau d'intérêt suscité par une étude scientifique et sa rigueur méthodologique, le fait qu'une revue choisisse de publier certaines études en fonction de ces deux critères crée une relation factice entre les deux variables.

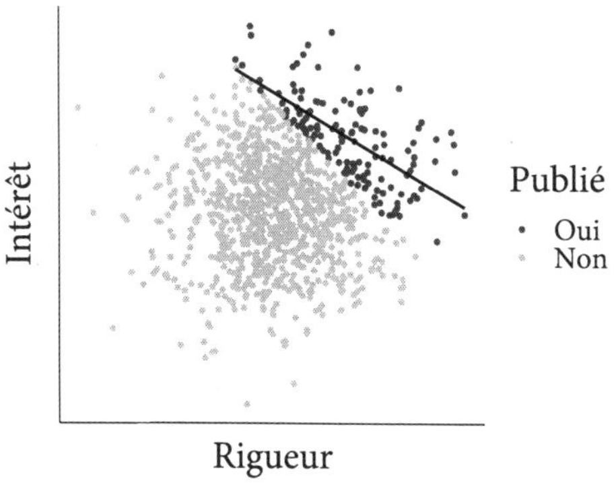

5. Ce postulat serait violé si, par exemple, les chercheurs investissent plus de ressources pour étudier des sujets intéressants.

La revue scientifique choisit les articles à publier en fonction des deux critères. Seuls les articles situés au nord-est de la figure sont publiés. La ligne représente un modèle de régression linéaire estimé seulement dans l'échantillon des articles qui ont été choisis pour publication. Même s'il n'y a aucune relation causale entre le niveau d'intérêt généré par un article et sa rigueur méthodologique, il y a une relation statistique négative entre ces deux variables dans l'échantillon des articles publiés : plus un article publié est intéressant, moins il risque d'être rigoureux.

Tests d'aptitudes. Plusieurs organisations utilisent des tests d'aptitudes standardisés pour recruter. Par exemple, l'admission aux études en droit est souvent déterminée par les résultats des candidats au *Law School Admissions Test*, et les comités d'admission aux études doctorales demandent souvent aux candidats de compléter le *Graduate Record Examination*. Plusieurs employeurs dans les secteurs privé et public font de même. [6]

Certains chercheurs ont remis en cause cette pratique. Par exemple, Moneta-Koehler *et al.* (2017) et Miller *et al.* (2019) montrent que parmi les étudiants admis aux études doctorales en physique et en sciences biomédicales, les résultats aux tests standardisés ne sont pas associés au succès (p. ex., le taux de diplomation ou le nombre de publications dans des revues scientifiques). Devons-nous conclure que les compétences mesurées par les tests standardisés n'ont aucun effet causal sur la performance des étudiants ? Pas nécessairement.

Pour illustrer le problème de sélection, nous dessinons un GOA :

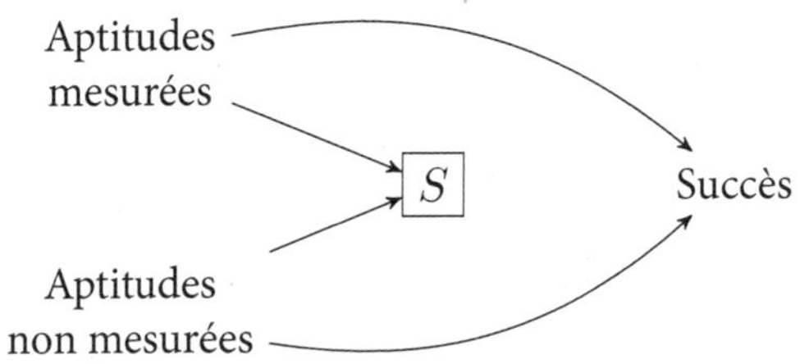

Nous pouvons distinguer deux types d'aptitudes : les aptitudes mesurées par le test standardisé et les aptitudes qui ne sont pas mesurées par ce test, mais qui influencent néanmoins l'admission (p. ex., les

6. Au-delà du problème de sélection exploré ici, il y a de bonnes raisons de critiquer ces tests, notamment en raison des biais socio-économiques et culturels qu'ils perpétuent (Miller *et al.*, 2019).

lettres de recommandation, la lettre de présentation ou le curriculum vitæ.). L'admission à un programme de doctorat $\boxed{S}$ est déterminée par les aptitudes mesurées par le test, mais aussi par les aptitudes qui ne sont pas mesurées par le test. De même, le succès des étudiants est déterminé par les deux types d'aptitudes.

Imaginez qu'un chercheur s'intéresse à l'effet causal des aptitudes saisies par un test standardisé sur le succès dans les études doctorales. Si son analyse statistique se limite à l'échantillon d'étudiants qui ont été admis aux études doctorales, le chercheur contrôle implicitement la variable S. Ce contrôle est inapproprié, puisque S est descendante de la cause. De plus, contrôler S ouvre un chemin à travers lequel peut circuler de l'information factice entre la cause et l'effet :

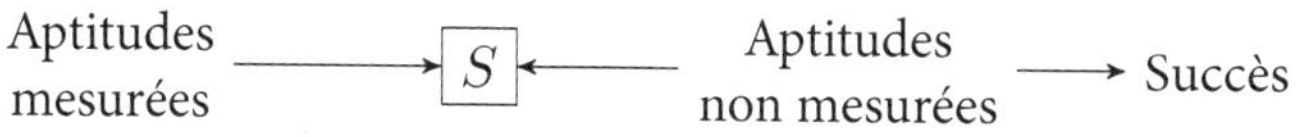

Intuitivement, les candidats qui sont admis malgré leur faible performance au test standardisé ont probablement de très fortes compétences intangibles. Ces compétences intangibles leur permettent de bien réussir, malgré leurs déficiences dans d'autres domaines. Dans ce cas, il serait incorrect de conclure que les compétences mesurées par le test sont inutiles. Ce biais de sélection peut potentiellement expliquer l'absence de corrélation entre les tests et la performance des étudiants dans l'échantillon des étudiants admis.

Sélection sur le descendant d'une collision

Dans le chapitre 6, nous avons brièvement considéré un phénomène intéressant : contrôler le descendant d'une collision a pour effet de contrôler la collision elle-même, et donc d'ouvrir un chemin où l'information statistique circule. Maintenant, nous considérons une forme particulière de biais de sélection lié à ce phénomène.

Un chercheur s'intéresse à l'effet causal du racisme (X) sur l'appui aux partis politiques d'extrême droite (Y). Il mène un sondage téléphonique et utilise des échelles psychométriques bien établies pour mesurer ces deux variables. Les partisans d'extrême droite et les individus racistes savent que le niveau d'acceptabilité sociale (Z) pour leurs opinions est faible. Ceci les rend moins susceptibles de répondre au sondage téléphonique (S).

Le GOA qui suit représente les relations entre quatre variables pertinentes.

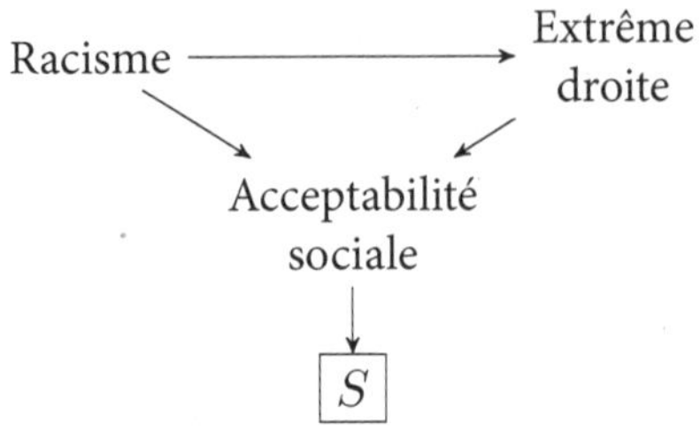

Puisque le chercheur observe seulement les individus qui acceptent de répondre au sondage, c'est comme s'il contrôlait la variable S. Ceci est problématique, parce que S est descendante de X, ce qui viole la condition 1 de l'inférence causale que nous avons introduite dans le chapitre 6. De plus, le processus de sélection sur S ouvre un chemin où circule de l'information factice entre la variable indépendante et la variable dépendante. Ceci biaise les résultats. Si tous les membres de la population acceptaient de répondre à l'enquête téléphonique, la variable S ne serait pas contrôlée et l'information factice serait bloquée par la collision sur « Acceptabilité sociale ». En somme, il y a des raisons de croire qu'un sondage téléphonique produirait un estimé biaisé de l'effet causal du racisme sur l'identification partisane.

Analyse algébrique : sélection dans le traitement

Le deuxième type de biais de sélection que nous devons considérer se manifeste lorsque la probabilité de recevoir le traitement (ou la valeur de la variable indépendante) est associée aux résultats potentiels. Ce type de problème survient dans plusieurs contextes, notamment lorsque les individus à l'étude choisissent eux-mêmes s'ils se soumettent au traitement. Le cadre analytique des résultats potentiels de Neyman-Rubin nous permet de développer une bonne intuition pour ce genre de problème, notamment en ce qui concerne la force et la direction du biais de sélection dans le traitement.[7]

Imaginez que nous voulions estimer l'effet causal d'un traitement dichotomique sur un individu i. Pour simplifier, nous assumons que l'effet de traitement est constant et homogène, c'est-à-dire que la variable explicative aurait le même effet sur tous les individus. Dans le

7. En termes d'analyse graphique, la sélection dans le traitment s'analyse comme le biais par variable omise. On peut imaginer un GOA où un tiers facteur Z détermine à la fois la variable indépendante X et la variable dépendante Y.

contexte du modèle causal Neyman-Rubin, l'effet de traitement κ est défini ainsi :

$$\kappa = Y_{i1} - Y_{i0} \tag{9.1}$$

Comme nous l'avons vu dans le chapitre 7, le problème fondamental de l'inférence causale nous empêche d'observer cet effet causal. Par contre, nous pouvons estimer la différence entre les moyennes (observables) de la variable dépendante dans le groupe de traitement et le groupe de contrôle : [8]

$$E[Y_{i1}|X_i = 1] - E[Y_{i0}|X_i = 0]$$

En réarrangeant l'équation 9.1 pour donner $Y_{i1} = \kappa + Y_{i0}$ et en substituant dans l'équation ci-haut, la différence entre les moyennes de groupes devient :

$$E[\kappa + Y_{i0}|X_i = 1] - E[Y_{i0}|X_i = 0]$$

Les règles de l'espérance décrites par les équations 20.1 et 20.2 nous permettent de décomposer la différence des moyennes :

$$\overbrace{\kappa}^{\text{Effet causal}} + \overbrace{\underbrace{E[Y_{i0}|X_i = 1]}_{\text{Non observable}} - \underbrace{E[Y_{i0}|X_i = 0]}_{\text{Observable}}}^{\text{Biais de sélection}} \tag{9.2}$$

L'équation 9.2 montre que la différence entre la moyenne de Y dans le groupe de traitement et la moyenne de Y dans le groupe de contrôle a deux composantes : la vraie valeur de l'effet causal et le biais de sélection.

Ce biais de sélection s'exprime en termes de résultats potentiels : il correspond à la différence entre le résultat que nous aurions observé chez les membres du groupe de traitement s'ils n'avaient *pas* reçu le traitement et le résultat que nous avons effectivement observé dans le groupe de contrôle.

Encore une fois, le problème fondamental de l'inférence causale pose obstacle. Bien que nous puissions mesurer la moyenne de Y_{i0} dans le groupe de contrôle, nous ne pourrons jamais mesurer la

8. En pratique, nous calculerions la moyenne, soit l'analogue échantillonnal de l'espérance.

moyenne de Y_{i0} dans le groupe de traitement. Déterminer si un biais de sélection affecte nos résultats devient dès lors un exercice *théorique* plutôt qu'*empirique*. Il faut s'engager dans un exercice de pensée hypothétique, et se demander quel aurait été le résultat observé, en absence de traitement, dans le groupe d'individus qui ont reçu le traitement :

1. Si $E[Y_{i0}|X_i = 1] = E[Y_{i0}|X_i = 0]$, la différence des moyennes est un estimé non biaisé de l'effet causal.
2. Si $E[Y_{i0}|X_i = 1] > E[Y_{i0}|X_i = 0]$, la différence des moyennes surestime l'effet causal.
3. Si $E[Y_{i0}|X_i = 1] < E[Y_{i0}|X_i = 0]$, la différence des moyennes sous-estime l'effet causal.

Pour bien comprendre ce résultat, il est utile de considérer quelques exemples.

Études et salaires. Un chercheur s'intéresse à l'effet des études universitaires sur le revenu des diplômés. Dans cette analyse, le traitement X est égal à 1 si un individu a complété des études universitaires, et 0 autrement. La variable dépendante Y est égale au revenu annuel des individus. Pour estimer l'effet du traitement, le chercheur estime la différence entre la moyenne du revenu des diplômés et des non diplômés.

Est-ce que cette différence de moyennes mesure l'effet causal des études ? Pas nécessairement. Comme les individus choisissent eux-mêmes s'ils poursuivent des études universitaires, notre estimé risque de souffrir d'un biais de sélection.

Imaginez qu'une certaine aptitude intellectuelle soit prisée sur le marché du travail et que cette aptitude rende les études universitaires plus faciles. Si cette hypothèse est vraie, les individus à aptitude élevée vont aller plus souvent à l'école, parce que c'est plus facile pour eux. Mais même si ces personnes n'allaient pas à l'école, leurs revenus d'emploi risqueraient quand même d'être plus élevés, parce que leur aptitude est plus élevée.

Les revenus du groupe de traitement dans un monde hypothétique où personne ne va à l'université (Y_{i0}) seraient quand même plus élevés dans le groupe de traitement ($X_i = 1$) que dans le groupe de contrôle ($X_i = 0$) :

$$E[Y_{i0}|X_i = 1] - E[Y_{i0}|X_i = 0] > 0 \tag{9.3}$$

L'équation 9.3 correspond au biais de sélection dans l'équation 9.2. Ces équations montrent qu'une simple comparaison du revenu moyen des universitaires et des non universitaires aura tendance à *surestimer* l'effet causal des études sur le revenu.

Traités des droits de la personne Plusieurs chercheurs s'intéressent à l'effet des traités internationaux sur le comportement des gouvernements. Par exemple, est-ce que les traités sur les droits de la personne améliorent la protection des droits civils, ou est-ce que les traités sur la protection de l'enfance réussissent à limiter le travail des mineurs ? Pour répondre à ces questions, les chercheurs comparent une mesure de la protection des droits de la personne dans les pays qui ont signé un traité à une mesure des droits de la personne dans les pays qui n'en ont pas signé.

Malheureusement, comme le note von Stein (2016), de telles comparaisons peuvent être trompeuses. Pour le gouvernement canadien, mettre en application un traité international des droits de la personne est peu coûteux, parce que cela implique peu de changements concrets en termes de politiques publiques. Dans le monde hypothétique où le Canada ne ratifie *pas* un traité, le niveau de protection des droits civils au Canada est quand même élevé.

Plus généralement, si les gouvernements signataires d'un accord international avaient quand même protégé les droits civils en l'absence d'accord, un biais de sélection pourrait affecter nos résultats :

$$E[Y_{i0}|X_i = 1] > E[Y_{i0}|X_i = 0]$$

Dans ce cas, la différence de moyennes *surestimerait* l'effet positif des traités internationaux sur le comportement des gouvernements. Une telle étude offrirait des conclusions trop optimistes quant au pouvoir des accords internationaux.

Solutions

Le biais de sélection est un problème difficile à éviter. Une des premières étapes de toute analyse causale devrait être de réfléchir sérieusement à la sélection des cas d'étude et à la possibilité que l'assignement au traitement dépende des autres variables du modèle. Cette réflexion doit passer par l'analyse d'un GOA (chapitre 6) ou par un argument explicite concernant l'indépendance entre le traitement et les résultats potentiels (chapitre 7). Si cette analyse théorique mène à la conclusion que nos résultats souffrent de biais de sélection, il est important de faire preuve de transparence et de décrire clairement l'échantillon et la population à laquelle on peut généraliser.

Dans la quatrième partie du livre, nous verrons que les expériences aléatoires, les méthodes quasi expérimentales et la régression par variable instrumentale permettent d'éliminer certaines formes de biais de sélection dans le traitement. D'autres stratégies ont été proposées dans la littérature statistique pour modéliser et limiter le biais de sélection, mais celles-ci tombent hors du cadre de ce livre. [9]

9. Par exemple, le modèle en deux étapes de James Heckman (Puhani, 2000), le « Inverse Probability Weighing » (Hernán et Robins, 2020), ou l'analyse des valeurs qui bornent le biais (Smith et VanderWeele, 2019).

Chapitre 10

Biais de mesure

La mesure est une étape cruciale de toute enquête scientifique. Elle fait le pont entre les concepts qui animent nos théories et les données empiriques que nous analysons statistiquement.

Certains phénomènes peuvent être opérationnalisés par observation directe : le concept de « température » est quantifié en mesurant la colonne de mercure d'un thermomètre ; la « consommation » peut être représentée par la liste d'achats qu'une personne porte à sa carte de crédit. Plusieurs organisations et gouvernements assemblent des données administratives qui mesurent directement certains des concepts démographiques ou économiques pertinents pour les sciences sociales.

D'autres concepts sont plus difficiles à opérationnaliser. Souvent, l'analyste devra user d'instruments de mesure complexes ou indirects, comme les questionnaires, les instruments de mesure physiologique, les données textuelles, les expériences ou les audits.

Par exemple, Helliwell, Layard et Sachs (2019) étudient les réponses à un sondage pour mesurer le niveau de bonheur des citoyens de 156 pays. Soroka, Fournier et Nir (2019) emploient un capteur de conductance cutanée pour mesurer la réaction émotionnelle d'individus qui visionnent des reportages journalistiques à teneur négative. Johnson, Arel-Bundock et Portniaguine (2019) calculent la fréquence des mots employés dans les discours prononcés par des banquiers centraux, afin d'examiner leurs croyances économiques. Chandrasekhar, Golub et Yang (2018) manipulent les conditions stratégiques d'un jeu pour que les sujets d'une expérience révèlent leur niveau d'embarras. Bertrand et Mullainathan (2004) répondent à plusieurs offres d'emploi avec des CV fictifs pour mesurer le taux de rappel des candidats issus de différents groupes sociaux.

Ces instruments de mesure varient dans leur capacité à saisir les concepts qui nous intéressent. On dit qu'un instrument est bon si la mesure qu'il produit est « valide » et « fidèle » (Durand et Blais, 2016).

La « validité de construit » renvoie à l'adéquation entre un concept et la mesure employée pour opérationnaliser ce concept. Une mesure est valide si elle offre une bonne « traduction » du concept, c'est-à-dire si elle permet de généraliser à partir de l'observation concrète jusqu'au concept abstrait. Une mesure est valide si un changement dans cette mesure implique un changement dans le concept qu'elle représente. [1]

Une mesure pourrait être valide sans être fidèle. Dans ce contexte, la « fidélité » fait référence à notre capacité à mesurer le concept d'intérêt sans faire d'erreurs accidentelles ou aléatoires. Lorsque notre instrument de mesure est fidèle, il saisit le concept d'intérêt avec précision, sans faire (trop) d'erreurs. Lorsque l'instrument est fidèle, mesurer le même phénomène à répétition produirait approximativement le même résultat à chaque fois.

Ce chapitre considère les conséquences du manque de fidélité. D'abord, l'analyse graphique nous permettra d'apprécier la grande diversité des sources potentielles de biais de mesure. [2] Ensuite, l'analyse algébrique nous permettra d'examiner deux cas importants et de développer notre intuition quant aux conséquences du biais de mesure dans ces deux contextes.

Analyse graphique

Imaginez qu'un analyste s'intéresse aux variables X et Y. Malheureusement, ces variables sont impossibles à observer directement. Plutôt, l'analyste mesure les variables $\tilde{X}$ et $\tilde{Y}$, qui sont les produits observables des variables d'intérêt et de termes d'erreur U_X et U_Y. Par exemple, la variable observée $\tilde{X}$ pourrait être construite ainsi :

$$X \longrightarrow \tilde{X} \longleftarrow U_X$$

Maintenant, imaginez que l'analyste veuille estimer l'effet causal de X sur Y, alors que les deux variables sont mesurées avec erreur. Dans ce cas, il sera très difficile d'obtenir un estimé non biaisé de l'effet causal. Sauf dans quelques cas très particuliers que nous explorerons plus loin, l'effet causal n'est pas identifiable en présence d'erreur de mesure.

1. Les méthodologues font parfois la distinction entre deux types de validité de construit. La « validité convergente » signifie que plusieurs mesures d'un même concept convergent vers un même résultat. La « validité discriminante » signifie qu'une mesure saisit un seul et unique concept.

2. Notre analyse graphique du biais de mesure suit de près la présentation plus détaillée de Hernán et Robins (2020).

Cette conclusion est vexante, parce que l'erreur de mesure est omniprésente en sciences sociales. Pour comprendre la diversité des sources d'erreur de mesure, il est utile de distinguer trois types : l'erreur indépendante, l'erreur différentielle et l'erreur sur les variables de contrôle.

Erreur de mesure indépendante

La première caractéristique que nous devons considérer est l'indépendance de l'erreur de mesure. La figure 10.1 montre deux exemples où l'analyste tente d'estimer l'effet de X sur Y. Malheureusement, les deux variables sont mesurées avec erreur, de sorte que seules les variables marquées d'un tilde sont observables ($\tilde{X}$ et $\tilde{Y}$). Dans ces GOA, les variables U_{XY}, U_X et U_Y représentent l'erreur de mesure.

On dit que les erreurs de mesure qui affectent la cause et l'effet sont « indépendantes » s'il n'existe aucun chemin ouvert entre elles. Dans la figure 10.1a, U_X et U_Y sont séparées par des collisions. Le chemin entre ces deux variables est bloqué. L'erreur de mesure est donc indépendante. Dans la figure 10.1b, U_X et U_Y sont liées par un chemin ouvert : $U_X \leftarrow U_{XY} \rightarrow U_Y$. Les erreurs de mesure sont donc dépendantes.

FIGURE 10.1.
Indépendance de l'erreur de mesure.

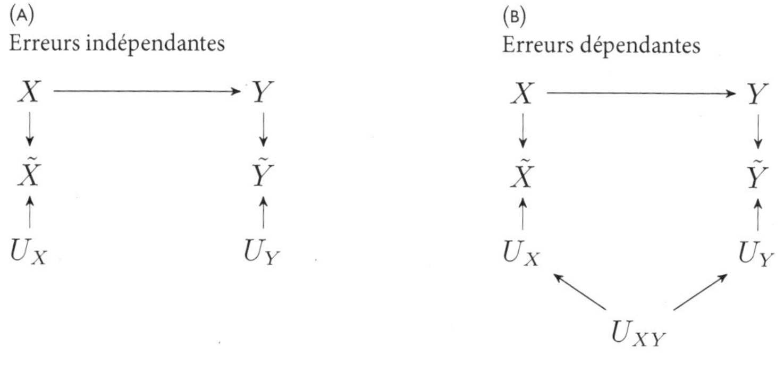

Les erreurs de mesure sur la cause et l'effet peuvent être associées pour plusieurs raisons. Par exemple, lorsqu'un sondeur pose des questions controversées à ses répondants, il peut s'attendre à ce que certains d'entre eux modifient leurs réponses pour camoufler certaines préférences « inavouables ». Les sociologues et les psychologues appellent ce désir de conformité un « biais de désirabilité sociale ». Si certains individus ont plus le souci de bien paraître que d'autres, les mesures prises pour ces individus pourraient être systématiquement biaisées, et ces erreurs de mesure pourraient être liées d'une mesure à l'autre.

Erreur de mesure différentielle

Un autre type d'erreur de mesure est saisi par le concept de « différentialité ». On dit que l'erreur de mesure sur la cause X est « non différentielle » si elle est indépendante de la vraie valeur de l'effet Y. De façon similaire, l'erreur de mesure sur l'effet Y est non différentielle si elle est indépendante de la cause X. La figure 10.2 donne trois exemples où les erreurs de mesure sont non différentielles ou différentielles.

FIGURE 10.2.
Différentialité de l'erreur de mesure.

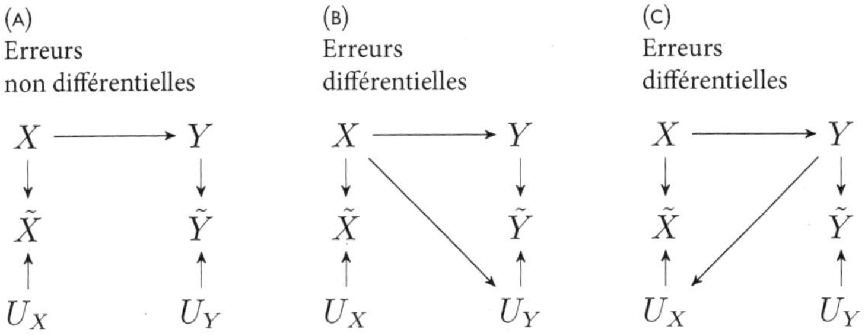

Des erreurs de mesure différentielles peuvent survenir dans plusieurs contextes, quand la cause est associée à l'erreur de mesure sur l'effet (ou vice versa). Par exemple, si une chercheuse s'intéresse à l'effet de la consommation de drogues illicites sur la santé, elle pourrait mesurer la cause à l'aide d'un test sanguin, et l'effet en administrant un questionnaire aux participants de l'étude. Si la consommation de drogue pousse les répondants à faire des erreurs systématiques en rapportant leur état de santé, l'erreur de mesure serait différentielle, comme dans la figure 10.2b.

Erreur de mesure dans les variables de contrôle

Un troisième type d'erreur de mesure peut survenir lorsqu'une variable de contrôle est mesurée avec erreur. Le GOA dans la figure 10.3 montre qu'il est essentiel de contrôler la variable Z si on veut estimer l'effet causal de X sur Y. Malheureusement, il est impossible de bloquer le chemin par la porte arrière directement, puisque la variable Z n'est pas observée directement. Plutôt, l'analyste observe la variable $\tilde{Z}$, qui est une mesure imparfaite de la variable Z. Un modèle de régression qui contrôlerait la variable $\tilde{Z}$ n'arriverait pas à fermer complètement le chemin par la porte arrière $X \leftarrow Z \rightarrow Y$. Par conséquent, notre estimé de l'effet causal de X sur Y pourrait être biaisé.

FIGURE 10.3.
Erreur de mesure qui affecte une variable de contrôle.

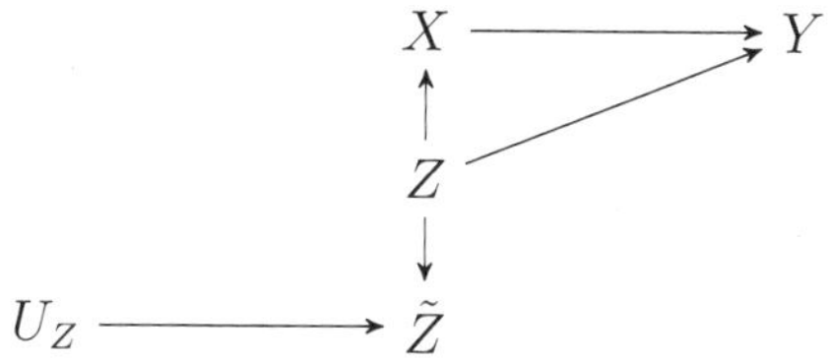

Mauvaise nouvelle

Dans presque toutes les situations que nous avons considérées auparavant, l'estimé de l'effet causal de X sur Y sera biaisé. En règle générale, la force du biais est proportionnelle à la taille de l'erreur de mesure. Par contre, la taille ou la direction du biais de mesure est très difficile à anticiper en pratique, surtout lorsque les erreurs sont dépendantes et/ou différentielles.

Ceci dit, la taille et la direction du biais sont bien connues dans deux cas de figure illustratifs. Dans la prochaine section, nous allons considérer ces deux cas à l'aide d'une analyse algébrique.

Analyse algébrique

Dans cette section, nous allons analyser deux types d'erreur de mesure dans un modèle de régression linéaire bivarié. Dans le premier cas, l'erreur de mesure affecte la variable dépendante Y ; cette erreur de mesure ne biaisera pas l'estimé du coefficient de régression, mais augmentera le niveau d'incertitude qui entoure notre estimé. Dans le deuxième cas, l'erreur de mesure affecte la variable indépendante X ; cette erreur de mesure impose un biais d'atténuation sur notre estimé du coefficient de régression.

Erreur dans la variable dépendante : incertitude

Le premier cas à considérer est celui où notre variable dépendante est mesurée avec erreur. Par exemple, imaginez qu'un analyste tente d'estimer le coefficient β du modèle suivant :

$$Y = \alpha + \beta \cdot X + \varepsilon \tag{10.1}$$

Malheureusement, son instrument de mesure n'arrive pas à saisir précisément la valeur de Y, de sorte qu'il arrive seulement à observer la variable $\tilde{Y}$:

$$\tilde{Y} = Y + \eta$$

où η représente une erreur de mesure aléatoire.

Si on assume que η est centrée à zéro ($E[\eta] = 0$) et indépendante de X et de Y, alors nous pouvons simplement estimer le modèle de régression avec $\tilde{Y}$ comme variable dépendante :

$$\tilde{Y} = \alpha + \beta \cdot X + \tilde{\varepsilon}$$

Cette équation peut être réexprimée ainsi :

$$\begin{aligned} Y + \eta &= \alpha + \beta \cdot X + \tilde{\varepsilon} \\ Y &= \alpha + \beta \cdot X + (\tilde{\varepsilon} - \eta) \end{aligned} \tag{10.2}$$

On voit que la seule différence entre le modèle que nous *aimerions* estimer (10.1) et celui que nous *pouvons* estimer (10.2) est le terme d'erreur. En moyenne, ceci n'aura pas d'effet sur le coefficient de régression. Par contre, la formule de l'erreur type (équation 5.5) montre que l'incertitude qui entoure le coefficient estimé dépend de la variance du résidu. De plus, la règle 20.7 de la variance suggère qu'en général, la variance du résidu dans l'équation 10.1 sera plus grande que la variance du résidu dans l'équation 10.2. Par conséquent, lorsque la variable dépendante est mesurée avec erreur, il faut s'attendre à ce que nos erreurs types soient (correctement) plus grandes.

Erreur dans la variable indépendante : biais d'atténuation

Un analyste aimerait estimer le modèle suivant :

$$Y = \alpha + \beta \cdot X + \varepsilon$$

Malheureusement, la variable X est impossible à mesurer précisément. Tout ce que l'analyse peut faire, c'est mesurer la variable $\tilde{X}$, qui est déterminée par la vraie valeur de X et par un terme d'erreur aléatoire υ :

$$\tilde{X} = X + \upsilon \tag{10.3}$$

L'analyste estime donc le modèle suivant :

$$Y = \tilde{\alpha} + \tilde{\beta} \cdot \tilde{X} + \tilde{\varepsilon}$$

Si l'erreur de mesure est indépendante de X et de Y, alors :[3]

$$\text{Cov}(\upsilon, X) = \text{Cov}(\upsilon, Y) = 0 \tag{10.4}$$

En exploitant les équations 5.3, 10.3, 20.11, 20.7, et 10.4, nous pouvons réexprimer le coefficient de régression :

$$\begin{aligned}\tilde{\beta} &= \frac{\text{Cov}(\tilde{X}, Y)}{\text{Var}(\tilde{X})} \\ &= \frac{\text{Cov}(X + \upsilon, Y)}{\text{Var}(X + \upsilon)} \\ &= \frac{\text{Cov}(X, Y) + \text{Cov}(\upsilon, Y)}{\text{Var}(X) + \text{Var}(\upsilon) + 2 \cdot \text{Cov}(\upsilon, X)} \\ &= \frac{\text{Cov}(X, Y)}{\text{Var}(X) + \text{Var}(\upsilon)} \end{aligned} \tag{10.5}$$

3. Ces covariances sont exactement égales à zéro seulement quand la taille de l'échantillon tend à l'infini. Les résultats qui suivent seront donc valides en termes de convergence en probabilité.

En contraste, le coefficient qui nous intéresse vraiment est :

$$\beta = \frac{\text{Cov}(X, Y)}{\text{Var}(X)}$$

À moins que l'erreur de mesure soit constante ($\text{Var}(v) = 0$), le dénominateur de l'équation 10.5 est trop grand et le coefficient de régression aura tendance à être trop près de zéro. La valeur absolue de l'estimé de $\tilde{\beta}$ sera plus petite que la valeur absolue du vrai coefficient β. L'estimé du coefficient souffre donc d'un « biais d'atténuation ». La force de ce biais dépend de la taille de l'erreur de mesure. Si notre instrument de mesure est imprécis, l'erreur de mesure aura une grande variance. Lorsque $\text{Var}(v)$ est grande, l'estimé de $\tilde{\beta}$ s'éloignera beaucoup du vrai coefficient β.

Solutions

Le biais de mesure est un problème particulièrement vexant pour les analystes. La meilleure approche pour limiter ce type de biais est simplement de développer de meilleurs instruments de mesure pour récolter des données avec moins d'erreurs de mesure. Lorsque ce n'est pas possible, l'analyste pourra parfois se tourner vers l'estimation par variable instrumentale (chapitre 14), ou il devra exécuter une analyse de sensibilité pour vérifier si ses conclusions risquent d'être affectées par l'erreur de mesure (VanderWeele et Li, 2019).

Chapitre 11

Biais de simultanéité

Le quatrième défi de l'inférence causale est appelé biais de simultanéité, causalité inversée ou causalité bidirectionnelle. [1] Ce problème survient lorsque la variable indépendante cause la variable dépendante, et quand la variable dépendante cause aussi la variable indépendante (figure 11.1). Lorsque la causalité est bidirectionnelle, une simple analyse de régression par les moindres carrés produit généralement des résultats biaisés.

FIGURE 11.1.
Exemple de simultanéité ou causalité bidirectionnelle.

Analyse graphique

Les biais que nous avons étudiés jusqu'à maintenant pouvaient tous être représentés et analysés par des GOA. Ce n'est pas le cas pour le biais de simultanéité. En effet, lorsqu'une analyste parle de simultanéité, elle fait explicitement référence à un graphe causal avec flèches bidirectionnelles ou avec un circuit. Ceci va à l'encontre de la propriété acyclique du GOA. Par conséquent, les conditions d'identification causale présentées dans le chapitre 6 ne pourront pas guider notre

1. Certains chercheurs en sciences sociales appellent ce problème « biais d'endogénéité », mais ce concept est moins précis. Pour plusieurs, l'endogénéité est une catégorie générale qui regroupe toutes les situations où le terme d'erreur d'un modèle est corrélé avec ses variables explicatives.

analyse du biais de simultanéité. Pour bien comprendre le biais de simultanéité, il faudra nous tourner vers l'analyse algébrique.

Ceci dit, il peut tout de même être utile de représenter le biais de simultanéité graphiquement, afin de développer notre intuition quant à sa source théorique. La figure 11.2 montre quatre exemples.

FIGURE 11.2.
Quatre exemples de simultanéité ou causalité bidirectionnelle.

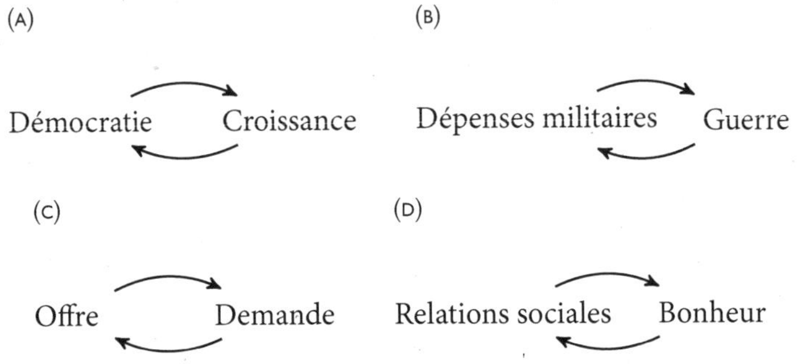

Figure 11.2a. Plusieurs chercheurs s'intéressent à l'effet causal des institutions démocratiques sur le taux de croissance économique. Les pays démocratiques protègent les libertés individuelles, la créativité, les droits de propriété privée et l'entrepreneuriat. Par conséquent, il est raisonnable de croire que de telles institutions promeuvent la croissance économique. De l'autre côté, nous savons que la richesse facilite la consolidation et la persistance des institutions démocratiques. La causalité coule dans les deux directions.

Figure 11.2b. Une augmentation des dépenses militaires peut augmenter le risque qu'un rival déclenche une guerre préventive. De l'autre côté, le spectre de la guerre peut pousser un gouvernement à s'armer. La causalité est bidirectionnelle.

Figure 11.2c. Les cours d'introduction à la science économique nous enseignent que la quantité et le prix d'équilibre sur un marché en concurrence pure et parfaite sont codéterminés par les effets de l'offre et de la demande. Le nombre d'ordinateurs personnels vendus dépend à la fois de facteurs propres à la demande et de facteurs propres à l'offre. La causalité est mutuelle et simultanée.

Figure 11.2d. Le nombre de relations sociales entretenues par un individu peut affecter son niveau de bonheur. À l'inverse, le niveau de bonheur d'une personne peut affecter l'énergie qu'elle déploie pour développer et entretenir ses relations sociales. Encore une fois, la causalité semble simultanée.

Est-ce que la simultanéité existe vraiment?

Il peut parfois être tentant de qualifier une relation de « bidirectionnelle », même si la bidirectionalité n'est pas précisément « simultanée ». Par exemple, considérez la relation entre deux variables X et Y. Ces deux variables sont mesurées aux temps $t \in \{1,2,3\}$. La valeur de X_t affecte la valeur de Y_{t+1} lors de la période suivante, et la valeur de Y_t affecte la valeur de X_{t+1} lors de la période suivante. Nous avons donc :

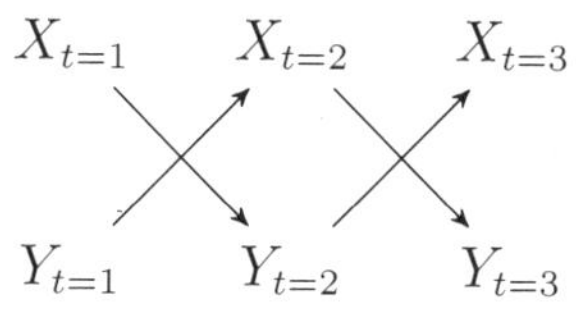

Dans cet exemple, X cause Y, et Y cause X. Mais puisque nous avons défini le mécanisme causal avec suffisamment de granularité temporelle, il est possible de représenter la relation entre ces deux variables à l'aide d'un GOA. De fait, le GOA ci-haut est valide, puisqu'il est orienté et parce qu'il ne comprend pas de cycle. Dans le chapitre 15, nous allons considérer des modèles de régression adaptés aux observations répétées.

Ce GOA motive une mise en garde : avant de postuler qu'une relation entre deux variables est bidirectionnelle et que l'analyse souffre d'un biais de simultanéité, l'analyste doit offrir une théorie claire à cet effet et s'assurer que la supposée simultanéité n'est pas simplement due au fait que le mécanisme causal est mal spécifié ou que la temporalité du phénomène n'est pas spécifiée avec suffisamment de granularité.

Analyse algébrique

Pour bien comprendre la source du biais de simultanéité, il est utile de représenter le problème de façon algébrique. Nous tentons d'estimer l'effet causal de X sur Y, mais il y a causalité bidirectionnelle. Cette simultanéité peut être représentée par un système de deux équations. L'équation 11.1 indique que X détermine Y, et l'équation 11.2 indique que Y détermine X :

$$Y = \beta_0 + \beta_1 X + \varepsilon \tag{11.1}$$
$$X = \alpha_0 + \alpha_1 Y + \nu \tag{11.2}$$

Une approche naïve serait d'estimer le modèle 11.1 en ignorant complètement l'équation 11.2. Malheureusement, en présence de simultanéité, ignorer l'équation 11.2 violerait un des postulats qui garantit que l'estimé du coefficient de régression β_1 soit non biaisé.

Dans le chapitre 5, nous avons vu que l'estimé du coefficient de régression par les moindres carrés est libre de biais lorsque la variable explicative est indépendante du terme d'erreur. Pour que $E[\hat{\beta}_1] = \beta_1$, il faut que $X \perp \varepsilon$.

En présence de simultanéité, cette condition n'est pas satisfaite. Pour illustrer, on substitue l'équation 11.2 dans l'équation 11.1 et on substitue à nouveau l'équation 11.1 dans le résultat :

$$\begin{aligned} Y &= \beta_0 + \beta_1 X + \varepsilon \\ &= \beta_0 + \beta_1(\alpha_0 + \alpha_1 Y + \nu) + \varepsilon \\ &= \beta_0 + \beta_1(\alpha_0 + \alpha_1(\beta_0 + \beta_1 X + \varepsilon) + \nu) + \varepsilon \end{aligned} \tag{11.3}$$

Ce simple exercice de substitution montre que $X \not\perp \varepsilon$, puisque ε fait partie de X. Ainsi, lorsqu'il y a simultanéité, nous n'avons aucune garantie que l'estimé de β_1 par les moindres carrés soit non biaisé.

En pratique, il est difficile de quantifier la force du biais de simultanéité, ou même d'anticiper sa direction. Si nous estimons le modèle 11.1 en ignorant l'équation 11.2, il est souvent raisonnable de croire que la taille du biais sur l'estimé de β_1 est proportionnelle à la force de la relation causale inverse, soit α_1. Cependant, nous n'avons aucune garantie que ce soit toujours le cas, surtout lorsque nos modèles se complexifient et qu'ils incluent plus de variables explicatives.

Solutions

Comme dans le cas des biais par variable omise et de sélection, la solution idéale pour régler le biais de simultanéité est souvent d'exécuter une expérience ou d'employer une méthode quasi expérimentale (chapitres 12, 13). Lorsque ces approches sont impossibles à mettre en œuvre, il est parfois utile d'estimer un modèle de régression par variable instrumentale (chapitre 14).

Partie IV

Solutions

Chapitre 12

Expériences

Dans les chapitres 6 et 7, nous avons étudié deux cadres théoriques qui permettent de faire le saut entre l'analyse descriptive et l'inférence causale : les graphes orientés acycliques et le modèle Neyman-Rubin. Ensuite, les chapitres 8 à 11 ont analysé quatre obstacles qui se dressent devant les chercheurs qui souhaitent donner une interprétation causale à leurs résultats : biais par variable omise, biais de sélection, biais de mesure et biais de simultanéité. Le reste du livre présente des méthodes statistiques qui permettent de contourner ou de minimiser ces biais.

La plus importante méthode d'analyse causale est l'expérience aléatoire. Dans ce chapitre, nous verrons que l'approche expérimentale est une stratégie flexible, qui permet de répondre à un grand éventail de questions, tout en éliminant plusieurs des biais qui vexent l'analyste. Il existe plusieurs types d'expérience. Ici, nous allons considérer le plus classique : l'essai contrôlé aléatoire. [1]

Essai contrôlé aléatoire

Un essai contrôlé aléatoire a trois caractéristiques propres. Premièrement, il s'agit d'une « expérience » ou d'un « essai » au sens où le chercheur contrôle et manipule la valeur du traitement auquel chaque individu est soumis. Deuxièmement, l'expérience est dite « contrôlée », puisque l'objectif est d'étudier la différence entre les résultats dans un « groupe de traitement » et dans un « groupe de contrôle ». Troisièmement, l'essai contrôlé est « aléatoire » car l'analyste fixe la valeur du traitement que chaque participant reçoit en faisant appel au hasard.

1. L'essai contrôlé aléatoire peut aussi être appelé un « essai randomisé contrôlé » ou un « essai comparatif randomisé ».

L'essai contrôlé aléatoire est employé dans la plupart des sciences sociales, où il a permis des avancées scientifiques majeures. À preuve, le Nobel d'économie 2019 a été décerné à Abhijit Banerjee, Esther Duflo et Michael Kremer pour leurs recherches expérimentales sur l'économie du développement et la santé publique. Pour bien saisir l'utilité des expériences dans ces domaines, il est utile de considérer un exemple concret.

Imaginez qu'un chercheur s'intéresse à l'effet causal de moustiquaires imprégnées d'insecticide sur la probabilité de contracter la malaria au Rwanda rural. Pour estimer cet effet, le chercheur choisit 50 villages au hasard pour faire partie du groupe de traitement, et 50 villages au hasard pour faire partie du groupe de contrôle. Dans tous les villages du groupe de traitement, le chercheur distribue des moustiquaires gratuits. Les habitants des villages assignés au groupe de contrôle ne reçoivent rien. Un an plus tard, le chercheur estime l'effet causal des moustiquaires en comparant le nombre de cas de malaria dans les deux groupes.

Dans cet exemple, le traitement est une variable binaire égale à 1 pour les villages qui reçoivent des moustiquaires, et 0 pour les villages qui n'en reçoivent pas. La valeur de cette variable explicative est déterminée purement par hasard, lorsqu'un village est assigné au groupe de traitement ou de contrôle.

Ce type d'expérience aléatoire est souvent considéré comme le *Gold Standard* de l'inférence causale. La raison pour laquelle les expériences sont si crédibles est simple. Si les participants sont assignés aux groupes de traitement et de contrôle de façon purement aléatoire, les deux groupes seront, en moyenne, similaires en tous points (p. ex., âge, genre, caractéristiques physiques ou psychologiques). [2] Si les caractéristiques des deux groupes sont identiques *avant* le traitement et si on observe une différence entre les groupes *après* le traitement, il est souvent légitime de conclure que le traitement cause la différence.

La diversité des expériences aléatoires

Notre définition des expériences aléatoires repose sur la manipulation aléatoire d'un traitement. En pratique, cette définition minimaliste permet une grande diversité de devis de recherche. De fait, les

2. Ici, « en moyenne » fait référence à la situation hypothétique où le chercheur serait en mesure de répéter l'expérience un grand nombre de fois.

expériences aléatoires prennent plusieurs formes, en fonction du lieu où elles sont exécutées et du type de traitement qui est administré.

Lieu

Le premier lieu où une expérience peut être exécutée est le laboratoire. Les chercheurs qui travaillent en laboratoire bénéficient de plusieurs avantages. D'abord, ils peuvent contrôler l'environnement physique dans lequel le traitement est administré. Ensuite, ils peuvent faire en sorte que les conditions d'administration du traitement soient les mêmes pour tous les participants. Finalement, en exécutant une expérience dans un environnement contrôlé, les chercheurs peuvent s'assurer que le protocole expérimental est suivi à la lettre.

Les expériences en laboratoire ont deux principaux désavantages. Premièrement, l'environnement dans lequel le traitement est administré est souvent différent de celui où le phénomène qui nous intéresse a lieu. Un effet causal observé en laboratoire pourrait ne pas se produire dans un milieu plus naturel. Deuxièmement, puisque les expériences en laboratoire sont coûteuses, le volume des échantillons disponibles est souvent limité.

Pour hausser le réalisme des conditions d'administration d'un traitement, plusieurs chercheurs quittent le laboratoire pour mener des expériences de terrain. Dans ce type d'expérience, une chercheuse continue de manipuler la valeur du traitement de façon aléatoire, mais elle l'administre et mesure ses effets dans un milieu naturel, où les participants vivent au quotidien. Par exemple, une expérience de terrain pourrait avoir lieu en milieu de travail ou dans un espace public.

Comme les expériences en laboratoire, les expériences de terrain ont tendance à être coûteuses. De plus, une chercheuse qui désire mener une expérience de terrain aura souvent besoin de l'autorisation des autorités ou de la collaboration d'acteurs locaux. Comparativement à l'expérience en laboratoire, le protocole expérimental d'une expérience de terrain est plus susceptible d'être compromis par un facteur imprévu et hors du contrôle du chercheur.

Pour réduire les coûts d'une expérience et augmenter le volume de leurs échantillons, plusieurs chercheurs évitent le laboratoire ou le terrain, et insèrent des expériences aléatoires dans des sondages. Ces enquêtes peuvent être menées sur le Web, par la poste, ou par téléphone, mais elles reposent sur les mêmes fondations que les expériences menées en laboratoire ou sur le terrain : la valeur du traitement est assignée de façon aléatoire, et l'analyste compare les réponses des membres du groupe de traitement à celles des membres du groupe de contrôle.

Les expériences en sondage ont deux principaux désavantages. Premièrement, le type de traitement qui peut être administré manque souvent de réalisme, et les conclusions sont parfois difficiles à généraliser à un contexte plus naturel. Deuxièmement, le niveau d'attention et d'intérêt des répondants à un sondage peut affecter la qualité de l'inférence.

Types de traitements

L'expérience aléatoire peut être exécutée dans plusieurs endroits et elle peut prendre plusieurs formes. L'éventail des traitements possibles est limité seulement par l'imagination, l'éthique et les ressources du chercheur. Par conséquent, nous ne tenterons pas de faire une typologie exhaustive des types de traitements. Néanmoins, nous pouvons introduire quelques formes de traitements communes.

Dans une expérience médicale ou thérapeutique classique, les membres du groupe de traitement consomment un médicament ou subissent une intervention médicale, alors que les membres du groupe de contrôle consomment un placebo ou ne sont pas traités du tout. Une expérience visant à traiter une détresse psychologique pourrait offrir aux participants un traitement choisi de façon aléatoire : thérapie cognitive comportementale, thérapie humaniste existentielle ou aucune thérapie.

Le traitement n'a évidemment pas besoin d'être thérapeutique. Dans plusieurs disciplines, on s'intéresse à la façon dont les gens répondent à différentes informations. Par exemple, un chercheur pourrait demander à des participants de lire une mise en situation ou un article de journal, de visionner une vidéo ou d'écouter une pièce de musique. En manipulant aléatoirement les caractéristiques de ces stimuli, il pourrait mesurer comment les attitudes ou le comportement des participants sont affectés.

Les expériences aléatoires sont souvent mises à profit pour évaluer l'efficacité de politiques publiques, de processus ou de stratégies d'affaires déployées en entreprise privée. Par exemple, l'accès à un programme de formation professionnelle, l'achat d'un nouveau type de contrat d'assurance ou différentes campagnes publicitaires pourraient être assignés de façon aléatoire.

Exemples

Pour bien saisir à quel point cette approche méthodologique est flexible, il est utile de considérer quelques expériences menées dans différents lieux avec différents types de traitements.

Transferts conditionnels et assiduité scolaire

Plusieurs philosophes et activistes dans la mouvance de l'altruisme efficace soutiennent qu'il faut soumettre les programmes d'aide internationale à des analyses causales rigoureuses afin de comparer leur efficacité (MacAskill, 2015). Selon eux, cette comparaison permet aux donateurs d'identifier et de financer les meilleurs outils disponibles pour améliorer la vie des moins nantis.

Un des programmes d'aide qui a été soumis au plus grand nombre d'analyses causales au cours des dernières années est le transfert en espèces. Lorsqu'un Canadien donne 100 $ directement à une personne qui vit dans la pauvreté extrême au Malawi, il y a peu de frais de transaction. [3] De plus, la personne qui reçoit ce transfert peut utiliser sa connaissance locale afin d'investir les fonds de façon optimale. Plusieurs études suggèrent que ce type de transfert est plus efficace que de nombreuses interventions humanitaires traditionnelles, notamment parce le programme d'aide typique est conçu par des étrangers qui connaissent moins les contraintes et les possibilités locales.

Un des principaux avantages des transferts en espèces est qu'ils permettent aux enfants des familles récipiendaires d'aller à l'école. Dans ce contexte, une question intéressante se pose pour les donateurs : est-ce que les transferts devraient être conditionnels ou universels ?

Baird, McIntosh et Özler (2011) réalisent une expérience pour répondre à cette question. Les chercheurs divisent près de 3000 filles d'âge scolaire au Malawi en trois groupes de façon aléatoire. Le premier groupe ne reçoit rien. Les filles du deuxième groupe reçoivent un paiement de 4 à 10 $ par mois en espèce, sans conditionnalité. Celles du troisième groupe reçoivent le même montant, mais perdent le transfert si elles quittent l'école.

Deux ans après le début de l'expérience, les chercheurs mesurent plusieurs caractéristiques saillantes dans les trois groupes et estiment les effets causaux suivants : (a) les deux modes de transferts haussent le

3. Des organisations caritatives comme *GiveDirectly* facilitent l'identification des récipiendaires et le transfert des fonds.

taux de persévérance scolaire ; (b) l'effet sur la persévérance est légèrement plus élevé lorsque le transfert est conditionnel ; (c) le nombre de grossesses et de mariages est plus élevé dans le groupe de traitement où les transferts sont conditionnels, parce que les jeunes filles qui quittent l'école perdent leurs revenus et forment plus de couples.

Cette expérience de terrain permet donc d'estimer l'effet causal d'une importante politique d'aide internationale sur la population ciblée. Grâce à ce type d'analyse, nous sommes en meilleure position pour choisir les programmes d'aide qui ont les retombées les plus bénéfiques pour les récipiendaires.

Discrimination sur le marché de l'emploi

Dans leur article « *Are Emily and Greg More Employable than Lakisha and Jamal?* », Bertrand et Mullainathan (2004) s'intéressent à l'effet des perceptions raciales sur l'employabilité des candidats. Pour étudier si les personnes de couleur subissent de la discrimination, les chercheurs composent des *curriculum vitæ* fictifs et répondent à 1 300 offres d'emploi publiées dans des journaux de Boston et de Chicago.

Chaque offre d'emploi est assignée aléatoirement à un groupe de traitement ou à un groupe de contrôle. Lorsqu'une offre d'emploi fait partie du groupe de traitement, le profil d'emploi fictif que les chercheurs soumettent est associé à un nom commun dans la communauté afro-américaine (p. ex., Lakisha, Jamal, Ebony, Kareem). Lorsqu'une offre d'emploi fait partie du groupe de contrôle, le profil d'emploi fictif que les chercheurs soumettent est associé à un nom commun chez les Américains blancs (p. ex., Emily, Greg, Allison, Brett). Les profils d'emploi fictifs (c.-à-d. diplômes, expériences) sont exactement identiques dans les groupes de traitement et de contrôle, à l'exception du nom du candidat.

Pour mesurer la discrimination, les chercheurs comparent le nombre de candidats (fictifs) qui sont invités à des entrevues dans les groupes de traitement et de contrôle. Ils estiment que les candidats au nom « blanc » ont 50 % plus de chances d'être invités à une entrevue que les candidats au nom « noir ». [4]

4. Le taux d'invitation à une entrevue passe de 6,4 % à 9,65 %.

Avantages

Les expériences aléatoires comme celles que nous avons vues précédemment offrent un accès privilégié aux relations de cause à effet, parce qu'elles éliminent plusieurs des biais qui frustrent les chercheurs en sciences sociales. Lorsque la valeur d'une variable indépendante est fixée de façon aléatoire, le coefficient de régression linéaire risque d'être non biaisé, le biais par variable omise est éliminé, le biais de sélection dans le traitement n'existe pas, et il ne peut pas y avoir de biais de simultanéité. Nous allons maintenant considérer chacun de ces bénéfices à tour de rôle.

Le coefficient de régression est non biaisé

Le chapitre 5 expose les conditions requises pour que l'estimé du coefficient de régression linéaire soit non biaisé. La plus restrictive de ces conditions concerne la relation entre la variable explicative et le résidu. Dans le modèle qui suit, il faut que la condition d'indépendance $X \perp \varepsilon$ soit remplie pour que l'estimé de β_1 soit non biaisé :

$$Y = \beta_0 + \beta_1 X + \varepsilon$$

Dans une expérience aléatoire, la valeur de la variable explicative X est déterminée entièrement et uniquement par le hasard. Dans le cas le plus simple, X est égal à 1 si le chercheur tire « Pile », et à 0 s'il tire « Face ». Par construction, le lancer d'une pièce de monnaie est indépendant de toute autre variable, et donc indépendant de ε. Dans une expérience aléatoire idéale, le coefficient de régression n'est pas biaisé.

Biais par variable omise

Dans le chapitre 8, nous avons vu qu'un estimé de régression peut être biaisé si un tiers facteur détermine à la fois la variable indépendante et la variable dépendante. Dans cette situation, on dit que l'estimé souffre de biais par variable omise.

Pour éliminer le biais par variable omise, notre modèle statistique doit contrôler ou bloquer tous les chemins par la porte arrière. Dans le chapitre 6, nous avons défini un chemin par la porte arrière ainsi : « un chemin ouvert qui lie X et Y, et dont une des extrémités pointe vers X ».

Dans une expérience aléatoire, le hasard détermine entièrement et uniquement la valeur de X. Par construction, aucune des variables du modèle ne pointe vers X. Il n'existe donc aucun chemin par la porte arrière. Dans une expérience aléatoire idéale, la condition 2 de l'identification causale est automatiquement satisfaite et il n'y a pas de biais par variable omise.

Biais de sélection dans le traitement

Dans le chapitre 9, nous avons vu que la différence entre la moyenne de Y dans le groupe de traitement et la moyenne de Y dans le groupe de contrôle correspond parfois à l'effet de traitement moyen. Par contre, lorsqu'il y a sélection dans le traitement, cette différence de moyennes est un estimé biaisé de l'effet causal.

Pour éviter que l'estimé soit biaisé, la valeur du traitement doit être indépendante des résultats potentiels : $X_i \perp Y_{i0}, Y_{i1}$. Mais si la valeur de X est déterminée purement par hasard, le traitement est indépendant de tout autre facteur, incluant les résultats potentiels. Dans une expérience aléatoire idéale, il n'y a pas de biais de sélection dans le traitement.[5]

Biais de simultanéité

Dans le chapitre 11, nous avons introduit le biais de simultanéité en analysant une situation où X cause Y, et Y cause X. Cette causalité bidirectionnelle était représentée par les deux équations suivantes :

$$Y = \beta_0 + \beta_1 X + \varepsilon$$
$$X = \alpha_0 + \alpha_1 Y + \nu$$

Dans une expérience aléatoire, la valeur de X est déterminée uniquement par le hasard. Par construction, le coefficient α_0 est égal à zéro, et ε ne détermine plus la valeur de X (voir l'équation 11.3). Puisque $X \perp \varepsilon$, la condition nécessaire pour que le coefficient de régression soit non biaisé est remplie, et le biais de simultanéité est éliminé. Dans une expérience aléatoire idéale, il n'y a pas de biais de simultanéité.

5. Par contre, il pourrait y avoir un biais de sélection dans l'analyse si certains types de personnes sont plus susceptibles de faire partie de l'échantillon.

Inconvénients

Les expériences aléatoires sont puissantes, parce qu'elles éliminent plusieurs biais. Malheureusement, les expériences ont aussi d'importantes limites.

Questions de recherche

Les questions scientifiques auxquelles on peut répondre à l'aide d'expériences aléatoires sont fondamentalement limitées. Bien qu'un chercheur créatif puisse concevoir des traitements pour étudier un grand nombre de phénomènes, certaines variables d'intérêt sont impossibles à manipuler.

Par exemple, un important débat entre politologues concerne les origines de la montée des partis politiques d'extrême droite. D'un côté, les tenants de l'approche économique soutiennent que la crise économique mondiale de 2007 a mis du vent dans les voiles des partis politiques contestataires. De l'autre, des chercheurs en psychologie politique croient plutôt que la montée de l'extrême droite s'explique par une activation du ressentiment racial et des conflits intergroupes. Bien que les expériences aléatoires puissent illuminer certains aspects de ce débat, un chercheur ne peut évidemment pas assigner aléatoirement les conditions économiques (p. ex., chômage, précarité) qui pourraient causer l'appui aux partis politiques d'extrême droite. Plus généralement, les expériences aléatoires semblent plus appropriées pour étudier les phénomènes de niveau « micro » plutôt que ceux de niveau « macro ».

Éthique

Deuxièmement, comme tous les types de recherche en sciences sociales, les expériences aléatoires soulèvent d'importants enjeux éthiques. Certains traitements expérimentaux peuvent avoir des conséquences physiques ou psychologiques néfastes pour les participants. À l'inverse, lorsqu'un chercheur a d'excellentes raisons de croire qu'un traitement est bénéfique — sur la base d'une théorie bien établie ou d'études préalables — il peut être problématique d'administrer un placebo et de priver les membres du groupe de contrôle des bienfaits attendus (Worrall, 2002).

Rendre justice à la complexité des enjeux éthiques à considérer demanderait une discussion approfondie qui sort du cadre de ce livre.

Néanmoins, pour poser les bases de notre réflexion, il est utile de considérer une situation simple où toutes les versions du traitement (incluant le placebo) sont éthiquement acceptables. Par exemple, dans l'expérience sur les transferts conditionnels que nous avons décrite précédemment, il y a trois groupes expérimentaux : le groupe de contrôle où les participants ne reçoivent rien, le groupe avec le transfert en espèces conditionnel et le groupe avec transfert en espèces universel. La grande majorité des Canadiens ne font pas de transferts en espèces, et la grande majorité des jeunes filles du Malawi n'en reçoivent pas. Être assigné au groupe de contrôle ne représente donc aucun changement par rapport au statu quo.[6] Si nous considérons qu'il est éthique de ne rien faire, le placebo est éthique. Si le placebo et tous les traitements sont éthiques, il semble raisonnable de croire que l'expérience elle-même l'est aussi. Cependant, même cette idée simple se heurte aux intuitions morales contradictoires de plusieurs personnes (Meyer *et al.*, 2019).

Réalisme du traitement et/ou de l'environnement

Troisièmement, les résultats d'une expérience en sciences sociales peuvent parfois manquer de réalisme, tant en ce qui concerne la nature du traitement que les conditions d'administration. Par exemple, dans une expérience aléatoire exécutée dans le cadre d'un sondage, les participants sont souvent amenés à lire un texte préparé par les chercheurs et distribué par une firme de sondage. Ce stimulus et ce contexte sont différents des situations réelles que l'expérience tente de simuler. Si le traitement ou le contexte manquent de réalisme, les résultats d'une expérience pourraient ne pas être applicables ou utiles pour comprendre le monde réel.

Biais

Quatrièmement, même si les expériences nous permettent d'éviter plusieurs types de biais, elles ne les éliminent pas tous.

Une forme de biais qui peut affecter les expériences aléatoires est le biais de sélection dans l'analyse (chapitre 9). Parfois, les individus qui sont recrutés, qui consentent à participer et qui persévèrent dans

6. Cette affirmation pourrait être erronée s'il y avait de l'interférence entre les groupes de traitement. Par exemple, si je suis jaloux lorsque mon voisin gagne à la loterie, ne rien recevoir pourrait réduire mon bien-être.

l'enquête jusqu'à sa conclusion sont différents des membres de la population qui nous intéressent. Si l'effet causal est différent dans le groupe de participants recrutés et dans la population en général, les résultats d'une expérience pourraient ne pas être généralisables.[7]

Une autre forme de problème potentiel est le biais post-traitement (voir chapitre 6). Si la chercheuse analyse les résultats d'une expérience à l'aide d'un modèle statistique qui contrôle une variable qui se trouve en aval du traitement dans la chaîne causale, ou si la sélection dans l'analyse est affectée par le traitement, les résultats risquent d'être biaisés.

Une multiplicité d'autres phénomènes peuvent affecter les résultats d'une expérience. Par exemple, si certaines personnes refusent de se soumettre au traitement;[8] si certains types d'individus sont moins susceptibles de persévérer jusqu'à la fin de l'étude; si le traitement administré à un individu affecte d'autres personnes; ou si les participants changent de comportement lorsqu'ils sont observés par les chercheurs, les résultats d'une expérience pourraient être faussés.

En somme, l'expérience aléatoire est une approche extrêmement puissante, mais elle n'est pas une panacée.

Équilibre

Les bénéfices de l'expérience que nous avons identifiés précédemment découlent du fait que l'assignation aléatoire du traitement équilibre les caractéristiques des groupes de contrôle et de traitement. En moyenne, si on répétait une expérience aléatoire un grand nombre de fois, les individus choisis pour recevoir le traitement seraient équivalents en tous points aux individus choisis pour faire partie du groupe de contrôle. C'est cet équilibre qui justifie l'interprétation causale des résultats.

7. Coppock, Leeper et Mullinix (2018) soutiennent que les estimés causaux qui sont obtenus grâce à une expérience en sondage sont souvent similaires quand les chercheurs emploient un échantillon de participants représentatif de la population nationale ou un échantillon non représentatif. Aronow et Samii (2016) notent que les analyses de données d'observation souffrent d'un problème analogue lorsque les effets de traitement individuels sont hétérogènes et quand certaines observations ont plus d'influence sur les coefficients de régression que d'autres.

8. Lorsque certains membres du groupe de traitement refusent de se soumettre au traitement, la différence de moyennes entre le groupe de contrôle et le groupe de traitement ne mesure pas l'effet de traitement moyen, mais plutôt l'effet d'une « intention de traiter » (ou « *Intention-to-Treat* »). La différence entre ces deux quantités peut être partiellement réconciliée à l'aide d'une analyse par variable instrumentale (chapitre 14).

Il est important d'insister sur le fait que cette garantie d'équilibre tient seulement en termes d'espérance, c'est-à-dire en moyenne à travers un grand nombre de répétitions d'une même expérience. Même si un chercheur fixe la valeur de sa variable indépendante aléatoirement, rien ne garantit que les caractéristiques du groupe de traitement seront identiques à celles du groupe de contrôle *dans un échantillon donné.*

Le déséquilibre dans un échantillon ne pose pas de problème particulier.[9] Si l'expérience s'est déroulée dans des conditions idéales et si le traitement a été assigné de façon aléatoire, l'estimé de l'effet causal moyen est non biaisé et l'erreur type mesure correctement l'incertitude associée à la variance échantillonnale.

Malgré cela, certains méthodologues recommandent aux praticiens de consulter des statistiques descriptives pour s'assurer que leurs groupes de traitement et de contrôle soient équilibrés. Par exemple, un chercheur pourrait mesurer si les proportions de femmes ou de personnes âgées sont les mêmes dans le groupe de traitement et le groupe de contrôle de son échantillon. Ce type de vérification est rarement utile (Senn, 1994; Mutz et Pemantle, 2015). En effet, l'équilibre des variables dans un seul échantillon n'est ni nécessaire ni suffisant pour justifier la démarche expérimentale ou l'interprétation causale des résultats. Cette interprétation causale n'est pas permise par les caractéristiques d'un seul échantillon, mais plutôt par l'équilibre moyen qui est garanti par la manipulation aléatoire du traitement.

Variables de contrôle

Comme nous l'avons vu dans les chapitres 5 et 8, il y a deux principales raisons pour inclure des variables de contrôle dans un modèle de régression. La première est que les variables de contrôle nous permettent de tenir compte de l'effet de tiers facteurs et ainsi de limiter le biais par variable omise. Lorsque la valeur du traitement est assignée de façon aléatoire, le traitement n'est associé à aucun tiers facteur et il n'y a pas de biais par variable omise. Par conséquent, il n'est pas nécessaire d'inclure des variables de contrôle dans notre modèle de régression pour pouvoir donner à nos résultats une interprétation causale.

Le deuxième bénéfice des variables de contrôle est qu'elles nous permettent d'améliorer l'efficience de notre modèle statistique. La formule de l'erreur type (équation 5.5) montre que l'incertitude qui entoure

9. Pour une perspective plus critique, lire Deaton et Cartwright (2018).

l'estimé du coefficient de régression dépend de la variance du résidu, c'est-à-dire de la taille des erreurs de prédiction de notre modèle. En incluant des variables de contrôle qui sont associées à la variable dépendante, l'analyste peut minimiser les erreurs de prédiction et ainsi améliorer la précision des coefficients estimés. [10]

Cette meilleure précision a un coût. Comme le note Freedman (2008), utiliser un modèle de régression multiple pour analyser des données expérimentales peut introduire un biais lorsque l'échantillon est de taille limitée. Dans ce cas, l'analyste doit accepter un compromis entre cette hausse du biais et la réduction de la variance échantillonnale permise par les variables de contrôle. [11]

Étude de cas

Puisqu'elles peuvent être exécutées dans différents lieux, avec différents types de traitements, les expériences aléatoires sont flexibles. Elles sont aussi faciles à analyser et à interpréter. Souvent, il suffit de comparer la moyenne de notre variable dépendante dans les différents groupes expérimentaux ou d'estimer un modèle de régression bivarié. Pour illustrer cette simplicité, il est utile de réanalyser les résultats d'une étude scientifique publiée.

Lupu et Wallace (2019) s'intéressent à l'effet de la violence politique sur l'appui au gouvernement. Pour estimer cet effet, les chercheurs intègrent une expérience aléatoire à des sondages menés auprès d'échantillons représentatifs de la population dans trois pays : Argentine, Inde, Israël. [12] Cette expérience a pour objectif de mesurer l'effet des actions (violentes ou non) d'un gouvernement sur sa popularité.

Pour commencer, tous les répondants lisent une mise en situation qui décrit les revendications et les tactiques d'un groupe politique d'opposition. Ensuite, les répondants qui sont assignés au groupe de

10. Le « blocage » ou la « stratification » est une autre méthode pour améliorer l'efficience d'une expérience aléatoire. Par exemple, si nous croyons que le genre est un prédicteur puissant de la variable dépendante, le chercheur pourrait diviser l'échantillon en blocs en fonction du genre des participants, et assigner aléatoirement les participants de chaque bloc aux groupes de traitement et de contrôle. Répéter le processus d'assignation de façon indépendante pour chaque bloc permettra à l'analyste de contrôler l'effet du genre et d'améliorer l'efficience de ses estimés.

11. Lin (2013) soutient qu'en pratique, le biais introduit par les variables de contrôle est souvent petit ; il propose une solution simple qui permet de limiter ce biais encore plus.

12. Dans l'article original, les auteurs rapportent les résultats de plusieurs expériences. Ici, nous en considérons seulement une. Les résultats obtenus plus loin sont légèrement différents de ceux décrits dans l'étude originale, parce que les auteurs de cette étude estiment l'effet de plusieurs traitements simultanés, ce qui les force à ignorer certains répondants pour qui l'information est partiellement manquante.

contrôle lisent une vignette qui décrit une intervention gouvernementale non violente (couvre-feu, censure). En contraste, les répondants qui sont assignés au groupe de traitement lisent une vignette qui décrit une intervention gouvernementale violente (arrestations, torture). Pour mesurer la variable dépendante, les auteurs posent la question suivante aux répondants : « Sur une échelle de 0 à 100, quel est votre niveau d'approbation pour la réponse du gouvernement aux actions du groupe d'opposition ? »

Afin d'estimer l'effet de traitement moyen, nous importons la banque de données de Lupu et Wallace (2019) dans le logiciel `R` :

```
dat <- read.csv('data/lupu_wallace_2019.csv')
```

Cette banque de données comprend 3954 rangées, soit une par répondant, et cinq colonnes :

```
head(dat)
##   argentine inde israel approbation violence
## 1         0    1      0          75        1
## 2         0    1      0          50        0
## 3         0    1      0          75        1
## 4         0    1      0          25        1
## 5         0    1      0          75        0
## 6         0    1      0         100        0
```

`argentine`, `inde` et `israel` sont des variables binaires égales à 1 si le répondant réside dans le pays; `approbation` mesure le niveau d'approbation des répondants vis-à-vis de l'action du gouvernement sur une échelle de 0 à 100; et `violence` est égale à 1 si le gouvernement use de violence et 0 si son action est non violente.

Pour débuter l'analyse, nous allons considérer seulement les données recueillies en Argentine :

```
dat <- dat[dat$argentine == 1,]
```

Pour estimer l'effet de traitement moyen, nous séparons l'échantillon en deux groupes : traitement et contrôle.

```
traitement <- dat[dat$violence == 1,]
controle <- dat[dat$violence == 0,]
```

Ensuite, nous calculons la différence entre les moyennes de la variable dépendante dans les deux groupes :

```
mean(traitement$approbation) - mean(controle$approbation)
## [1] -15,92465
```

Cette différence de moyennes suggère qu'en Argentine, l'approbation du gouvernement est 15,9 points plus faible lorsque le gouvernement fait usage de violence, par rapport au cas où ses actions sont non violentes.

Comme nous l'avons vu au chapitre 5, nous pouvons obtenir le même résultat en estimant un modèle de régression avec variable indépendante dichotomique :

```
mod <- lm(approbation ~ violence, data = dat)
summary(mod)
##               Estimate Std. Error t value Pr(>|t|)
## (Intercept)    38,729       1,196  32,370   <0,001
## violence      -15,925       1,810  -8,798   <0,001
```

La valeur p associée au coefficient `violence` est très petite. Nous pouvons donc rejeter l'hypothèse nulle selon laquelle la violence d'un gouvernement n'a aucun effet sur l'appui dont il jouit.

Dans la figure 12.1, nous reproduisons l'analyse pour l'Inde et pour Israël. Des différences intéressantes émergent. Par exemple, nous voyons que les publics indien et israëlien semblent moins sensibles à la violence politique commise par un gouvernement.

FIGURE 12.1.
Effet causal moyen de la violence politique sur l'approbation du gouvernement dans trois pays.

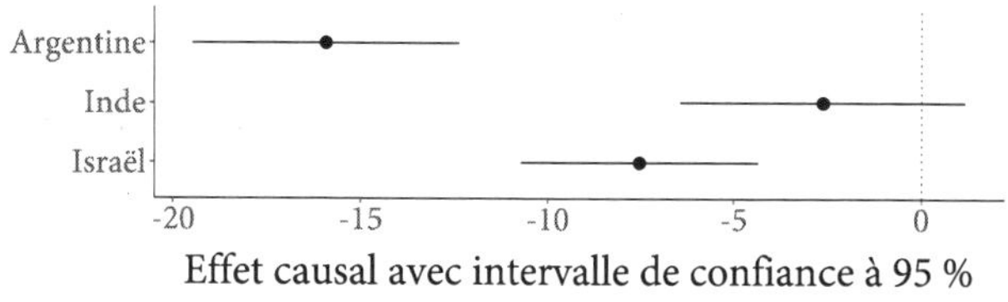

Chapitre 13

Expériences naturelles

Le chapitre 12 a défini l'essai contrôlé aléatoire en fonction de trois critères : le chercheur contrôle et manipule la valeur du traitement, il assigne différents individus à différents traitements de façon aléatoire et il compare les caractéristiques des différents groupes expérimentaux (p. ex., traitement vs placebo).

Dans certaines situations, la valeur du traitement que chaque individu reçoit est déterminée de façon aléatoire, même si le chercheur n'a pas manipulé le traitement lui-même. Par exemple, une école pourrait assigner ses élèves à différentes activités parascolaires sur une base aléatoire ; le chercheur pourrait alors exploiter cette décision administrative pour estimer un effet causal. Lorsqu'une expérience aléatoire est produite par un mécanisme hors de son contrôle, on dit qu'il s'agit d'une « expérience naturelle ». En termes d'inférence causale, l'expérience naturelle partage les avantages de l'essai contrôlé aléatoire qui sont dus à la nature aléatoire de la variable explicative.

Parfois, le traitement dans une expérience naturelle n'est pas assigné de façon *parfaitement* aléatoire, mais le chercheur réussit à convaincre son lecteur que le mécanisme d'assignation s'approche suffisamment de l'idéal expérimental pour que les données soient analysées « comme si » elles avaient été produites par un essai contrôlé aléatoire. On parlera alors de « quasi-expérience naturelle ».

La première section de ce chapitre présente quelques exemples d'expériences et de quasi-expériences naturelles et illustre comment analyser ces expériences statistiquement. La section suivante met l'accent sur une forme d'expérience naturelle très répandue : l'analyse de discontinuité.

Expériences et quasi-expériences naturelles

Dans une expérience naturelle, un phénomène hors du contrôle de l'analyste fait en sorte que certains individus reçoivent un traitement, alors que d'autres n'en reçoivent pas. Lorsque la variable explicative générée par ce phénomène est bel et bien aléatoire, l'analyste bénéficie des avantages du devis expérimental décrits dans le chapitre 12. Dans ce cas, il est légitime d'interpréter les résultats en termes de causalité. Plusieurs phénomènes naturels ou sociaux produisent des traitements aléatoires (ou quasi aléatoires). Pour saisir la diversité des types de recherche possibles, il est utile de considérer quelques exemples.

Compétition et performance cognitive

Dans ce premier exemple d'expérience naturelle, le traitement est assigné par un processus strictement aléatoire, mais hors du contrôle de l'analyste.

Plusieurs chercheurs en psychologie et en économie s'intéressent à l'effet de facteurs psychologiques comme la compétitivité sur la performance cognitive. Pour étudier cette question, Gonzalez-Diaz et Palacios-Huerta (2016) exploitent une expérience naturelle où les caractéristiques d'une situation compétitive sont manipulées de façon aléatoire.

Dans un match professionnel d'échecs, les joueurs disputent un nombre pair de parties.[1] Comme il est plus facile de remporter une partie en jouant avec les pièces blanches qu'avec les noires, les couleurs alternent d'une partie à l'autre, de sorte qu'à l'issue du match, chaque joueur aura joué autant de parties avec les pièces blanches. Suivant les règles de la Fédération internationale des échecs, l'arbitre procède à un tirage public au début du match afin d'identifier la personne qui jouera avec les pièces blanches lors de la *première* partie.

En principe, ce tirage ne confère aucun avantage, puisque les deux protagonistes joueront éventuellement le même nombre de parties avec les pièces blanches. Par contre, même si gagner le tirage ne donne pas d'avantage *formel*, il pourrait conférer un avantage *psychologique* : lorsqu'une personne joue avec les pièces blanches lors de la première partie, elle a plus de chance de prendre l'avance dès le début du match et donc de mettre son opposant sur la défensive.

1. Le match typique comprend entre 8 et 10 parties, mais certains sont plus longs.

Pour mesurer l'effet causal de l'environnement compétitif sur la performance cognitive, Gonzalez-Diaz et Palacios-Huerta (2016) étudient les résultats de 197 matchs d'échecs professionnels (plus de 1300 parties). Ils estiment que les joueurs qui remportent le tirage et qui débutent le match avec les pièces blanches ont 57,4 % de chances de remporter le match. Les joueurs qui sont mis sous pression psychologique par un phénomène strictement aléatoire performent moins bien.

La clé de cette expérience naturelle est le mécanisme qui expose les joueurs à différents stimuli. Bien que les chercheurs n'aient pas contrôlé ce mécanisme eux-mêmes, ils ont pu exploiter le tirage aléatoire pour estimer un effet causal sans biais par variable omise, de sélection dans le traitement ou de simultanéité.

Taxes et élections

Dans ce deuxième exemple, le traitement est hors du contrôle de l'analyste et n'est pas strictement aléatoire. Par contre, les auteurs de l'article soutiennent que les circonstances historiques et institutionnelles font en sorte que la variable explicative soit « quasi aléatoire ». Il s'agit donc d'une quasi-expérience naturelle.

La théorie des cycles politico-budgétaires suggère qu'un politicien qui désire rester au pouvoir devrait réduire les taxes et augmenter les dépenses à l'approche d'une élection, afin de s'attirer les faveurs de l'électorat. Pour tester cette théorie, Alesina et Paradisi (2017) exploitent une particularité institutionnelle du système fiscal italien.

En 2011, le gouvernement national italien introduit une nouvelle taxe foncière applicable dans toutes les 8092 municipalités du pays. Environ 50 % des revenus de cette taxe sont transférés au gouvernemental central; les fonds restants constituent la principale source de revenus pour les gouvernements municipaux. Le gouvernement national force les municipalités à imposer la taxe, mais leur laisse une certaine autonomie concernant le taux d'imposition : une municipalité peut choisir d'imposer la résidence principale de ses citoyens à un taux variant entre 0,2 et 0,6 %. Le conseil municipal, composé d'élus locaux, doit choisir le taux précis qui s'appliquera dans leur municipalité. Tous les conseils municipaux doivent choisir le taux d'imposition à une même date, fixée par le gouvernement central. [2]

2. Cette discussion simplifiée du contexte institutionnel ne rend pas tout à fait justice à la réalité historique. Veuillez consulter l'article original pour plus de détails.

Les élections municipales en Italie ne sont pas synchronisées. Dans certaines villes, le conseil municipal doit choisir le taux de taxe foncière en pleine campagne électorale. Dans d'autres villes, le conseil municipal doit choisir le taux de taxe foncière en début de mandat, alors que la pression électorale se fait moins sentir. Si la théorie des cycles politico-budgétaires est juste, l'approche d'une élection devrait pousser les élus municipaux à choisir un taux d'imposition plus faible, afin de ne pas aliéner leurs électeurs.

Le traitement quasi aléatoire considéré par Alesina et Paradisi (2017) est une variable binaire égale à 1 si une élection municipale a lieu dans une municipalité donnée durant l'année qui suit la mise en place de la taxe, et 0 autrement. Les auteurs estiment un modèle de régression avec cet indicateur dichotomique comme variable indépendante et le taux de taxation choisi par chaque municipalité comme variable dépendante. Avec ce modèle, ils estiment que l'approche d'une élection a un effet négatif et statistiquement significatif sur le taux d'imposition choisi par le gouvernement local. Ce résultat appuie la théorie des cycles politico-budgétaires.

Il est important de souligner le postulat fondamental qui doit être accepté pour qu'on puisse donner une interprétation causale à ce résultat : la tenue d'une élection dans l'année qui suit l'imposition de la taxe doit être aléatoire.[3] Dans ce cas-ci, Alesina et Paradisi (2017) soutiennent que ce postulat est raisonnable, puisque les élections municipales ne suivent pas toujours un cycle régulier et que les élections dans différentes municipalités sont décalées de façon arbitraire (ou quasi aléatoire).

Quotas et représentation des femmes

Comme les essais contrôlés aléatoires, les expériences naturelles sont souvent faciles à analyser en pratique. Pour illustrer, il est utile de reproduire les résultats d'une étude scientifique publiée.

Bhavnani (2009) étudie l'effet à long terme d'un quota électoral sur la représentation des femmes aux élections municipales de la ville de Mumbai. Cette ville indienne est très populeuse (plus de 18 millions d'habitants). Chacun de ses arrondissements élit plusieurs candidats au conseil municipal. Lors des élections de 1997 et de 2002, 33 % des

3. Formellement, la tenue d'une élection doit être indépendante des résultats potentiels, c'est-à-dire des taux d'imposition qui auraient été choisis en présence ou en absence d'élection : $X \perp Y_{i0}, Y_{i1}$ (voir chapitre 7).

sièges au conseil municipal ont été réservés pour des femmes. Les arrondissements qui reçoivent des sièges réservés sont choisis de façon purement aléatoire; un siège pourrait être réservé pour une femme en 1997, mais pas en 2002.

Bhavnani (2009) tente de déterminer si ce type de quota peut avoir des effets à long terme sur la représentation des femmes. Si un quota permet à une politicienne de démontrer sa compétence et de surmonter les préjugés, un arrondissement pourrait continuer à élire des femmes après que les quotas soient retirés. Le chercheur s'intéresse donc à l'effet d'un quota mis en place pour les élections de 1997 sur les résultats d'élections tenues en 2002.

Pour estimer l'effet causal, nous importons la banque de données de Bhavnani (2009) dans `R` :

```
dat <- read.csv('data/bhavnani_2009.csv')
```

Chaque rangée de cette banque de données correspond à un siège au conseil municipal. La variable indépendante `Quota_1997` est égale à 1 si un siège était réservé pour une femme en 1997 (groupe de traitement), et 0 si le siège n'était pas réservé (groupe de contrôle). La variable dépendante `Femme_2002` est égale à 1 si une femme a gagné le siège en 2002, et 0 autrement. [4]

```
head(dat)
##   Quota_1997 Femme_2002
## 1          0          0
## 2          1          0
## 3          0          0
## 4          1          0
## 5          1          0
## 6          0          0
```

Pour estimer si le quota en 1997 a un effet causal sur la probabilité qu'une femme soit élue en 2002, nous estimons un modèle de régression linéaire bivariée :

```
mod <- lm(Femme_2002 ~ Quota_1997, data = dat)
summary(mod)
##               Estimate Std. Error t value Pr(>|t|)
## (Intercept)  0,03704    0,03122    1,186   0,2379
## Quota_1997   0,17918    0,05576    3,214   0,0017
```

4. Les sièges réservés pour les femmes en 2002 sont exclus de l'analyse.

Le coefficient associé à la variable `Quota_1997` suggère que la probabilité qu'un siège non réservé soit remporté par une femme en 2002 est 17,9 points de pourcentage plus élevée si ce siège était réservé en 1997. La valeur p suggère que cette différence est statistiquement significative et que nous sommes en mesure de rejeter l'hypothèse nulle.

Cette étude suggère qu'imposer des candidatures féminines dans une circonscription a des effets à long terme : le nombre d'élues demeure plus élevé, même quand le quota est retiré.

Analyse de discontinuité

L'analyse de discontinuité est un devis de recherche qui exploite une forme très répandue de quasi-expérience naturelle. Dans une analyse de discontinuité, les membres du groupe de traitement et du groupe de contrôle sont assignés de façon quasi aléatoire, parce qu'ils tombent d'un côté ou de l'autre d'un « seuil critique » ou d'une « discontinuité ».

Ce mécanisme d'assignation au traitement peut être décomposé en trois étapes. D'abord, chaque individu i reçoit un score S_i. Ensuite, tous les individus dont le score atteint ou excède un seuil s sont assignés au groupe de traitement : si $S_i \geq s$, alors $X_i = 1$. Les individus dont le score est inférieur au seuil sont assignés au groupe de contrôle : si $S_i < s$, alors $X_i = 0$. Pour estimer l'effet du traitement, l'analyste compare les caractéristiques des individus qui se trouvent juste au-dessous du seuil critique (groupe de contrôle) aux caractéristiques des individus qui se trouvent juste au-dessus du seuil critique (groupe de traitement). [5]

Par exemple, imaginez qu'un analyste s'intéresse à l'effet d'un programme de formation professionelle (X) sur les revenus futurs des candidats à ce programme (Y). Pour accéder au programme, les candidats doivent obtenir une note supérieure à 90 % dans un examen d'entrée. Dans ce contexte, S_i mesure le score du candidat i sur l'examen d'admission; le seuil critique s est égal à 90 %; le traitement X_i est égal à 1 si $S_i \geq 90$ et l'individu est admis au programme.

La figure 13.1 illustre ce devis de recherche. Chaque point représente un candidat à l'admission au programme. L'axe horizontal représente la performance des candidats à l'examen d'entrée. L'axe vertical

5. Ce paragraphe décrit une analyse de discontinuité « *sharp* ». Dans une analyse de discontinuité « *fuzzy* », un répondant qui tombe en haut du seuil critique n'est pas *automatiquement* assigné au groupe de traitement, mais il a une plus grande *probabilité* d'y être assigné. Pour exécuter une analyse de discontinuité de type « fuzzy », l'analyste emploie généralement un modèle de régression par variable instrumentale (chapitre 14).

représente les revenus à vie des candidats (après la formation). La ligne pointillée verticale marque le seuil d'admission de 90 %. Un candidat qui se trouve à gauche du seuil critique n'est pas admis au programme; il est assigné au groupe de contrôle, et ses revenus sont ultimement moins élevés. Un candidat qui se trouve à droite du seuil critique est admis au programme; il est assigné au groupe de traitement, et ses revenus sont ultimement plus élevés.

FIGURE 13.1.
Effet des études sur le revenu, estimé par analyse de discontinuité.

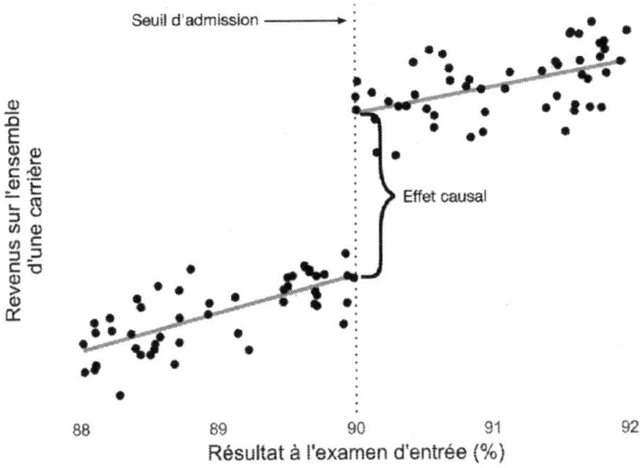

Dans une analyse de discontinuité comme celle-là, la quantité qui nous intéresse est la différence entre les revenus des individus qui se qualifient *de justesse* pour le programme et les revenus des individus qui sont rejettés *de justesse*. La quantité qui nous intéresse est la distance verticale entre les deux droites de régression (lignes grises) au point où elles rejoignent le seuil d'admission.

Dans quelles circonstances pouvons-nous donner une interprétation causale à cette quantité? Intuitivement, cette différence mesure un effet causal si le fait de franchir ou non le seuil est (quasi) aléatoire.[6] Si, en moyenne, les individus qui franchissent le seuil sont identiques aux individus qui ne franchissent pas le seuil, l'interprétation causale est justifiée.

6. Cattaneo, Idrobo et Titiunik (2019) offrent deux autres cadres théoriques qui permettent de formaliser ce postulat et de justifier l'interprétation causale : la randomisation locale ou la continuité.

Ce postulat est demandant et il est plus crédible dans certains contextes. Par exemple, dans le cas du programme de formation, l'examen d'entrée pourrait mesurer les compétences des candidats avec erreur. Si c'est le cas, il pourrait être raisonnable de croire que les candidats qui obtiennent 89,5 % à l'examen (rejettés) sont similaires aux candidats qui obtiennent 90,0 % (admis). Pour les individus qui se trouvent près du seuil critique, l'assignement aux groupes de traitement et de contrôle est quasi aléatoire. En limitant l'échantillon analysé aux candidats qui sont assignés de façon quasi aléatoire, nous pouvons estimer l'effet causal du traitement.

Comme le suggère l'exemple ci-haut, l'analyse de discontinuité produit généralement un estimé *local* de l'effet causal moyen. Elle nous permet d'estimer l'effet causal du programme d'études pour le type de candidats qui obtiennent autour de 90 % sur un test d'admission, mais elle ne nous permet pas d'estimer l'effet qu'aurait le même programme sur le type de candidats qui obtiennent autour de 60 %.

L'avantage principal de l'analyse de discontinuité est qu'elle nous permet d'estimer un effet causal, en faisant appel à l'assignement quasi aléatoire des individus à un groupe de traitement et à un groupe de contrôle. Son désavantage principal est que l'effet causal estimé est local et difficilement généralisable.

Exécuter une analyse de discontinuité demande beaucoup de soin, puisque les résultats de l'analyse peuvent être affectés par plusieurs décisions de l'analyste, comme le choix de la région « locale » à considérer, le type de modèle de régression employé dans l'analyse et les paramètres de ce modèle. Un traitement adéquat de ces choix sort du cadre de ce livre. Le lecteur intéressé à exécuter ses propres analyses de discontinuité est encouragé à consulter un ouvrage spécialisé comme Cattaneo, Idrobo et Titiunik (2019), de même que les librairies `R` et `Stata` associées (`rdrobust`, `rddensity`, `rdbwselect`, etc.). Sans aller trop loin dans la présentation technique, il reste utile de considérer quelques exemples d'études qui déploient l'analyse de discontinuité.

Richesse privée des politiciens

En 2003, le gouvernement indien a adopté le « *Right to Information Act* », une loi obligeant tous les politiciens à divulguer leurs états financiers personnels. L'objectif de cette loi était d'augmenter la transparence et de limiter la corruption en politique. Fisman, Schulz et Vig (2014) utilisent les informations rendues accessibles par cette loi pour estimer les gains personnels associés à une victoire électorale. Plus spécifiquement, ces auteurs comparent la richesse des individus à la suite d'une victoire électorale à la richesse des individus à la suite d'une défaite électorale.

Dans ce contexte, le principal obstacle à l'inférence causale est le biais par variable omise : les candidats les plus compétents sont plus susceptibles d'accroître leur richesse et de remporter leurs élections. Par conséquent, une simple différence de moyenne entre la richesse des gagnants et des perdants produirait un estimé biaisé de l'effet causal qui nous intéresse.

Pour contourner ce problème, les auteurs exécutent une analyse de discontinuité. Le seuil critique qui motive cette analyse est la marge de victoire électorale. Intuitivement, les candidats qui remportent leurs élections par une petite marge (p. ex., 1 ou 2 %) risquent d'être très similaires aux candidats qui perdent leurs élections par une petite marge. Dans cet échantillon « local », l'assignement aux groupes de traitement et de contrôle est quasi aléatoire.

En analysant cette discontinuité, les auteurs concluent que la richesse personnelle des politiciens qui ont remporté une élection par une petite marge croît plus rapidement que la richesse personnelle des politiciens qui ont perdu une élection par une petite marge.

Occupation militaire et résistance armée

Lorsqu'une force militaire étrangère envahit un pays, le gouvernement étranger peut exercer son autorité directement sur la population locale ou agir de façon indirecte, en déléguant son autorité à des représentants ou à des institutions locales existantes. Quel mode de gouvernance risque de mener à une insurrection ou à la résistance ? D'un côté, une présence directe permet à la force étrangère d'augmenter son pouvoir coercitif, c'est-à-dire sa capacité à réprimer elle-même les récalcitrants. De l'autre, la stratégie de délégation permet de coopter certains acteurs locaux et ainsi de réduire la force de la résistance.

Pour comparer l'effet des deux modes de gouvernance, Ferwerda et Miller (2014) exploitent une discontinuité géographique produite par un accident historique. Suivant la défaite de la France aux mains de l'Allemagne en juin 1940, le territoire français fut divisé en deux parties : le nord et l'ouest étaient gouvernés directement par l'administration militaire nazi, et le sud-est était gouverné indirectement par le gouvernement autoritaire de Vichy, sous la direction du

CARTE 13.1.
Ligne de démarcation entre la zone libre et la zone occupée en France (1940-1944).

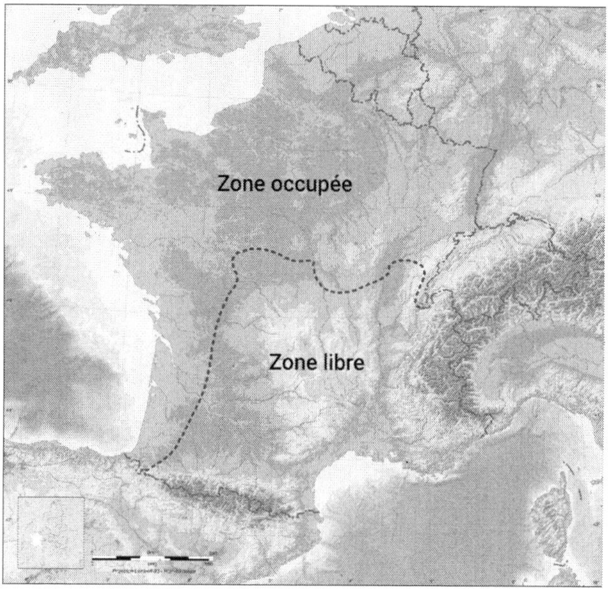

maréchal Pétain. Les deux zones étaient séparées par une ligne de démarcation (carte 13.1).

Dans leur article, Ferwerda et Miller (2014) soutiennent que même si les grands axes de la ligne de démarcation étaient stratégiques, son parcours local était tracé de façon arbitraire, sans égard pour les divisions administratives existantes, coupant à travers départements, cantons et communes. Par conséquent, les résidents qui se sont retrouvés d'un côté ou de l'autre de la ligne étaient assignés aux différents modes de gouvernance de façon quasi aléatoire.

Pour estimer l'effet causal du mode de gouvernance, les auteurs comparent le nombre d'actes de sabotage et de combats impliquant la Résistance française dans les communes voisines à la ligne de démarcation. Ils concluent que le niveau de résistance était plus faible sous le gouvernement de Vichy, où certains acteurs locaux ont été cooptés par le gouvernement allemand dans un exercice de pouvoir indirect.

Il est important de noter que cette interprétation causale est valable seulement si le postulat d'assignement aléatoire est lui-même valable.

Les auteurs doivent convaincre le lecteur que la ligne de démarcation entre les deux zones françaises a bel et bien été tracée de façon arbitraire, de sorte que les résidents des régions frontalières aient bel et bien été assignés quasi aléatoirement. Si ce postulat n'est pas crédible, la stratégie d'identification causale ne l'est pas non plus.

Dans un texte critique, Kocher et Monteiro (2016) soutiennent justement que la ligne de démarcation entre les deux régimes n'a pas été tracée de façon arbitraire au niveau local. Plutôt, cette ligne a été tracée de sorte à garder deux importants chemins de fer sous contrôle direct de l'armée allemande. Puisque les chemins de fers étaient souvent ciblés par la résistance intérieure française, le grand nombre de sabotages dans la zone occupée près de la ligne de démarcation pourrait être dû à des facteurs stratégiques plutôt qu'à l'effet du mode de gouvernance. En somme, si les groupes de traitement et de contrôle ne sont pas *localement aléatoires autour du seuil critique*, les estimés produits par une analyse de discontinuité ne sont pas crédibles.

Chapitre 14

Variables instrumentales

L'analyse par variable instrumentale est une technique qui, sous certaines conditions, permet d'estimer un effet causal même si la relation souffre de biais par variable omise, de simultanéité, de sélection dans le traitement ou de mesure. Ce chapitre décrit les propriétés d'une bonne variable instrumentale, introduit la méthode de régression par les moindres carrés en deux étapes et illustre comment cette méthode peut éliminer les biais.

Définition

Un instrument est une variable auxiliaire qui permet d'étudier la relation causale entre deux autres variables. Dans la plupart des cas, l'instrument est une cause antécédente de la variable explicative. Par exemple, pour étudier la relation entre une cause X et un effet Y, nous pourrions exploiter l'instrument Z :

$$Z \to X \to Y$$

Imaginez qu'un chercheur s'intéresse à l'effet du yoga chaud (X) sur la tension artérielle (Y). Le chercheur recrute 500 individus pour participer à son étude; il mesure la tension artérielle de chacun d'entre eux ainsi que le nombre d'heures qu'ils passent à s'étirer dans une pièce à 42°C.

Une régression bivariée entre ces deux variables produirait un estimé biaisé de la relation causale. En effet, plusieurs facteurs non observables peuvent pousser les gens à faire du yoga et affecter leur tension artérielle (p. ex., habitudes de vie, alimentation). Ces facteurs non observables risquent d'introduire un biais par variable omise ou un biais de sélection dans le traitement. Malheureusement, le comité d'éthique de l'université du chercheur s'oppose à l'administration de traitements expérimentaux cruels comme le yoga chaud; une expérience avec traitement aléatoire est donc hors de question.

Pour contourner ces problèmes, le chercheur crée sa propre variable instrumentale (Z). Les participants de l'étude sont divisés en deux groupes de façon aléatoire. Les membres du groupe de traitement reçoivent un accès gratuit à des cours de yoga chaud dans un studio local. Les membres du groupe de contrôle ne reçoivent rien.

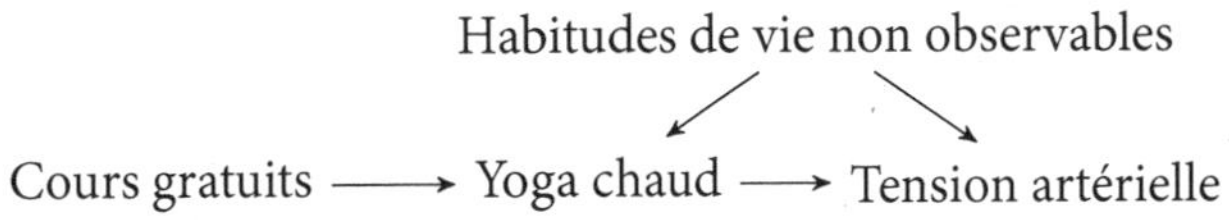

Dans ce devis de recherche, la variable dépendante est la tension artérielle, la variable explicative est le yoga chaud et la variable instrumentale est l'abonnement aux cours gratuit. Les cours gratuits sont assignés de façon aléatoire, mais le chercheur ne s'intéresse pas à leur effet causal en tant que tel. Le chercheur s'intéresse plutôt à l'effet causal du yoga sur la tension artérielle. Les cours gratuits sont traités comme une variable instrumentale, et non comme une variable explicative. Comme nous le verrons plus loin, une telle variable instrumentale peut parfois limiter les biais qui faussent nos analyses.

Une bonne variable instrumentale remplit trois conditions : inclusion, exclusion et monotonicité.

Condition 1 : inclusion

Pour qu'une variable soit un instrument valide, il faut qu'elle soit associée à la variable explicative qui nous intéresse.

Dans le cas classique, un analyste tente d'estimer l'effet causal de X sur Y, mais une variable U introduit un biais par variable omise. Puisque U est impossible à mesurer, l'analyste ne peut pas contrôler cette variable et éliminer le biais. Il exploite donc la relation entre l'instrument Z et la variable explicative X :

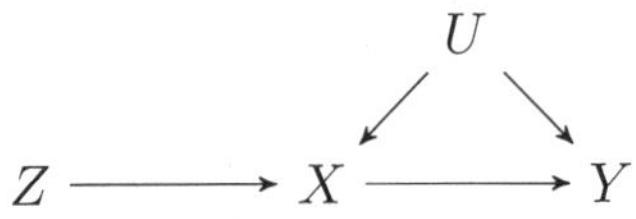

La condition d'inclusion est satisfaite lorsque l'instrument Z est associé à la variable explicative X. Dans le graphe précédent, la variable instrumentale Z remplit la condition d'inclusion, puisqu'elle cause X. Dans l'exemple du yoga, la condition d'inclusion est remplie si recevoir un abonnement à des cours gratuits augmente la probabilité qu'un individu fasse du yoga chaud.

Formellement, le fait que Z soit associé à X est suffisant pour satisfaire la condition d'inclusion. Par contre, lorsque l'échantillon disponible est de taille limitée, Bound, Jaeger et Baker (1995) montrent que nos résultats peuvent être biaisés si la force de l'association entre Z et X est trop faible. L'analyste doit donc s'assurer que l'association entre l'instrument et la variable explicative soit assez forte. [1]

Condition 2 : exclusion

Pour qu'une variable instrumentale soit valide, il faut qu'elle soit associée à la variable dépendante seulement à travers la variable explicative.

Dans le graphe suivant, la variable instrumentale est associée à la variable dépendante à travers la variable explicative : $Z \rightarrow X \rightarrow Y$. Malheureusement, les deux chemins pointillés sont problématiques. D'abord, une variable U cause Z et Y ; cette fourchette laisse circuler l'information statistique entre Z et Y, ce qui viole la condition d'exclusion. Ensuite, l'instrument cause directement la variable dépendante. À moins que l'analyste puisse bloquer les deux chemins pointillés à l'aide de variables de contrôle, Z n'est pas un instrument valide.

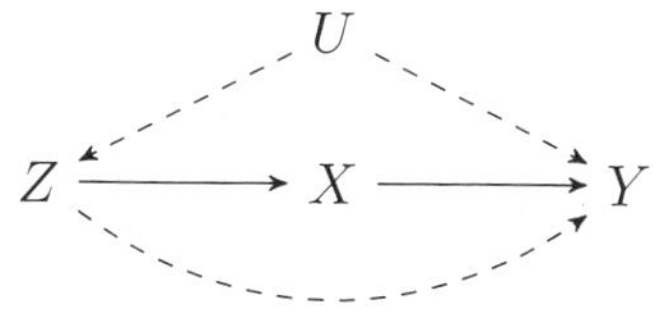

Dans l'exemple que nous avons étudié précédemment, les cours gratuits étaient distribués de façon purement aléatoire. Par construction, l'instrument est indépendant (en moyenne) de toutes les variables omises et il ne cause pas directement la variable dépendante. La seule relation entre les cours gratuits et la tension artérielle passe à travers le yoga chaud. Dans cet exemple spécifique, la condition d'exclusion est satisfaite.

1. Stock et Watson (2015, p. 490) proposent la règle approximative suivante : dans un modèle de régression par variable instrumentale en deux étapes, si la statistique F de la première équation est plus petite que 10, les instruments sont probablement trop faibles.

En général, la condition d'exclusion est difficile à satisfaire. De plus, contrairement à la condition d'inclusion, la condition d'exclusion est une propriété essentiellement théorique; les tests empiriques ne peuvent habituellement pas démontrer qu'elle est satisfaite. [2] Justifier l'utilisation d'une variable instrumentale est un exercice théorique et rhétorique : le chercheur doit faire appel à sa connaissance substantive de l'objet de recherche pour convaincre son interlocuteur que l'exclusion est raisonnable.

Les conditions d'inclusion et d'exclusion peuvent être réexprimées de façon plus générale en termes de graphes orientés acycliques. Z est un instrument valide pour estimer l'effet de X sur Y si deux conditions sont satisfaites (Brito et Pearl, 2002) :

1. Il existe un chemin ouvert entre Z et X.
2. Tous les chemins ouverts entre Z et Y comprennent une flèche qui pointe vers X.

Condition 3 : monotonicité

Afin que les résultats de l'analyse par variable instrumentale puissent être interprétés en termes causaux, il faut qu'une troisième condition technique soit remplie : la monotonicité. Cette condition stipule qu'aucun des participants de l'étude ne doit être anticonformiste. Ici, le terme « anticonformiste » signifie qu'aucun participant ne doit répondre de façon *opposée* à l'effet moyen de la variable instrumentale sur la variable explicative (Imbens et Angrist, 1994; Hernán et Robins, 2020; Sovey et Green, 2011).

Dans notre exemple, un anticonformiste serait quelqu'un qui fait systématiquement *moins* de yoga lorsqu'on lui offre un abonnement gratuit. Cette condition n'est *pas* violée si certains participants sont insensibles à la variable instrumentale. La condition de monotonicité requiert seulement que les participants ne répondent de façon contraire à l'incitatif.

Effet de traitement moyen local

Lorsque les trois conditions que nous venons de décrire sont remplies, l'analyse par variable instrumentale permet d'estimer l'*effet de*

2. Certains tests de « sur-identification » (p. ex., Sargan) permettent de tester la validité d'une variable instrumentale. Ces tests sont limités, parce qu'ils peuvent seulement tester la validité d'instruments *additionnels*, c'est-à-dire qu'il faut déjà avoir un instrument valide avant de pouvoir tester les autres.

traitement moyen local. Cette quantité est différente de l'*effet de traitement moyen* que nous avons étudié dans les chapitres précédents. En effet, Imbens et Angrist (1994) expliquent que l'estimé produit par une analyse par variable instrumentale est « local » au sens où il mesure l'effet causal moyen dans le sous-échantillon des individus chez qui l'instrument affecte la variable explicative.

Dans notre exemple, l'estimé par variable instrumentale mesure l'effet causal du yoga chez les individus pour qui recevoir des cours gratuits a un effet sur le nombre d'heures qu'ils passent au studio de yoga.[3] Si un participant décide de faire du yoga peu importe s'il reçoit des cours gratuits, les informations que le chercheur amasse sur ce participant n'influenceront pas l'estimé causal.

Exemples

Pauvreté et guerres civiles

Un important champ de recherche en sciences sociales concerne les origines des guerres civiles. En particulier, plusieurs chercheurs se sont intéressés à l'effet de la croissance économique sur les conflits armés : lorsque les conditions de vie des individus s'améliorent, ils pourraient être moins enclins à se faire la guerre. Un problème empirique fondamental dans ce champ est le biais de simultanéité ou la causalité bidirectionnelle : une crise économique peut précipiter un conflit armé, et un conflit armé peut causer une crise économique.

Pour contourner ce problème et estimer l'effet de la croissance économique sur le risque de guerre civile, Miguel, Satyanath et Sergenti (2004) adoptent une stratégie d'estimation par variable instrumentale. Les auteurs soutiennent que dans leur échantillon de 41 pays en Afrique subsaharienne, la croissance économique est largement déterminée par le secteur agricole. Lors d'une saison où il pleut beaucoup, le secteur agricole performe bien, et l'économie aussi. En période de sécheresse, le secteur agricole performe mal, et l'économie aussi. Suivant ce raisonnement, les auteurs mesurent la quantité de pluie reçue dans différentes régions et utilisent cette mesure comme variable instrumentale :

Pluie ⟶ Croissance économique ⟶ Guerre civile

3. Plus précisément, l'estimé traditionnel par variable instrumentale correspond à une moyenne pondérée des effets causaux, où la contribution de chaque individu à l'effet total dépend de la force de la réponse du traitement à l'instrument.

Premièrement, si la pluie affecte la performance économique d'une région, l'instrument remplit la condition d'inclusion. Par contre, comme le reconnaissent Miguel, Satyanath et Sergenti (2004, p. 735), la relation entre les précipitations et la croissance économique est plutôt faible. Comme nous l'avons vu précédemment, ceci pourrait introduire un biais.

Deuxièmement, pour que la pluie soit un instrument valide, il faut que la condition d'exclusion soit satisfaite. Ici, cela veut dire que la pluie doit être indépendante du risque de conflit armé, une fois que nous avons contrôlé toutes les variables du modèle (incluant la croissance économique). Les auteurs doivent convaincre leurs interlocuteurs que c'est le cas en mobilisant des arguments théoriques, ancrés dans une connaissance substantive des cas à l'étude.

Troisièmement, pour que les estimés produits par l'analyse de Miguel, Satyanath et Sergenti (2004) puissent être interprétés de façon causale, il faut accepter le postulat de monotonicité. Dans ce cas-ci, il faut s'assurer qu'aucune des unités d'analyse ne soit anticonformiste, c'est-à-dire que l'économie d'aucune des régions ne réagisse de façon systématiquement négative à une hausse des précipitations.

Si ces trois conditions sont satisfaites, l'estimé produit par Miguel, Satyanath et Sergenti (2004) peut être interprété comme un estimé causal moyen local, soit l'effet causal moyen dans les pays où l'économie est affectée par la pluie.

Institutions politiques et croissance économique

Plusieurs chercheurs s'intéressent à l'effet des institutions politiques (p. ex., démocratie, droits de propriété, État de droit) sur la croissance économique. Malheureusement, ce type de relation est difficile à établir, parce qu'un modèle de régression peut facilement être victime de biais de simultanéité, de sélection ou de biais par variable omise. Par exemple, les institutions démocratiques pourraient stimuler la croissance économique en favorisant les échanges d'idées et les libertés individuelles, mais la croissance économique pourrait aussi faciliter la consolidation d'institutions ouvertes et pluralistes.

Pour contourner ces problèmes, Acemoglu, Johnson et Robinson (2001) adoptent une approche par variable instrumentale. Les auteurs notent qu'entre les 16e et 18e siècles, les empires coloniaux européens ont déployé la force et la violence pour installer des régimes politiques dans plusieurs régions du monde. Là où la vie des colons était plus difficile (p. ex., là où l'on retrouve la malaria), ils avaient tendance à implanter des institutions « extractives », comme celles du Congo belge, qui visaient simplement à extraire des ressources sans protéger les droits individuels ou les droits de propriété de la population locale. Là où la vie des colons était plus facile, ils avaient tendance à implanter des institutions de style néo-européen.

Acemoglu, Johnson et Robinson (2001) soutiennent que les institutions coloniales ont eu des conséquences à très long terme : les institutions extractives perdurent, de sorte que, plusieurs siècles plus tard, les institutions politiques demeurent fragiles. Cette persistance institutionnelle permet aux auteurs d'adopter une stratégie par variable instrumentale, en utilisant une mesure des conditions de vie comme instrument. Là où le taux de mortalité des colons était élevé au 19e siècle, les droits de propriété privés restent moins bien protégés aujourd'hui.

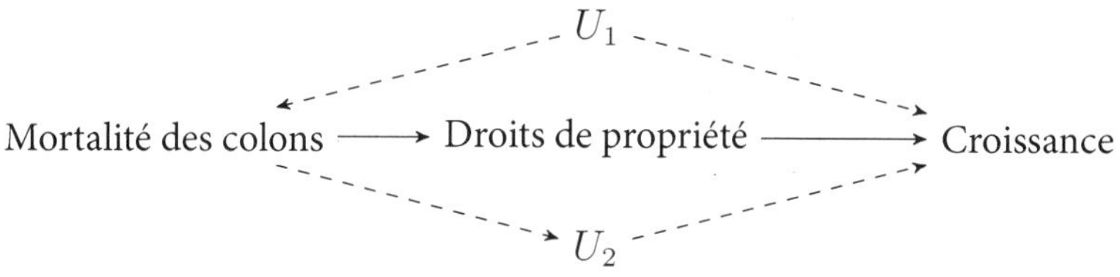

Dans leur article, les auteurs montrent des données qui suggèrent que le taux de mortalité des colons est bel et bien associé aux droits de propriété contemporains. Il semble donc que la condition d'inclusion soit remplie. Un défi plus important concerne la condition d'exclusion. Si le taux de mortalité des colons affecte la variable dépendante directement, ou si une variable omise détermine à la fois la valeur de l'instrument et celle de la variable dépendante, la condition d'exclusion serait violée et l'instrument invalide.

Changement et bonheur

Un thème important en psychologie et en économie comportementale est la résistance au changement. Dans un contexte où plusieurs personnes semblent avoir un biais favorable pour le statu quo, il serait utile de savoir si le simple acte de faire un changement majeur dans sa vie (p. ex., changer d'emploi) améliore le bien-être psychologique. Évidemment, aucun chercheur ne peut forcer les gens à prendre de grandes décisions personnelles. Il est donc impossible d'exécuter une expérience aléatoire pour mesurer l'effet causal du changement sur le bonheur.

Pour contourner ce problème, Levitt (2020) adopte une stratégie d'estimation par variable instrumentale. Le chercheur a recruté des dizaines de milliers de participants pour une expérience exécutée sur un site Web. Pour faire partie de l'échantillon, les participants devaient déclarer avoir une décision « importante » à prendre (p. ex., changer d'emploi, quitter un partenaire amoureux, retourner aux études). Les participants devaient décrire la décision à prendre et inscrire leurs coordonnées (téléphone, courriel). Ensuite, le site Web tirait une suggestion au hasard : il suggérait à la moitié des participants de faire le changement et à l'autre moitié de maintenir le statu quo. Deux mois plus tard, l'équipe du chercheur a contacté les participants pour déterminer s'ils avaient fait le changement en question et mesurer leur niveau de bien-être psychologique.

Dans ce devis de recherche, l'encouragement aléatoire au changement sert de variable instrumentale, qui nous permet d'estimer l'effet du changement sur le bonheur :

Encouragement ⟶ Changement ⟶ Bonheur

Dans son article, Levitt (2020) rapporte que la relation entre `Encouragement` et `Changement` est positive et statistiquement significative : lorsque le site web suggère aux visiteurs de faire un changement dans leurs vies, ceux-ci sont plus susceptibles d'en faire un. Ceci suggère que la condition d'inclusion est satisfaite. Comme d'habitude, la condition d'exclusion est remplie si le résultat (bonheur) est indépendant de l'instrument (encouragement aléatoire), après qu'on ait contrôlé le changement.[4]

Grâce à cette variable instrumentale, Levitt (2020) estime que les individus qui choisissent de faire de gros changements dans leurs vies sont plus heureux que les autres (en moyenne).

Comme d'habitude, cet estimé causal moyen est *local*, c'est-à-dire qu'il s'applique aux individus chez qui la décision de changer le statu

4. Évidemment, il pourrait quand même y avoir un biais de sélection dans l'analyse si, par exemple, les gens qui se faisaient encourager à préserver le statu quo et les gens malheureux étaient moins susceptibles de répondre aux questions des chercheurs. Les participants à cette étude en ligne pourraient aussi être différents de la population générale, compte tenu du mode non orthodoxe de recrutement employé par le chercheur.

quo est affectée par une simple suggestion faite par un site Web. Si l'effet du changement est hétérogène à travers l'échantillon, ou si les individus qui acceptent de participer à cette expérience sont différents des membres de la population, cet effet local pourrait ne pas être représentatif. Par exemple, si les personnes qui aiment le risque sont plus susceptibles de se plier à une suggestion aléatoire, et si elles aiment plus le changement, Levitt (2020) risque de surestimer l'effet positif du changement sur le bonheur d'un individu typique.

Variables instrumentales dans l'analyse des expériences

Les méthodes de régression par variable instrumentale sont utiles dans plusieurs autres contextes. Par exemple, le chapitre 12 mentionnait qu'un défi important dans les expériences aléatoires était que certains participants n'acceptaient pas de se soumettre au traitement auquel ils ont été assignés. Notre exemple du yoga chaud illustre bien ce problème. Même si un individu est assigné au groupe de traitement avec yoga, rien ne garantit que cet individu va réellement se prêter à l'exercice. Lorsque les participants à une expérience ne se conforment pas tous parfaitement au mécanisme d'assignation, l'analyse par variable instrumentale peut s'avérer utile.

Régression par les moindres carrés en deux étapes

La méthode d'analyse par variable instrumentale la plus répandue est la régression par les moindres carrés en deux étapes. Considérez le cas simple où un analyste s'intéresse à l'effet causal de X sur Y :

$$Y_i = \beta_0 + \beta_1 X_i + \varepsilon_i$$

Si la relation entre X et Y est simultanée ou affectée par une variable omise, un estimé $\hat{\beta}_1$ obtenu par les moindres carrés ordinaires risque d'être biaisé. Pour contourner ce problème, nous pouvons utiliser la régression par les moindres carrés en deux étapes. Dans la première étape, nous régressons la variable explicative X sur l'instrument Z :

$$X_i = \alpha_0 + \alpha_1 Z_i + \nu_i$$

Estimer ce modèle par la technique des moindres carrés ordinaires produit des estimés $\hat{\alpha}_0$ et $\hat{\alpha}_1$. Nous pouvons utiliser ces estimés et les valeurs observées de l'instrument Z afin de calculer la valeur prédite de X pour chaque individu :

$$\hat{X}_i = \hat{\alpha}_0 + \hat{\alpha}_1 Z_i \tag{14.1}$$

Par exemple, si les valeurs estimées des coefficients sont de $\hat{\alpha}_0 = 1$ et $\hat{\alpha}_1 = 3$ et si la variable Z_i est égale à 4 pour l'individu i, alors nous avons :

$$\begin{aligned} \hat{X}_i &= \hat{\alpha}_0 + \hat{\alpha}_1 \cdot Z_i \\ &= 1 + 3 \cdot 4 \\ &= 13 \end{aligned} \tag{14.2}$$

Finalement, nous estimons le modèle linéaire suivant par les moindres carrés ordinaires :

$$Y_i = \beta_0 + \beta_1 \hat{X}_i + \varepsilon \tag{14.3}$$

L'estimé $\hat{\beta}_1$ obtenu grâce à l'équation 14.3 est le coefficient de régression linéaire par variable instrumentale. [5] Intuitivement, ce coefficient mesure l'association entre la variable dépendante Y et la part de la variance dans X qui peut être expliquée par la variable instrumentale Z. Si les conditions d'inclusion, d'exclusion et de monotonicité sont remplies, c'est l'effet causal moyen local. [6]

Simulations

Biais par variable omise ou biais de sélection dans le traitement

Dans les chapitres 8 et 9 nous avons vu que les variables omises et la sélection dans le traitement pouvaient biaiser les résultats d'un simple modèle de régression par les moindres carrés. Nous avons aussi vu que ces deux problèmes avaient une structure similaire lorsqu'on les représentait sous forme de GOA. Maintenant, nous considérons des

5. Les erreurs types estimées par cette procédure seront incorrectes. Il est donc préférable d'utiliser les routines spécialement offertes par votre logiciel statistique plutôt que d'estimer manuellement un modèle en deux étapes.

6. Dans cette section, nous avons introduit la méthode de régression par les moindres carrés en deux étapes dans le contexte d'un modèle simple avec une seule variable explicative. Dans un modèle plus riche, il est important d'inclure toutes les variables exogènes dans les deux étapes du modèle.

données simulées pour illustrer comment l'analyse par variable instrumentale peut nous aider à contourner ces deux problèmes.

Imaginez qu'un chercheur veuille étudier l'effet causal de X sur Y en présence d'une variable omise U qui détermine à la fois la valeur du traitement et la variable dépendante. Le chercheur exploite la variable instrumentale Z dans une régression par les moindres carrés en deux étapes :

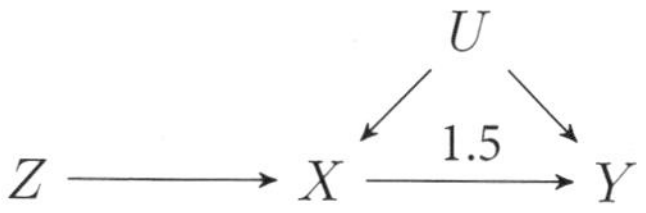

Pour illustrer, nous simulons des données qui se conforment à ce processus causal et dans lesquelles le véritable effet causal de X sur Y est égal à 1,5 :

```
n <- 100000
Z <- rnorm(n)
U <- rnorm(n)
X <- Z + U + rnorm(n)
Y <- 1.5 * X + U + rnorm(n)
```

Puisque nous sommes en présence de biais par variable omise, la régression par les moindres carrés produit un estimé biaisé de la relation causale :

```
mod <- lm(Y ~ X)
coef(mod)
##    (Intercept)              X
## -0,0003102994  1,8328073829
```

Pour estimer le modèle de régression par les moindres carrés en deux étapes, nous procédons manuellement. D'abord, nous estimons un modèle de régression auxiliaire (équation 14.1) :

```
mod <- lm(X ~ Z)
```

Suivant l'équation 14.2, nous utilisons les coefficients estimés par le modèle auxiliaire pour prédire la variable $\hat{X}$:

```
alpha0 <- coef(mod)[1]
alpha1 <- coef(mod)[2]
X_chapeau <- alpha0 + alpha1 * Z
```

Finalement, nous estimons l'effet causal de X sur Y en régressant la variable Y sur la variable $\hat{X}$:

```
mod <- lm(Y ~ X_chapeau)
coef(mod)
##   (Intercept)     X_chapeau
## -0,0006438442  1,5003465175
```

Comme prévu, le coefficient estimé est proche de 1,5, soit le vrai effet causal.

Le logiciel R offre plusieurs fonctions qui facilitent l'estimation des modèles de régression par les moindres carrés en deux étapes. Par exemple, la librairie `ivreg` produit exactement les mêmes résultats que la procédure manuelle :

```
library(ivreg)
mod <- ivreg(Y ~ X | Z)
coef(mod)
##   (Intercept)             X
## -0,0006438442  1,5003465175
```

Biais de mesure

L'analyse par variable instrumentale permet aussi de limiter certaines formes de biais de mesure. Par exemple, si nous voulons étudier la relation entre deux variables X et Y, mais que seules les variables X_o et Y_o sont observables, nous pourrions faire face à un processus de génération des données comme celui-ci :

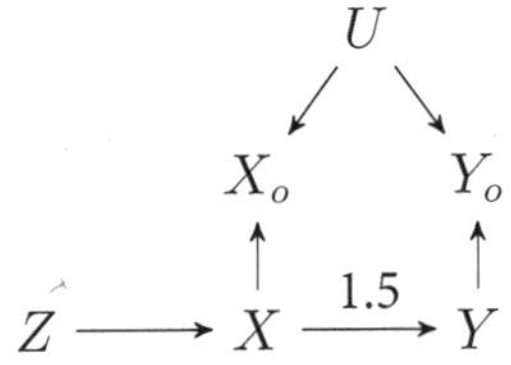

Pour simuler des données conformes à ce modèle théorique, nous utilisons les commandes suivantes :

```
n <- 100000
U <- rnorm(n)
Z <- rnorm(n)
X <- Z + rnorm(n)
Y <- 1.5 * X + rnorm(n)
Xo <- X + U
Yo <- Y + U
```

La vraie valeur de l'effet causal est 1,5, mais une régression linéaire avec les variables observables X_o et Y_o produit un estimé biaisé :

```
mod <- lm(Yo ~ Xo)
coef(mod)
##  (Intercept)           Xo
## 0,0001079371 1,3304422920
```

En contraste, l'analyse par variable instrumentale arrive à identifier le vrai effet causal de X sur Y, même si nous pouvons seulement observer les variables X_o et Y_o :

```
mod <- ivreg(Yo ~ Xo | Z)
coef(mod)
##  (Intercept)           Xo
## 0,0004205261 1,4975460376
```

Effet de traitement moyen local

Nous avons vu que l'analyse par variable instrumentale permet d'estimer un effet de traitement moyen local. Pour illustrer cette propriété, nous simulons des données artificielles où l'effet de traitement et la force de l'instrument varient d'un sous-échantillon à l'autre.

Dans le premier sous-groupe, l'instrument Z a un effet sur la variable explicative X, et X a un effet de 5 sur la variable dépendante Y :

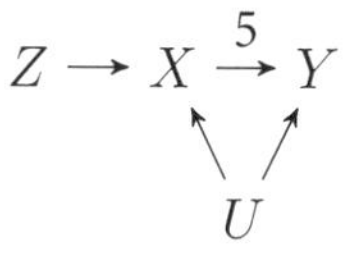


```
n <- 100000
Z <- rnorm(n)
U <- rnorm(n)
X <- Z + U + rnorm(n)
Y <- 5 * X + U + rnorm(n)
groupe_1 <- data.frame(X, Y, Z)
```

Dans le deuxième sous-groupe, l'instrument Z n'a pas d'effet sur la variable explicative X (la flèche entre ces deux variables disparaît), et X a un effet de 2 sur la variable dépendante Y :

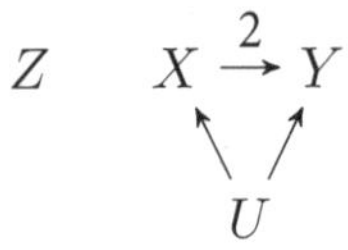


```
Z <- rnorm(n)
U <- rnorm(n)
X <- U + rnorm(n)
Y <- 2 * X + U + rnorm(n)
groupe_2 <- data.frame(X, Y, Z)
```

À cause du problème fondamental de l'inférence causale, l'analyste ne peut jamais estimer l'effet de traitement sur un individu en particulier. L'analyste pourra donc rarement identifier précisément les individus qui sont affectés par l'instrument ou ceux pour qui le traitement a le plus gros effet causal. De son point de vue, il est difficile de distinguer les deux groupes qui composent son échantillon. Pour représenter cette difficulté, nous combinons les informations sur les deux sous-groupes en une seule banque de données avec la fonction `rbind` :

```
dat <- rbind(groupe_1, groupe_2)
```

Finalement, nous estimons l'effet causal moyen local dans la banque de données combinée :

```
mod <- ivreg(Y ~ X | Z, data = dat)
coef(mod)
##  (Intercept)            X
## 0,0004707819 4,9835417512
```

Tel que prévu, le coefficient de régression estimé grâce à la variable instrumentale est près de 5, soit l'effet causal moyen dans le groupe d'individus chez qui Z a un effet sur X.

Chapitre 15

Observations répétées ou hiérarchiques

Ce chapitre introduit le concept d'observations répétées ou hiérarchiques, et présente quatre stratégies empiriques qui peuvent exploiter les informations contenues dans une telle banque de données : les effets fixes, les variables décalées, la méthode des doubles différences et les modèles multiniveaux.

Observations répétées

Un panel est une banque de données qui comprend plusieurs unités d'observation et où les caractéristiques de chaque unité sont mesurées à plusieurs reprises. Par exemple, le tableau 15.1 montre le résultat de trois élections fédérales canadiennes dans la circonscription de Brome—Missisquoi, au Québec. Dans ce panel, les unités d'observation sont les partis politiques, et chaque parti est observé à trois reprises, lors des élections de 2008, 2011 et 2015.

Lorsque la personne qui représente un parti au temps t est une femme, la variable « Femme » est égale à 1. La quatrième colonne montre le pourcentage des votes qu'un parti a remporté lors d'une élection. En 2008, le candidat représentant le Bloc Québécois était un homme et il a remporté 35,2 % des votes.

Un analyste qui veut estimer la relation entre les caractéristiques des candidats et les votes reçus peut adopter différentes stratégies. La plus simple serait d'estimer un modèle linéaire comme celui-ci :

$$Y_{it} = \beta X_{it} + \alpha + \varepsilon_{it} \tag{15.1}$$

où i identifie le parti politique, t l'élection, β le coefficient de régression et α la constante du modèle.

TABLEAU 15.1.
Candidats aux élections fédérales canadiennes dans la circonscription de Brome-Missisquoi, Québec. La colonne t montre le pourcentage de votes obtenus par un parti lors d'une élection. La colonne t-1 montre le pourcentage de votes obtenus par le parti lors de l'élection précédente. Les colonnes B, C, L et N sont des variables binaires qui peuvent être utilisées pour estimer un modèle avec effets fixes de partis.

			Votes (%)		Effets fixes			
Parti	Élection	Femme	t	t-1	B	C	L	N
Bloc Québécois	2008	0	35,2		1	0	0	0
Bloc Québécois	2011	1	21,3	35,2	1	0	0	0
Bloc Québécois	2015	0	17,5	21,3	1	0	0	0
Conservateur	2008	0	18,7		0	1	0	0
Conservateur	2011	0	11,9	18,7	0	1	0	0
Conservateur	2015	0	11,5	11,9	0	1	0	0
Libéral	2008	0	32,8		0	0	1	0
Libéral	2011	0	22,1	32,8	0	0	1	0
Libéral	2015	0	43,9	22,1	0	0	1	0
Néo-démocrate	2008	1	9,1		0	0	0	1
Néo-démocrate	2011	0	42,6	9,1	0	0	0	1
Néo-démocrate	2015	1	24,5	42,6	0	0	0	1

L'équation 15.1 est souvent appelée un modèle en « *pooling* », parce qu'elle met en commun toute la variation disponible dans les données. Ce modèle ignore la structure en panel et estime la relation entre X et Y comme si les observations étaient indépendantes les unes des autres.

Pour illustrer comment estimer un modèle en *pooling*, nous importons dans R les données étudiées dans l'article « *Do Women Get Fewer Votes ? No.* » de Sevi, Arel-Bundock et Blais (2019). Ce fichier inclut des informations sur 34 000 candidats aux élections fédérales canadiennes (1921—2015) :

```
dat <- read.csv('data/sevi_arel-bundock_blais_2019.csv')
```

Pour savoir si les candidates reçoivent moins de votes que les candidats, nous estimons d'abord un modèle de régression linéaire qui ignore la structure en panel des données, suivant l'équation 15.1. La variable dépendante est le pourcentage des votes obtenus par un parti, dans une circonscription, lors d'une élection (entre 0 et 100). La variable indépendante est égale à 1 si la candidate est une femme et 0 autrement :

```
mod <- lm(votes ~ femme, data = dat)
coef(mod)['femme']
##     femme
## -8,400304
```

Le coefficient estimé suggère qu'en moyenne, la part des votes reçus par une femme est 8,4 points de pourcentage moins élevée que la part des votes reçus par un homme.

Effets fixes

Comme nous l'avons vu dans le chapitre 5, les coefficients produits par un modèle de régression linéaire sont non biaisés seulement si X est indépendant du terme d'erreur ε, c'est-à-dire si X est indépendant des variables omises qui influencent Y.

Lorsqu'un analyste étudie des données en panel, ce postulat est souvent violé. Dans un panel, certains individus sont fondamentalement différents des autres : la France n'est pas le Canada, le Parti libéral n'est pas le Parti conservateur, Microsoft n'est pas Apple. Malheureusement, les différences constantes et fondamentales entre individus sont souvent impossibles à mesurer ou à contrôler. Si les unités d'observation ont des caractéristiques propres et constantes qui déterminent les autres variables du modèle, et si l'analyste ne peut pas contrôler ces caractéristiques, le modèle en *pooling* risque d'être biaisé.

Par exemple, certains partis politiques se sont dotés d'institutions paritaires et de règles pour faciliter le recrutement de candidates. Si les partis les plus actifs dans ce dossier ont d'autres caractéristiques qui les rendent plus (ou moins) populaires lors des élections, nos estimés pourraient souffrir de biais par variable omise :

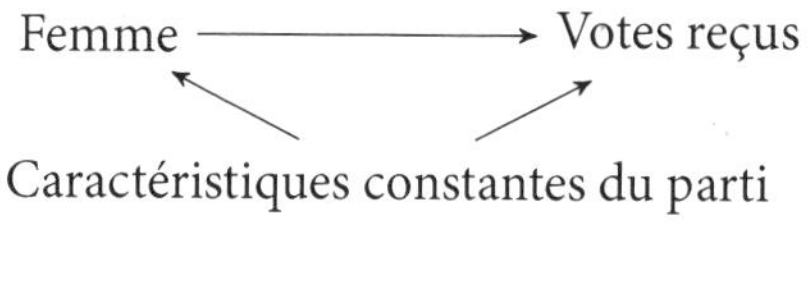

Dans ce graphe, les caractéristiques propres à un parti politique déterminent à la fois la probabilité que son représentant soit une femme et le nombre de votes qu'il reçoit. Cette variable ouvre un chemin par la porte arrière, ce qui peut biaiser les résultats. Pour éliminer ce biais par variable omise, l'analyste doit modéliser explicitement la structure en panel de ses données.

Une stratégie puissante pour éliminer le biais par variable omise est le modèle de régression avec « effets fixes ».

Qu'est-ce qu'un effet fixe ?

Un effet fixe est le coefficient associé à une variable binaire égale à 1 pour une unité d'observation donnée, et 0 pour toutes les autres. Chaque unité d'observation est associée à son propre effet fixe.

Le tableau 15.1 inclut quatre variables binaires : « B » est égale à 1 pour les candidats du Bloc québécois, « C » est égale à 1 pour les candidats du Parti conservateur, « L » est égale à 1 pour les candidats du Parti libéral, et « N » est égale à 1 pour les candidats du Nouveau Parti démocratique.

Pour spécifier un modèle de régression avec effets fixes, il suffit d'ajouter ces variables binaires à l'équation de régression :[1]

$$Y_{it} = \beta X_{it} + \alpha_1 B_i + \alpha_2 C_i + \alpha_3 L_i + \alpha_4 N_i + \varepsilon_{it}$$

où les coefficients de régression $\alpha_1, \alpha_2, \alpha_3$ et α_4 sont appelés « effets fixes ». Plus généralement, quand il y a k unités d'observation, on écrit le modèle ainsi :

$$Y_{it} = \beta X_{it} + \sum_{i=1}^{k} \alpha_i + \varepsilon_{it}, \qquad (15.2)$$

L'équation 15.2 montre que le modèle avec effets fixes estime un seul coefficient β. Peu importe l'unité d'observation qui nous intéresse, la relation estimée entre X et Y demeure la même. L'équation 15.2 montre aussi que ce modèle estime une constante différente pour chaque unité d'observation (α_i).

1. Lorsque chaque unité d'observation est associée à une variable dichotomique, il faut omettre la constante, afin d'éviter la colinéarité parfaite (voir la section sur Gauss-Markov dans le chapitre 20). Ceci ne pose pas de défi particulier pour l'analyste, parce que tous les logiciels statistiques modernes se chargent de cette omission automatiquement.

Une façon mathématiquement équivalente de spécifier le même modèle est :

$$Y_{it} - \bar{Y}_i = \beta(X_{it} - \bar{X}_i) + \alpha + \varepsilon_{it} \tag{15.3}$$

où $\bar{Y}_i$ et $\bar{X}_i$ sont les moyennes de Y et de X pour l'unité i. Le modèle avec effets fixes peut donc être obtenu en soustrayant les moyennes de groupe des variables dépendante et indépendante, avant d'estimer le modèle linéaire.

Interprétation

En permettant à chaque unité d'observation d'avoir sa propre constante, le modèle avec effets fixes contrôle tous les facteurs qui sont (a) propres à une unité d'observation, et (b) constants d'une période de mesure à l'autre.

Au Canada, par exemple, le Bloc québécois est un parti politique indépendantiste et le Parti libéral est un parti politique fédéraliste. Cette distinction entre les deux partis était vraie et constante lors de toutes les élections dans notre banque de données. Le modèle avec effets fixes contrôle donc cette différence. [2]

Une autre façon d'interpréter le modèle avec effets fixes découle de l'équation 15.3. En soustrayant les moyennes de groupe, le modèle « centre » toutes les variables, afin que chaque unité d'observation ait une moyenne de zéro. En faisant cela, nous éliminons toute la variation constante *entre* les individus et nous exploitons seulement les changements *au sein* des individus, au fil du temps. [3] Un coefficient de régression dans un modèle avec effets fixes mesure donc l'association entre la variable dépendante et les mouvements de la variable indépendante qui ont lieu au sein d'une même unité d'analyse. Le modèle ignore la variance entre les unités de la banque de données.

Un modèle avec une constante par individu (effets fixes) est plus flexible qu'un modèle avec une seule constante (*pooling*), et les deux approches peuvent produire des estimés radicalement différents du coefficient β. La figure 15.1 illustre un tel cas. Dans cette banque de données ynthétique, il y a trois unités d'observation : cercle, triangle,

2. Le niveau d'attention que chaque parti accorde à cet enjeu peut varier d'une élection à l'autre, mais le modèle avec effets fixes ne contrôle *pas* ces variations au sein des unités, entre les périodes.

3. Le modèle avec effets fixes permet donc de limiter certaines formes de biais par variable omise au prix d'ignorer de l'information qui pourrait être pertinente pour l'analyse.

carré. Chaque point correspond à une mesure des variables X et Y faite sur une unité d'observation.

Le panneau de gauche montre la droite de régression estimée à partir de la banque de données complète, à l'aide d'un modèle en *pooling* dans l'équation 15.1. Le panneau de droite montre les trois droites de régression estimées à l'aide d'un modèle avec effets fixes. Suivant l'équation 15.2, les trois droites de régression partagent la même pente : il y a un seul coefficient β dans le modèle. Par contre, les trois droites de régression ont différentes constantes α_i. Lorsque toute la variation est mise en commun, notre estimé du coefficient β est positif. Lorsque le modèle s'intéresse seulement à la variation au sein des individus, notre estimé du coefficient β est négatif.

FIGURE 15.1.
Banque de données simulées avec trois unités d'observation (cercle, triangle, carré). Les variables X et Y sont mesurées à plusieurs reprises pour chaque unité.

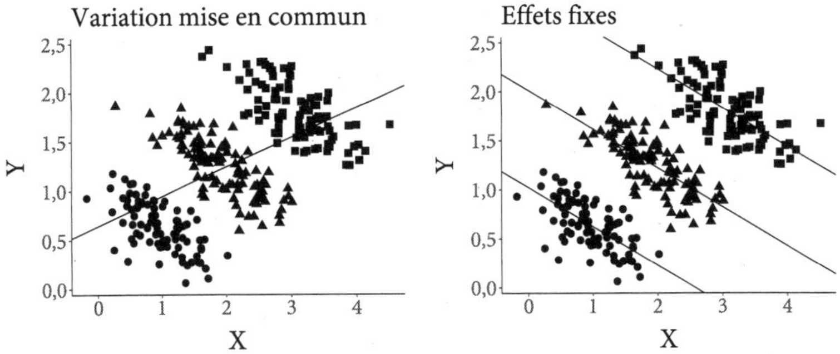

Estimation

Afin d'estimer un modèle de régression avec effets fixes dans R, nous pouvons utiliser la fonction `factor`. Cette fonction crée automatiquement une série de variables dichotomiques pour chacune des unités d'observation et elle les inclut dans le modèle de régression. [4]

Pour illustrer, nous retournons à l'analyse des élections canadiennes, et nous estimons un nouveau modèle :

4. Lorsque le nombre d'unités d'observation est élevé, le nombre de coefficients à estimer devient lui aussi élevé. Dans ce cas, estimer un modèle à effets fixes peut devenir lent, même sur un ordinateur moderne et puissant. Les librairies `fixest`, `lfe`, `felm` et `plm` pour le logiciel R permettent d'estimer des modèles avec effets fixes beaucoup plus rapidement que les fonctions `lm` et `factor`.

```
mod <- lm(votes ~ femme + factor(parti), data = dat)
coef(mod)['femme']
##      femme
## -3,185686
```

Après avoir contrôlé les caractéristiques constantes des partis politiques, notre modèle estime que la candidate moyenne reçoit 3,2 points de pourcentage de moins de votes que le candidat moyen.

Effets fixes à plusieurs niveaux

Jusqu'à maintenant, nous avons seulement considéré les effets fixes au niveau de l'individu. Une autre possibilité est d'inclure des effets fixes à plusieurs niveaux.

Par exemple, en plus d'inclure une variable dichotomique par parti politique, nous pourrions inclure une variable dichotomique par élection. Ce type de modèle contrôle à la fois les caractéristiques communes à toutes les observations faites sur un individu, et pour les caractéristiques communes à toutes les observations faites lors d'une période donnée.

Inclure des effets fixes pour chaque élection permet de contrôler les « chocs » qui ont pu affecter certaines élections, ainsi que pour les tendances temporelles dans nos variables d'intérêt : [5]

```
mod <- lm(votes ~ femme + factor(parti) + factor(election),
          data = dat)
coef(mod)['femme']
##   femme
## -1,6484
```

Ce modèle, qui contrôle les effets de partis et les effets temporels, estime que la candidate moyenne reçoit 1,6 points de pourcentage de moins de votes que le candidat moyen. [6]

5. En particulier, Sevi, Arel-Bundock et Blais (2019) notent que le nombre de candidates a augmenté au fil du temps, en parallèle à une augmentation du nombre total de candidats. Lorsqu'il y a plus de candidats, chacun risque de recevoir un moins grand pourcentage des votes. Les auteurs montrent que le candidat moyen reçoit un beaucoup plus petit pourcentage des votes en 2015 qu'en 1921. Ceci pourrait nuire à l'inférence : un modèle pourrait estimer que les femmes reçoivent moins de votes que les hommes simplement parce que plus de femmes se présentent en fin de période.

6. Le modèle que Sevi, Arel-Bundock et Blais (2019) considèrent le plus crédible inclut aussi des effets fixes pour toutes les combinaisons de circonscription/parti. Dans ce modèle, la différence entre les votes pour les femmes et pour les hommes est estimée à 0,5 point de pourcentage. Sur cette base, les auteurs concluent que la différence entre le succès électoral des hommes et des femmes est minuscule.

Limites des effets fixes

Le modèle à effets fixes est un outil puissant pour limiter le biais par variable omise dû à des facteurs non observables. Cependant, mettre l'accent sur la variation intra-individu impose aussi certaines contraintes.

D'abord, il est mathématiquement impossible d'utiliser un modèle avec effets fixes pour estimer l'effet de phénomènes qui ne varient pas au sein d'une unité d'observation.[7] Ensuite, le modèle ignore l'information qu'un analyste peut extraire des comparaisons entre individus, pour se concentrer seulement sur la variation au sein des individus. Ce modèle nous force donc à ignorer de l'information statistique qui pourrait être utile ou intéressante.

Finalement, les effets sont « fixes » au sens où ils ne varient pas entre les différentes mesures faites sur une même unité d'observation. L'effet fixe ne contrôle donc pas pour les dynamiques temporelles qui pourraient affecter nos résultats. Ce type de modèle ne sera pas approprié si la valeur de notre variable dépendante est fonction de la valeur de cette même variable lors des périodes d'observation précédentes. Pour tenir compte de ce type de dynamique temporelle, nous pourrions utiliser des variables dépendantes décalées.

Variable dépendante décalée

La figure 15.2a montre un exemple typique où le modèle avec effets fixes est approprié. Dans ce cas, la valeur de Y est déterminée par la valeur contemporaine d'une variable X, qui change aux temps 1, 2 et 3. La valeur de Y est aussi déterminée par un effet U, qui est constant au fil du temps.

La figure 15.2b montre un exemple où le processus de génération des données ne se conforme *pas* au modèle simple avec effets fixes. Dans ce cas, la valeur de la variable dépendante Y est déterminée par la valeur de cette même variable lors des périodes précédentes. $Y_{t=1}$ détermine $Y_{t=2}$, et $Y_{t=2}$ détermine $Y_{t=3}$. Si cette figure représente le vrai processus de génération des données, un modèle avec effets fixes est inadéquat.

7. Lorsqu'une variable change peu au sein d'un individu, il est possible d'estimer un modèle avec effets fixes ; toutefois, l'information disponible sera pauvre et les erreurs types risquent d'être (correctement) grandes. La discussion sur la multicolinéarité entourant la figure 5.5 est pertinente.

FIGURE 15.2.
Modèles de régression avec effets fixes et variable décalée.

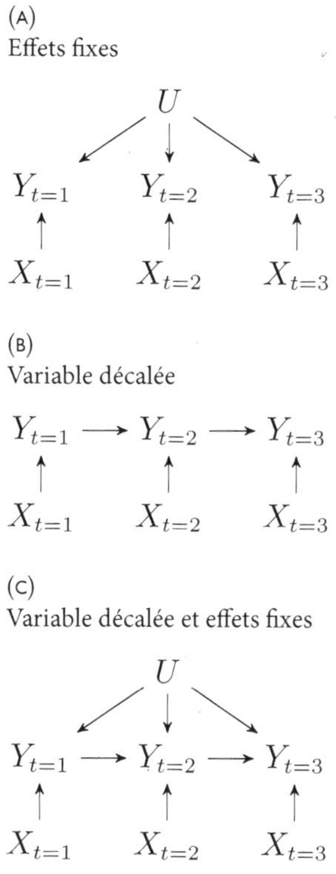

Une approche populaire pour tenir compte des dynamiques temporelles est d'estimer un modèle de cette forme :[8]

$$Y_{it} = \beta_0 + \beta_1 X_{it} + \beta_2 Y_{it-1} + \varepsilon_{it} \tag{15.4}$$

où Y_{it-1} est une variable dépendante décalée.

La colonne Votes $(\%)_{t-1}$ du tableau 15.1 montre une variable décalée. Pour construire une telle variable, il suffit de reporter la valeur mesurée de la variable dépendante à la période subséquente. Dans l'exemple du tableau 15.1, la variable décalée indique la part des votes

8. L'analyse de données en panel est un champ d'études bien développé. Pour aller plus loin que les modèles avec une seule variable décalée, le lecteur pourrait trouver utiles les textes de Baltagi (2008) ou Wooldridge (2010).

obtenus par un parti lors de l'élection précédente. Puisque nous décalons la variable dépendante, la première valeur pour chaque unité d'observation sera manquante, et donc exclue de l'analyse.

La banque de données de Sevi, Arel-Bundock et Blais (2019) inclut une variable décalée. Pour estimer le modèle 15.4, il suffit de traiter celle-ci comme une variable de contrôle :

```
mod <- lm(votes ~ femme + votes_decales, data = dat)
coef(mod)
##   (Intercept)         femme votes_decales
##     3,8771606    -1,8668021     0,8488553
```

Ce modèle estime qu'en moyenne, la part des votes obtenus par une candidate est 1,87 points de pourcentage moins élevée que celle des hommes. [9]

Combiner les effets fixes et les variables décalées

La figure 15.2c montre un modèle causal où il y a un effet constant propre aux unités ainsi qu'un effet dynamique. Dans ce contexte, plusieurs analystes sont tentés de combiner les effets fixes à une variable décalée, pour estimer un modèle de cette forme :

$$Y_{it} = \beta_1 X_{it} + \beta_2 Y_{it-1} + \sum_{i=1}^{k} \alpha_i + \varepsilon_{it} \qquad (15.5)$$

Malheureusement, Nickell (1981) a démontré que le modèle 15.5 produit généralement un estimé biaisé du coefficient β_1. Par conséquent, combiner les effets fixes et les variables décalées n'est pas recommandé en pratique, surtout quand le nombre d'observations par unité est petit. [10]

9. Le modèle 15.4 peut être qualifié de « dynamique », parce que la variable indépendante peut affecter la variable dépendante durant plusieurs périodes à travers son effet sur la variable décalée. Le coefficient β_1 de cette équation doit donc être traité comme un effet marginal « instantané » ou « à court terme ». De Boef et Keele (2008) expliquent comment calculer les effets à long terme dans un éventail de modèles dynamiques.

10. La taille du biais identifié par Nickell (1981) diminue quand le nombre d'observations par unité augmente. En pratique, le biais est souvent petit lorsque le nombre d'observations par unité est supérieur à 20 (Beck et Katz, 2011) et certaines techniques statistiques peuvent être déployées pour limiter ce biais. Angrist et Pischke (2008) expliquent aussi pourquoi les estimés produits par un modèle avec effets fixes et un modèle avec variable décalée peuvent être interprétés comme des bornes qui entourent la vraie valeur du paramètre.

Méthode des doubles différences

La méthode des doubles différences est une autre stratégie empirique qui permet d'exploiter les données en panel. Cette méthode repose sur une comparaison entre la valeur d'une variable dépendante dans les groupes de traitement et de contrôle, avant et après l'administration dudit traitement. La méthode tient son nom du double contraste qui fait l'objet de l'analyse : nous mesurons la différence dans la différence entre les groupes expérimentaux, avant et après le traitement.

La figure 15.3a montre un exemple hypothétique. Avant l'administration du traitement, la variable dépendante Y est égale à 1 dans le groupe de traitement et 0 dans le groupe de contrôle. La différence entre les groupes de traitement et de contrôle est $1 - 0 = 1$. Après l'administration du traitement, Y est égale à 5 dans le groupe de traitement et 1 dans le groupe de contrôle. La différence entre les groupes de traitement et de contrôle est $5 - 1 = 4$. La double différence, ou la différence entre les différences, est égale à $4 - 1 = 3$. L'effet du traitement semble positif.

La figure 15.3b montre un exemple où l'effet de traitement est négatif. Dans ce panneau, nous voyons que la différence dans Y entre le groupe de traitement et de contrôle est réduite lorsque le traitement est administré.

FIGURE 15.3.
Méthode des doubles différences avec un groupe de traitement, un groupe de contrôle et deux observations par groupe.

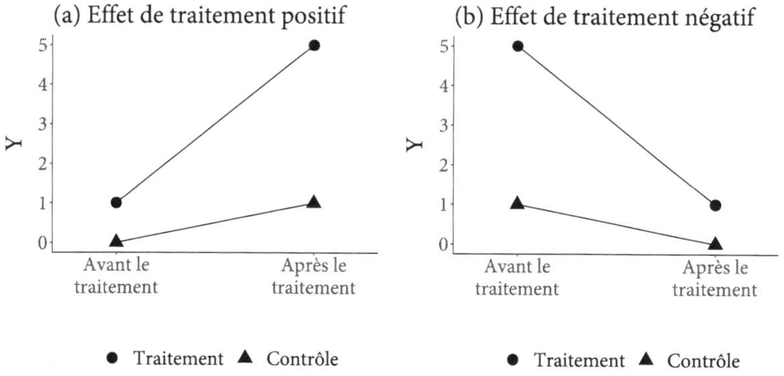

La figure 15.3 illustre deux exemples simples, avec seulement deux mesures par unité d'observation. En contraste, la figure 15.4 montre une application de la méthode des doubles différences où la variable dépendante *Y* est mesurée plusieurs fois dans les groupes de traitement et de contrôle. Dans cette figure, les triangles noirs correspondent aux mesures prises dans le groupe de traitement, et les cercles correspondent aux mesures prises dans le groupe de contrôle. La ligne pointillée identifie la date où le traitement est administré.

Avant le traitement, la variable *Y* est plus élevée dans le groupe de traitement que dans le groupe de contrôle. Après le traitement, la différence entre les deux groupes sur la variable *Y* est encore plus prononcée qu'auparavant. Les triangles gris représentent les mesures que nous aurions prises dans un monde contre-factuel où le traitement n'aurait pas été administré. En l'absence de traitement, la différence entre le groupe de contrôle et le groupe de traitement serait demeurée constante. Nous pouvons donc conclure que l'effet de traitement est positif.

FIGURE 15.4.
Méthode des doubles différences avec plusieurs mesures de la variable dépendante par groupe. La droite verticale identifie la date où le traitement est administré. Les cercles représentent les mesures de *Y* prises dans le groupe de contrôle. Les triangles noirs représentent les mesures de *Y* prises dans le groupe de traitement. Les triangles gris représentent les valeurs de *Y* qui auraient été mesurées dans le groupe de traitement dans un monde contre-factuel où le traitement n'aurait pas été administré.

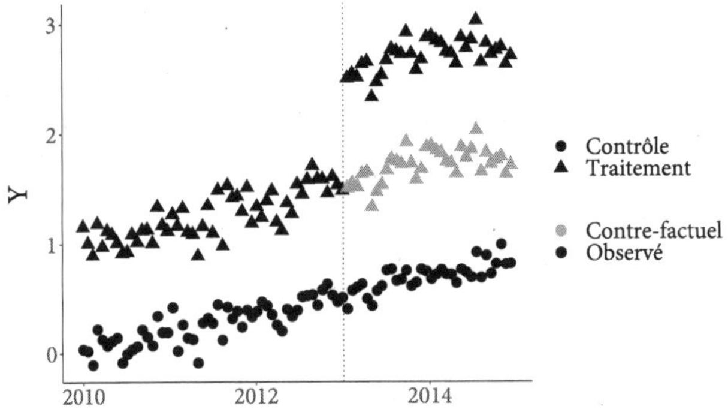

Postulat : tendance commune

Le principal postulat qu'il faut accepter pour donner une interprétation causale à une analyse par méthode des doubles différences est le suivant : en l'absence de traitement, les groupes de traitement et de contrôle auraient suivi une *tendance commune*. En d'autres mots, les groupes de traitement et de contrôle auraient suivi des trajectoires parallèles dans le monde contre-factuel où aucun traitement n'aurait été administré.

Ce postulat est relativement permissif. D'abord, les groupes de traitement et de contrôle peuvent être systématiquement différents, tant que cette différence demeure constante au fil du temps. De plus, toutes les unités d'observation peuvent changer au fil du temps, tant que le temps affecte les groupes de contrôle et de traitement de la même façon.

Ceci dit, il est important de souligner que la méthode des doubles différences ne nous permet pas d'échapper au problème fondamental de l'inférence causale. En effet, le postulat des tendances communes fait appel à une hypothèse contre-factuelle impossible à démontrer. Dans la figure 15.4, l'interprétation causale est justifiée parce que, en absence de traitement, la relation entre Y dans le groupe de traitement et dans le groupe de contrôle serait demeurée la même. Malheureusement, il est impossible de montrer que c'est le cas, puisque les triangles gris représentent des mesures contre-factuelles, non observables.

Pour convaincre le lecteur que le postulat de tendance commune est raisonnable, plusieurs chercheurs démontrent empiriquement que les groupes de traitement et de contrôle évoluaient en parallèle dans la période prétraitement. Cette analyse est utile, intéressante, et rassurante, mais elle ne doit pas être interprétée comme une démonstration du postulat fondamentalement contre-factuel de la méthode des doubles différences.

Estimation

Pour illustrer l'analyse par méthode des doubles différences, nous allons étudier un exemple tiré de l'étude influente de Card et Krueger (1994).[11] Dans cet article, les auteurs tentent d'estimer l'effet causal d'une augmentation du salaire minimum sur le nombre d'emplois dans la restauration rapide.

11. Cet exemple est aussi analysé dans l'important livre de Angrist et Pischke (2008).

CARTE 15.1.
Régions mid-atlantique et nord-est des États-Unis. La Pennsylvanie (blanc) et le New Jersey (noir) sont des états voisins.

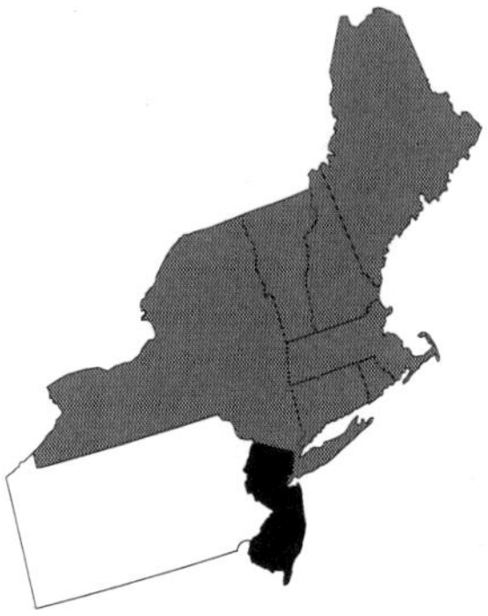

En 1992, le gouvernement du New Jersey a haussé le salaire minimum de 4,25 $ à 5,05 $ l'heure. Plusieurs économistes s'attendaient alors à ce que les employeurs réagissent en réduisant le nombre d'emplois offerts. Pour tester cette hypothèse, Card et Krueger ont amassé de l'information sur le nombre d'emplois à temps plein dans la restauration rapide au New Jersey et dans l'est de la Pennsylvanie, deux régions voisines où les conditions économiques sont similaires (carte 15.1).

Pour commencer l'analyse, nous importons les données de Card et Krueger dans R et nous inspectons les premières rangées :

```
dat <- read.csv('data/card_krueger_1994.csv')
head(dat)
##           etat emplois periode salaire_minimum
## 1 Pennsylvania   40,50       0               0
## 2 Pennsylvania   13,75       0               0
## 3 Pennsylvania    8,50       0               0
## 4 Pennsylvania   34,00       0               0
## 5 Pennsylvania   24,00       0               0
## 6 Pennsylvania   20,50       0               0
```

Chacune des 794 rangées de cette banque de données correspond à un restaurant. La colonne « emplois » compte le nombre d'employés à temps plein dans un restaurant; « période » est une variable binaire égale à 0 pour toutes les observations prises avant l'augmentation du salaire minimum, et 1 pour les observations prises après l'intervention; et « salaire_minimum » est la variable de traitement, égale à 1 pour les mesures prises au New Jersey *après* l'augmentation du salaire minimum et 0 pour toutes les autres.

Pour mesurer la différence des différences, nous calculons d'abord la moyenne du nombre d'emplois à temps plein, dans chaque état, pour chaque période :[12]

```
library(tidyverse)

dat %>% group_by(etat, periode) %>%
        summarize(emplois_moyens = mean(emplois))
## # A tibble: 4 x 3
## # Groups:   etat [2]
##   etat         periode emplois_moyens
##   <chr>          <int>          <dbl>
## 1 New Jersey         0           20.4
## 2 New Jersey         1           21.0
## 3 Pennsylvania       0           23.3
## 4 Pennsylvania       1           21.2
```

La figure 15.5 présente ces résultats graphiquement. Le nombre d'emplois moyens dans les restaurants *avant* l'augmentation du salaire minimum était de 20,44 au New Jersey et de 23,33 en Pennsylvanie. La différence entre les deux états était alors de 2,89.

Le nombre d'emplois moyens dans les restaurants *après* l'augmentation du salaire minimum était de 21,0 au New Jersey et de 21,2 en Pennsylvanie. La différence entre les deux états était alors de 0,1.

La différence des différences est égale à 2,8. Cette quantité mesure l'effet de traitement moyen. Contrairement aux attentes des économistes, l'augmentation du salaire minimum au New Jersey ne semble avoir pas avoir réduit le nombre d'emplois en restauration rapide, comparativement à l'état voisin.

Dans un cas simple avec un traitement binaire et seulement deux périodes d'observation, l'estimé causal par méthode des doubles différences peut être calculé avec un modèle de régression à deux niveaux d'effets fixes :

$$Y_{it} = \beta_1 X_{it} + \sum_{i=1}^{n} \alpha_i + \sum_{t=1}^{k} \lambda_j + \varepsilon_{it} \quad (15.6)$$

12. La librairie `tidyverse` nous permet d'utiliser la fonction `group_by` pour calculer facilement des statistiques pour chaque groupe d'observation.

FIGURE 15.5.
Effet d'une augmentation du salaire minimum sur le nombre d'emplois à temps plein dans la restauration rapide au New Jersey. Estimation par la méthode des doubles différences.

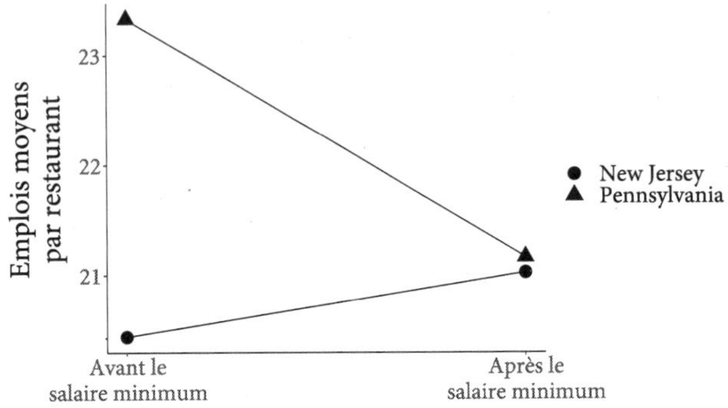

où Y_{it} est le nombre d'emplois dans le restaurant i lors de la période t ; X_{it} est égal à 1 pour les restaurants du New Jersey après l'augmentation du salaire minimum et 0 pour tous les autres restaurants ; n est le nombre d'unités d'observation ; k est le nombre de périodes ; α_i sont des effets fixes pour les états ; et λ_t sont des effets fixes de périodes, c'est-à-dire avant et après le traitement.[13]

Dans R, nous utilisons les fonctions `factor` et `lm` pour estimer ce modèle :

```
mod <- lm(emplois ~ salaire_minimum +
            factor(etat) + factor(periode),
            data = dat)
summary(mod)
##                            Estimate Std. Error t value Pr(>|t|)
## (Intercept)                  20,439      0,525  38,934   <0,001
## salaire_minimum               2,754      1,688   1,631   0,1033
## factor(etat)Pennsylvania      2,892      1,194   2,423   0,0156
## factor(periode)1             -2,166      1,516  -1,429   0,1535
```

L'estimé produit par ce modèle (2,8) est exactement égal à la différence des différences que nous avons calculé manuellement précédemment.

Le modèle 15.6, avec effets fixes pour les unités et pour les périodes, est facile à appliquer aux cas où il y a plus de deux observations, où

13. Un des effets fixes doit être omis pour éviter la colinéarité parfaite. Votre logiciel statistique s'occupera généralement de cela automatiquement pour vous.

plus de deux mesures sont prises par unité et où le traitement n'est pas administré à toutes les unités en même temps. Plusieurs analystes interprètent les résultats produits par un tel modèle comme un estimé causal par méthode des doubles différences « généralisée ». Goodman-Bacon (2018) montre que cette interprétation est partiellement justifiée, mais que l'interprétation strictement correcte requiert plus de nuance.

Régression multiniveau

Souvent, une banque de données est structurée de façon hiérarchique, où les individus observés font partie de groupes clairement identifiables. Par exemple, un chercheur qui veut estimer l'effet d'un nouvel outil pédagogique sur la performance scolaire pourrait observer un grand échantillon d'élèves de l'école primaire. Ces élèves font partie de groupes imbriqués les uns dans les autres, de façon hiérarchique : une classe dans une école, dans une ville, dans une province, dans un pays. Évidemment, les élèves d'une seule classe risquent d'être plus homogènes que les élèves de toute une ville. Le modèle de régression multiniveau tient compte de l'interdépendance entre les observations d'un échantillon et exploite la structure hiérarchique des données afin de mieux estimer la relation d'intérêt.

L'expression « multiniveau » fait référence à une classe de modèles qui se distinguent de la régression linéaire simple par la présence de « composantes aléatoires ».[14] Pour comprendre la nature et le rôle de ces composantes aléatoires, considérons le cas où un chercheur tente d'estimer l'effet de X sur Y. Pour estimer la relation entre ces deux variables, le chercheur assemble des données sur plusieurs individus i répartis dans différents groupes k et il estime le modèle de régression linéaire suivant :

$$Y_{ik} = \alpha + \beta X_{ik} + \varepsilon_{ik} \tag{15.7}$$

où α est la constante et β le coefficient de régression.

Le modèle 15.7 assume que la constante et le coefficient sont identiques pour tous les groupes. Ce postulat est parfois irréaliste. Par

14. Dans ce champ des statistiques, la nomenclature est loin d'être uniforme et consensuelle. À preuve, les modèles multiniveau sont souvent appelées « modèles à effets mixtes », « modèles hiérarchiques » ou « modèles à effets aléatoires » dans la littérature. Un autre exemple : de nombreux ouvrages sur la modélisation multiniveau font référence à des « effets fixes » qui n'ont rien à voir avec ceux que nous avons étudiés dans la section sur les effets fixes.

exemple, quand la variable dépendante est (conditionnellement) plus élevée dans certains groupes, un modèle avec une seule constante représente mal le processus de génération des données. Pour améliorer le modèle 15.7, le chercheur peut estimer un modèle multiniveau avec « ordonnées à l'origine aléatoires » :

$$Y_{ik} = \alpha_k + \beta X_{ik} + \varepsilon_{ik} \qquad (15.8)$$

Dans le modèle 15.8, chaque groupe k est associé à une ordonnée à l'origine distincte : α_k. Ceci permet au modèle de faire différentes prédictions pour la variable dépendante dans les différents groupes de l'échantillon.

Les paramètres α_k sont analogues aux effets unitaires du modèle de régression avec effets fixes, mais ils sont estimés différemment.[15] Plutôt que d'insérer une variable dichotomique par unité d'observation dans l'équation de régression, le modèle multiniveau estime α_k en exploitant deux postulats statistiques : (1) toutes les valeurs de α_k sont tirées d'une même distribution,[16] et (2) les effets unitaires α_k sont conditionnellement indépendants des variables explicatives du modèle X_{ik} (Bell et Jones, 2015).

Ce deuxième postulat est très difficile à satisfaire.[17] Il requiert que les caractéristiques propres à une unité d'analyse (pays, école, etc.) soient indépendantes des variables explicatives du modèle. Cela implique qu'il ne doit pas y avoir de relation causale entre X_{ik} et α_k, mais aussi qu'aucune autre variable ne doit lier X_{ik} et α_k. Si une variable omise est associée aux deux facteurs, les estimés produits par le modèle multiniveau seront biaisés.

Un avantage de l'approche multiniveau est qu'elle nous permet de modéliser un second type d'interdépendance entre les unités d'observation. Parfois, la relation entre X et Y varie d'un groupe à l'autre. Dans certains groupes, une augmentation de X pourrait être associée à une augmentation de Y. Ailleurs, une augmentation de X pourrait être associée à une diminution de Y (ou à une augmentation moins élevée de Y). Pour saisir cette hétérogénéité, le chercheur peut estimer

15. Pour une comparaison détaillée mais accessible des modèles avec effets fixes ou effets aléatoires, lire Bell et Jones (2015).

16. Souvent, on assume que les composantes aléatoires sont issues d'une loi normale multidimensionnelle.

17. Le premier postulat est presque toujours violé en pratique, mais il peut être assoupli en adoptant une approche d'estimation bayésienne (Gelman et Hill, 2006).

un modèle multiniveau avec « pentes aléatoires » :

$$Y_{ik} = \alpha + \beta_k X_{ik} + \varepsilon_{ik} \tag{15.9}$$

Dans ce modèle, chaque groupe k est associé à un coefficient de régression distinct : β_k. Ceci permet à la relation entre X et Y de varier d'un groupe à l'autre.

Si le chercheur croit que les deux formes de dépendance sont présentes dans son échantillon, il pourrait combiner les modèles 15.8 et 15.9 pour estimer un modèle avec ordonnées à l'origine et pentes aléatoires :

$$Y_{ik} = \alpha_k + \beta_k X_{ik} + \varepsilon_{ik} \tag{15.10}$$

En pratique, lorsqu'un chercheur estime le modèle 15.10, la procédure statistique produira des estimés distincts pour la constante et le coefficient dans chacun des groupes qui composent l'échantillon. Par exemple, si le chercheur observe 900 élèves répartis dans 30 classes, le modèle 15.10 estimerait 30 constantes et 30 coefficients différents.

Exemple

Pour illustrer l'estimation et l'interprétation d'un modèle multiniveau, nous allons considérer l'hypothèse suivante : les personnes qui voyagent ont des attitudes plus favorables quant à l'immigration que les personnes qui ne voyagent pas.

Nous allons tester cette hypothèse à l'aide de données recueillies par sondage dans le cadre de l'Eurobaromètre, une grande enquête paneuropéenne.[18] Notre banque de données contient de l'information sur plus de 26 000 individus, dans 30 pays. Pour débuter l'analyse, nous importons les données dans le logiciel `R` :

```
dat <- read.csv('data/eurobarometre.csv')
```

Ensuite, nous inspectons les premières rangées de la banque de données :

18. Les données analysées ont été recueillies en 2017 lors de la vague 87.3 de l'Eurobaromètre.

```
head(dat)
##                pays immigration visite
## 1   Great Britain            2      1
## 2         Romania            3      0
## 3       Slovenija            1      1
## 4         Danmark            1      1
## 5 Ceska Republika            1      0
## 6        Portugal            1      1
```

Ces trois colonnes encodent les informations suivantes :

1. « pays » : le nom du pays où l'individu réside.
2. « immigration » : l'attitude du répondant envers les immigrants qui proviennent d'autres pays membres de l'Union européenne, mesurée sur une échelle de 0 (très négatif) à 3 (très positif).
3. « visite » : une variable dichotomique égale à 1 si le répondant a visité un autre pays de l'Union européenne au cours des 12 derniers mois.

Pour analyser ces données, nous allons utiliser la fonction `lmer` de la librairie `lme4`. Bates *et al.* (2015) décrivent les modèles que cette librairie permet d'estimer ainsi que la syntaxe à employer pour estimer ces modèles. Puisque l'objectif du chapitre actuel est d'offrir un survol rapide, il suffit d'illustrer comment estimer les trois modèles décrits par les équations 15.8, 15.9 et 15.10 : [19]

```
library(lme4)

# Constante aléatoire
mod1 <- lmer(immigration ~ visite + (1 | pays),
             data = dat)

# Coefficient aléatoire
mod2 <- lmer(immigration ~ visite + (0 + visite | pays),
             data = dat)

# Constante et coefficient aléatoires
mod3 <- lmer(immigration ~ visite + (1 + visite | pays),
             data = dat)
```

La dernière commande estime un modèle avec « immigration » comme variable dépendante, « visite » comme variable indépendante,

19. Dans la fonction `lmer`, le texte entre parenthèses spécifie la composante aléatoire, le symbole | sert à identifier les groupes en fonction desquels la composante aléatoire varie, et le chiffre « 1 » représente l'ordonnée à l'origine.

TABLEAU 15.2.
Constantes et coefficients estimés par un modèle multiniveau avec constante et coefficient aléatoires. La variable dépendante mesure l'attitude favorable face à l'immigration en provenance des pays de l'Union européenne. La variable indépendante mesure si le répondant a visité un autre pays de l'Union européenne que le sien au cours des derniers 12 mois.

Pays	Constante	Coefficient
Nederland	1,27	0,15
Northern Ireland	1,22	0,27
Österreich	0,84	0,59
Polska	0,95	0,14
Portugal	1,44	0,19
Romania	1,10	0,10
Slovenija	1,02	0,07
Slovenska Republic	0,68	0,11
Suomi	1,27	0,09
Sverige	1,61	0,11

ainsi que des constantes et coefficients distincts pour chacun des 30 pays de l'échantillon.

Le tableau 15.2 montre les paramètres estimés par cette commande pour 10 des 30 pays. Ces résultats suggèrent, entre autres choses, que la relation entre la variable « visite » et la variable « immigration » est plus forte en Autriche (0,59) qu'en Slovénie (0,07). La constante estimée est aussi plus élevée en Irlande du Nord (1,22) qu'en République slovaque (0,11).

La commande `summary` permet de résumer les estimés d'un modèle multiniveau. Dans le résumé imprimé par `R`, la section intitulée « Fixed effects » présente de l'information sur la moyenne des paramètres estimés pour les différents groupes. La section intitulée « Random effects » présente des estimés de la dispersion des composantes aléatoires, c'est-à-dire de la variance de la constante et du coefficient entre les pays.

```
summary(mod3)
##
## Fixed effects:
##              Estimate Std. Error t value
## (Intercept)  1,08536    0,05532  19,619
## visite       0,19289    0,02829   6,819
##
## Random effects:
##  Groups   Name        Variance Std.Dev. Corr
##  pays     (Intercept) 0,08983  0,2997
##           visite      0,02017  0,1420   -0,12
##  Residual             0,66107  0,8131
##
## Number of obs: 26233, groups:  pays, 30
```

La moyenne des 30 constantes estimées est égale à 1,085, tandis que la moyenne des 30 coefficients estimés est égale à 0,193. La statistique t associée à la moyenne des coefficients est égale à 6,819. Nous pouvons donc rejeter l'hypothèse nulle selon laquelle, en moyenne à travers les 30 pays, la relation entre « visite » et « immigration » est nulle.

Multiniveau vs échantillon complet vs sous-groupes

Pour développer une meilleure intuition quant à la nature des composantes aléatoires du modèle multiniveau, il est utile de comparer trois approches possibles : (1) modèle dans l'échantillon complet, (2) modèles par sous-groupes et (3) modèle multiniveau.

La première approche est la plus simple : estimer la relation entre la variable dépendante et la variable indépendante dans l'échantillon complet, sans tenir compte de l'interdépendance des observations faites au sein d'un même groupe. Pour ce faire, nous estimons un simple modèle de régression linéaire avec la fonction `lm` :

```
mod <- lm(immigration ~ visite, data = dat)
coef(mod)
## (Intercept)      visite
##    1,059641    0,241871
```

Ce modèle estime une constante de 1,06 et un coefficient de 0,24. Dans ce modèle, la constante et le coefficient sont les mêmes pour tous les pays. Par exemple, ce modèle postule que la relation entre le voyage et l'appui à l'immigration est exactement la même pour les Espagnols que pour les Danois.

La deuxième approche consiste à diviser l'échantillon en 30 parties (une pour chaque pays) et à estimer un modèle de régression différent dans chacun des 30 sous-groupes. Avec cette approche, les données assemblées sur un groupe d'observation n'ont aucune influence sur les paramètres estimés dans les autres groupes. Les réponses au sondage des citoyens autrichiens n'ont aucun effet sur les estimés de régression dans l'échantillon hongrois.

La troisième approche est d'estimer un modèle de régression multiniveau avec constante et coefficient aléatoires. Le modèle multiniveau est une stratégie intermédiaire entre les deux premières approches. Même si le modèle multiniveau estime un coefficient distinct pour chacun des groupes, ces coefficients ne sont pas complètement indépendants les uns des autres. En effet, le modèle multiniveau postule que les composantes aléatoires sont toutes issues d'une seule et même distribution. Le coefficient estimé pour un groupe a donc une influence sur les autres groupes, à travers son influence sur les paramètres de la distribution sous-jacente.

Intuitivement, le modèle multiniveau considère que les données observées dans un sous-groupe offrent de l'information pertinente pour l'analyse des autres sous-groupes. Par exemple, si on observe une relation positive entre les voyages et les attitudes pro-immigration en Finlande, en Espagne et en Hongrie, il serait raisonnable de prédire que cette relation est positive en Italie. Un modèle multiniveau permet donc aux coefficients estimés dans un sous-groupe d'informer l'estimation des coefficients dans les autres sous-groupes. Puisqu'une composante aléatoire estimée dans un groupe est influencée par les composantes aléatoires estimées dans les autres groupes, le coefficient multiniveau aura tendance à être « tiré » vers la moyenne globale. En général, ce retour à la moyenne sera plus marqué pour les groupes où le nombre d'observations est faible et dans les groupes où le coefficient estimé est extrême.

La figure 15.6 illustre ce phénomène avec les données de l'Eurobaromètre. L'axe horizontal représente la constante estimée par un modèle et l'axe vertical représente le coefficient associé à la variable « visite ». La croix identifie les coefficients estimés à partir de l'échantillon complet, sans tenir compte des groupes ($\hat{\alpha} = 1{,}06$, $\hat{\beta} = 0{,}24$). Les cercles identifient les 30 estimés obtenus en divisant l'échantillon par pays et en estimant le même modèle de régression dans les 30 groupes. Les carrés correspondent aux 30 estimés produits par le modèle multiniveau. Finalement, les flèches lient l'estimé multiniveau à l'estimé par sous-groupe du pays correspondant.

La figure 15.6 montre que les estimés multiniveaux sont similaires aux estimés obtenus en réestimant un modèle distinct pour chacun des 30 groupes. Par contre, pour certains pays, les estimés de la constante et du coefficient se sont déplacés vers le centre, comme s'ils étaient attirés par la croix. Ces estimés exploitent le pouvoir explicatif des observations dans les autres groupes pour mieux s'ajuster aux données. Pour cette raison, les modèles multiniveaux sont parfois appelés des modèles en « *partial pooling* », puisqu'il sont à mi-chemin entre le modèle « *pooling* » qui ignore la structure hiérarchique des données, et la stratégie de régressions distinctes par sous-groupes.

FIGURE 15.6.
Relation entre l'attitude face à l'immigration et les voyages faits par des citoyens de 30 pays européens. La croix correpond aux estimés produits par un modèle estimé dans l'échantillon entier. Les 30 cercles correspondent aux estimés produits par 30 modèles de régression, pays par pays. Les 30 carrés correspondent aux estimés produits par un modèle de régression multiniveau.

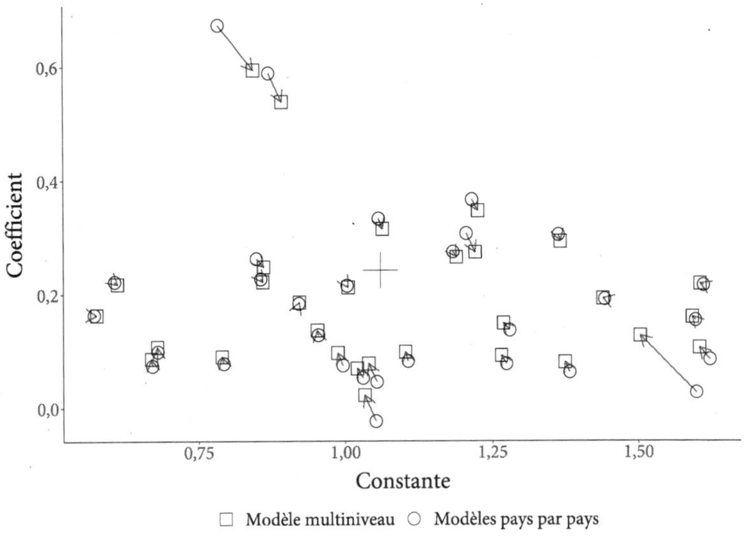

Avantages et inconvénients

Les modèles de régression multiniveau avec composantes aléatoires ont plusieurs avantages. D'abord, en portant attention à la valeur des paramètres dans différents sous-groupes, ce type de modèle peut souvent faire de bonnes prédictions. De plus, le modèle multiniveau est en mesure d'exploiter des informations sur l'ensemble de l'échantillon pour estimer les paramètres d'un sous-groupe. En contraste, le modèle avec effets fixes doit ignorer toute la variation entre les groupes. Par conséquent, les estimés multiniveaux sont parfois plus efficients que ceux d'autres modèles. Finalement, le modèle multiniveau est utile parce qu'il nous permet d'estimer directement l'hétérogénéité entre les groupes qui composent notre échantillon.

Par ailleurs, il est utile de noter que le modèle multiniveau introduit précédemment était très simple. Ce modèle peut être modifié dans l'esprit du Modèle linéaire généralisé (chapitre 16) pour analyser différents types de variables dépendantes. Il peut aussi être augmenté pour laisser varier les composantes aléatoires sur plusieurs niveaux à la fois. Finalement, l'analyste pourrait modéliser les composantes aléatoires directement à l'aide de nouvelles variables explicatives au niveau du groupe.

Le modèle multiniveau a aussi des inconvénients, puisque certains des postulats qui le sous-tendent sont irréalistes. Par exemple, le modèle 15.8 avec ordonnées à l'origine aléatoires est biaisé lorsque les caractéristiques de groupe sont associées aux variables explicatives, que ce soit directement ou indirectement. De plus, le modèle multiniveau nous force à accepter plusieurs postulats auxiliaires, notamment sur la distribution des composantes aléatoires (Snijders et Bosker, 2011, chapitre 9). Lorsque ces postulats sont violés, le modèle de régression multiniveau pourrait être biaisé, et le modèle avec effets fixes que nous avons introduit dans la section sur les effets fixes pourrait produire de meilleurs résultats.[20] Le chercheur qui voudrait mieux comprendre les postulats qui sous-tendent le modèle de régression multiniveau est encouragé à consulter un ouvrage spécialisé, comme celui de Gelman et Hill (2006).

20. Lire Clark et Linzer (2015) pour une analyse comparative du biais et de la précision des modèles multiniveaux et des modèles avec effets fixes.

Chapitre 16

Modèle linéaire généralisé

Jusqu'à maintenant, tous les modèles de régression que nous avons considérés étaient purement linéaires. Ces modèles sont puissants et flexibles. Dans le chapitre 5, nous avons vu qu'ils permettent d'étudier les variables dépendantes continues ou binaires, ainsi que les variables indépendantes continues, binaires, ordinales ou nominales. L'analyste peut aussi transformer ses variables à l'aide de fonctions logarithmiques, quadratiques ou autres, afin d'adapter son modèle à l'objet d'étude. Finalement, même si la relation qui intéresse le chercheur n'est pas fondamentalement linéaire, les coefficients estimés par le modèle de régression par les moindres carrés s'interprètent tout de même comme une approximation linéaire de cette relation (Angrist et Pischke, 2008).

Ceci dit, il est important de reconnaître que si la vraie relation entre la variable indépendante et la variable dépendante est non linéaire, la régression par les moindres carrés risque de produire un estimé sous-optimal. Pour mieux saisir les relations non linéaires, des statisticiens ont développé le modèle linéaire généralisé, ou « GLM » (McCullagh et Nelder, 1989). Le GLM est une méthode flexible qui permet d'estimer un grand éventail de modèles avec différents types de variables dépendantes : continues, binaires, de dénombrement, ordinales, nominales, de durée, etc. Il permet d'unifier la définition de plusieurs modèles courants, comme les Logit, Probit, ou Poisson. Lorsque la variable dépendante n'est pas continue, le GLM produira souvent de meilleures prédictions et des estimés plus efficients que la régression linéaire.

Motivation

Pour motiver l'utilisation du GLM, il est utile de considérer un modèle de régression simple avec variable dépendante binaire :

$$Y = \beta_0 + \beta_1 X + \varepsilon \qquad \text{où } Y \in \{0, 1\}$$

Dans le chapitre 5, nous avons vu que si on estime cette équation par la méthode des moindres carrés, le coefficient de régression s'interprète comme suit : une augmentation d'une unité de la variable X est associée à un changement de $100 \cdot \beta_1$ points de pourcentage dans la probabilité que Y soit égale à 1. Ce « modèle de probabilité linéaire » est utile et facile à interpréter, mais il a deux principaux désavantages. [1]

Premièrement, lorsque la variable dépendante est binaire, le modèle de régression linéaire peut faire des prédictions incohérentes. Par exemple, la figure 16.1 montre l'association entre une variable continue X et une variable binaire Y. Dans cette figure, chaque point représente un individu ou une unité d'observation. La droite représente les valeurs de $P(Y = 1)$ prédites par un modèle linéaire. La pente de cette droite est positive, ce qui indique que plus la valeur de X est grande, plus la probabilité que Y soit égale à 1 est grande. La figure 16.1 montre que pour certaines valeurs de X, le modèle linéaire prédit que la probabilité d'observer $Y = 1$ est inférieure à 0 ou supérieure à 1. Ces prédictions violent un axiome fondamental de la théorie des probabilités. Elles sont incohérentes.

Deuxièmement, lorsque la relation entre X et Y est non linéaire, la régression linéaire peut être un estimateur inefficace. En effet, le théorème Gauss-Markov prouve que la régression linéaire produit les meilleurs estimés disponibles lorsque la relation entre X et Y est linéaire en ses paramètres (voir chapitre 20). Quand ce n'est pas le cas, un GLM qui tient compte de la non-linéarité pourrait produire des estimés plus efficients, c'est-à-dire des estimés ayant une plus petite variance échantillonnale.

1. Un troisième désavantage est que les résidus produits par un modèle de probabilité linéaire souffrent souvent d'hétéroscédasticité. Dans ce cas, l'analyste peut employer les erreurs types robustes (voir la section « Boîte à outils » du chapitre 5).

FIGURE 16.1.
Relation entre une variable continue (X) et une variable binaire (Y). La ligne pleine montre les valeurs de $P(Y = 1)$ prédites par un modèle de probabilité linéaire.

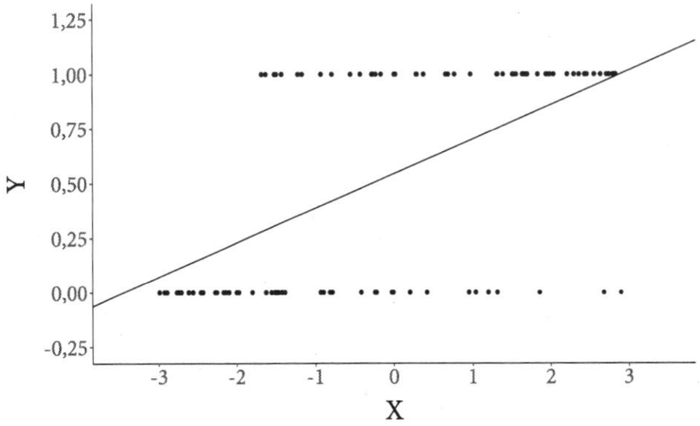

Le modèle linéaire généralisé

Pour estimer un GLM, il faut définir trois composantes :

1. Distribution de la variable dépendante
2. Modèle linéaire intermédiaire
3. Lien entre la distribution et le modèle intermédiaire

En modifiant les composantes du GLM, l'analyste peut modéliser un vaste éventail de variables dépendantes.

Composante 1 : distribution de la variable dépendante

Pour spécifier un GLM, l'analyste doit d'abord inspecter sa variable dépendante et choisir une distribution qui lui convient.[2] Par exemple, si la variable dépendante est binaire, l'analyste doit choisir une distribution qui produit seulement deux valeurs, comme la distribution Bernoulli.[3] Si la variable dépendante est une variable de dénombrement, l'analyste doit choisir une distribution qui produit seulement des nombres entiers non négatifs, comme la distribution Poisson. Si la

2. Les distributions admissibles pour un GLM font partie de la famille exponentielle.

3. Dans plusieurs discussions des modèles de régression Logit ou Probit, on parle de la distribution Binomiale avec une expérience : Binomiale (1, p). Cette distribution est la même que la distribution Bernoulli (p).

variable dépendante est continue, l'analyste doit choisir une distribution continue, comme la distribution normale.

Après avoir choisi une distribution, l'analyste identifie le paramètre qui détermine la forme de cette distribution. Par exemple, le paramètre $p \in [0,1]$ dicte la forme de la distribution Bernoulli (figure 2.1a). Le paramètre $\lambda > 0$ dicte la forme de la distribution Poisson (figure 2.1c). Le paramètre μ dicte la forme de la distribution normale (figure 2.1d).

Composante 2 : modèle linéaire intermédiaire

La deuxième composante du GLM est une quantité intermédiaire dénotée η. Cette quantité est définie par une fonction linéaire des variables explicatives et des coefficients de régression :

$$\eta = \beta_0 + \beta_1 X_1 + \beta_2 X_2 + \ldots + \beta_k X_k \tag{16.1}$$

L'équation 16.1 n'impose pas de contrainte sur la valeur des variables explicatives ou des coefficients. Ceux-ci peuvent être positifs, négatifs ou nuls, et ils peuvent être de n'importe quelle taille. Par conséquent, la quantité intermédiaire η peut assumer n'importe quel nombre réel.

Composante 3 : lien entre la distribution et le modèle intermédiaire

La composante finale du GLM fait le lien entre la quantité intermédiaire η et le paramètre de la distribution de Y. Pour faire ce lien, on applique une fonction qui transforme η et qui la force à prendre une valeur compatible avec le paramètre que nous tentons de modéliser.

Par exemple, si Y suit une distribution Bernoulli, le paramètre p doit nécessairement être contenu dans l'intervalle $[0,1]$. Nous devons trouver une fonction qui transforme η et qui force sa valeur à l'intérieur de l'intervalle $[0,1]$. Si Y suit une distribution Poisson, λ doit nécessairement être positif. Nous devons trouver une fonction qui transforme η et qui force sa valeur à être positive. Si Y suit une distribution normale, le paramètre μ peut être n'importe quel nombre réel. Nous n'avons donc pas besoin de transformer la quantité intermédiaire, puisque η est déjà un nombre réel.

Exemples

Pour comprendre comment les trois composantes du GLM peuvent être combinées, il est utile de considérer trois exemples concrets. Ces exemples illustrent la grande flexibilité du GLM.

Régression logistique

Le modèle de régression logistique est conçu pour modéliser les variables dépendantes binaires. Puisque la variable dépendante prend seulement deux valeurs, nous choisissons la distribution Bernoulli pour modéliser Y :

$$Y \sim Bernoulli(p) \qquad \text{(Distribution de } Y\text{)}$$

Le paramètre p de la distribution Bernoulli mesure la probabilité que Y soit égale à 1. p est le paramètre que nous allons modéliser grâce à la régression logistique. Pour modéliser ce paramètre, nous définissons d'abord une quantité intermédiaire η, fonction d'une variable explicative X, d'une constante β_0 et d'un coefficient β_1 :

$$\eta = \beta_0 + \beta_1 X \qquad \text{(Modèle linéaire intermédiaire)}$$

La quantité intermédiaire η peut être égale à n'importe quel nombre réel. Par contre, le paramètre p de la distribution Bernoulli doit nécessairement avoir une valeur entre 0 et 1. Pour faire le lien entre η et p, nous appliquons la fonction logistique standard (dénotée F) :

$$p = F(\eta) = \frac{e^\eta}{1 + e^\eta} \qquad \text{(Lien)}$$

où e est égal à la constante de Néper, soit environ 2,71828.

Dans le contexte du GLM, la fonction F joue le rôle de « fonction de lien inverse », en liant η au paramètre de la distribution de Y.[4] Elle a une propriété utile : que η soit négatif, nul ou positif, $F(\eta)$ est toujours un nombre entre 0 et 1. En effet, la figure 16.2 montre que la fonction logistique a une forme sigmoïdale. Peu importe où on se trouve sur l'axe horizontal, la valeur sur l'axe vertical reste contenue entre 0 et 1.

4. La « fonction de lien » est la fonction « logit », soit la réciproque de la fonction logistique. La fonction de lien permet de réexprimer l'équation 16.2 ainsi : $logit(p) = ln\left(\frac{p}{1-p}\right) = \beta_0 + \beta_1 X$.

FIGURE 16.2.
Fonction logistique.

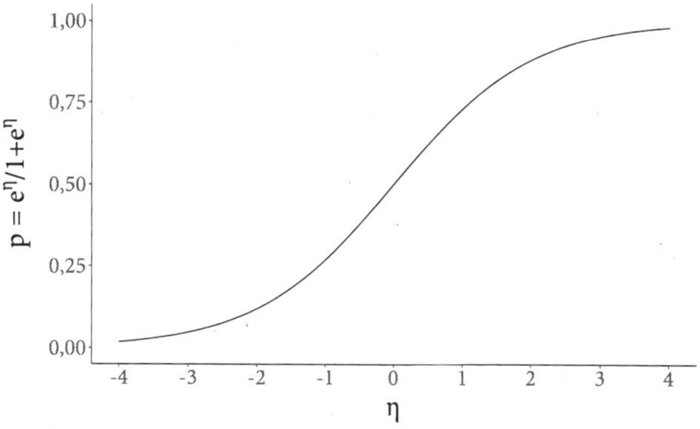

Intuitivement, la figure 16.1 montre que le modèle de régression linéaire fait des prédictions linéaires pour p, et la figure 16.2 montre que le modèle de régression logistique fait des prédictions sigmoïdales pour p.

Le paramètre p représente la probabilité que la variable dépendante binaire Y soit égale à 1, en fonction des variables explicatives et des coefficients. Nous pouvons donc représenter les prédictions du modèle de régression logistique ainsi :

$$p = F(\beta_0 + \beta_1 X) \tag{16.2}$$

Régression Poisson

Le modèle de régression Poisson est conçu pour modéliser les variables dépendantes de dénombrement, c'est-à-dire les variables constituées de nombres entiers plus grands ou égaux à zéro. Puisque la variable dépendante est composée d'entiers non négatifs, nous choisissons la distribution Poisson pour modéliser Y :

$$Y \sim Poisson(\lambda) \qquad \text{(Distribution de } Y\text{)}$$

Le paramètre λ de la distribution Poisson mesure la moyenne de cette distribution ; λ est le paramètre que nous allons modéliser grâce à la régression Poisson. Pour ce faire, nous définissons d'abord une quantité intermédiaire η, fonction d'une variable explicative X, d'une constante β_0 et d'un coefficient β_1 :

$$\eta = \beta_0 + \beta_1 X \qquad \text{(Modèle linéaire intermédiaire)}$$

La quantité intermédiaire η peut être égale à n'importe quel nombre réel. Par contre, le paramètre λ de la distribution Poisson doit nécessairement être plus grand ou égal à zéro. Pour faire le lien entre η et λ, nous appliquons la fonction antilogarithmique suivante :

$$\lambda = e^{\eta} \qquad \text{(Lien)}$$

Dans le contexte du GLM, l'exposant à base e joue le rôle de « fonction de lien inverse » en liant η au paramètre de la distribution de Y.[5] L'exposant à base e a une propriété utile : que η soit négatif, nul ou positif, la valeur de e^{η} sera toujours plus grande ou égale à zéro.

Le paramètre λ représente la moyenne de la variable dépendante de dénombrement Y, en fonction des variables explicatives et des coefficients. Nous pouvons donc représenter les prédictions du modèle de régression Poisson ainsi :

$$\lambda = e^{\beta_0 + \beta_1 X} \tag{16.3}$$

Régression linéaire

Puisque le GLM est une généralisation de la régression linéaire, il est facile d'exprimer un modèle analogue à la régression linéaire par les moindres carrés dans son cadre théorique. Dans ce contexte, la variable dépendante est continue et elle peut prendre des valeurs dans l'ensemble des nombres réels. Par conséquent, nous choisissons la distribution normale pour modéliser Y :

$$Y \sim Normale(\mu, \sigma^2) \qquad \text{(Distribution de } Y\text{)}$$

Le paramètre μ de la distribution normale mesure la moyenne de cette distribution ; μ est le paramètre que nous allons modéliser. Pour

5. La « fonction de lien » est le logarithme naturel, soit la réciproque de l'exposant à base e. La fonction de lien permet de réexprimer l'équation 16.3 ainsi : $ln(\lambda) = \beta_0 + \beta_1 X$.

ce faire, nous définissons d'abord une quantité intermédiaire η, fonction d'une variable explicative X, d'une constante β_0 et d'un coefficient β_1 :

$$\eta = \beta_0 + \beta_1 X \qquad \text{(Modèle linéaire intermédiaire)}$$

La quantité intermédiaire η peut être égale à n'importe quel nombre réel. Le paramètre μ de la distribution peut aussi être égal à n'importe quel nombre réel. Par conséquent, nous n'avons pas besoin de transformer η. Le lien peut simplement affirmer l'identité des deux quantités :[6]

$$\mu = \eta \qquad \text{(Lien)} \qquad (16.4)$$

Le paramètre μ représente la moyenne de Y, en fonction des variables explicatives et des coefficients. Puisque $\mu = \eta$, nous pouvons passer directement de μ à l'équation linéaire et représenter les prédictions du modèle ainsi :

$$\mu = \beta_0 + \beta_1 X$$

Estimation, postulats et propriétés

En pratique, les logiciels statistiques comme `R` ou `Stata` estiment le GLM à l'aide d'une technique appelée le « maximum de vraisemblance » (McCullagh et Nelder, 1989, p. 23). Cette approche assume généralement que les observations sont indépendantes et tirées d'une même distribution. Le modèle doit aussi bien refléter le processus de génération des données, et ces données doivent se conformer à certaines conditions techniques additionnelles (McCullagh et Nelder, 1989; Greene, 2017).

Lorsque ces postulats sont satisfaits, le GLM estimé par maximum de vraisemblance a plusieurs propriétés attrayantes. En effet, lorsque la taille de l'échantillon est grande, les estimés produits sont efficients, consistants et distribués normalement.[7] La prochaine section montre comment ces propriétés peuvent être mises à profit dans l'analyse de variables dépendantes binaires.

6. Dans le contexte du GLM, la relation 16.4 s'appelle la « fonction de lien identité ».

7. Un estimateur consistant converge vers la vraie valeur du paramètre lorsque la taille de l'échantillon tend vers l'infini. Lorsque la taille de l'échantillon est très grande, un estimateur efficient commet la plus petite erreur quadratique moyenne de tous les estimateurs consistants.

Variable binaire : régression logistique

Pour illustrer l'estimation et l'interprétation d'un GLM, nous revisitons les déterminants de la survie à bord du *Titanic*, à l'aide d'un modèle de régression logistique calqué sur l'équation 16.2. La probabilité de survie d'un individu est représentée par la fonction suivante :

$$P(S=1) = F(\beta_0 + \beta_1 \cdot A + \beta_2 \cdot G) \tag{16.5}$$

où S est une variable binaire égale à 1 si l'individu a survécu et 0 sinon; F est la fonction logistique standard; A est une variable continue égale à l'âge du passager; et G est une variable binaire égale à 1 pour les femmes et 0 pour les hommes.

Après avoir importé la banque de données dans R, nous estimons le modèle 16.5 avec la fonction `glm` :

```
dat <- read.csv('data/titanic.csv')
mod <- glm(survie ~ age + femme, family = binomial('logit'),
           data = dat)
summary(mod)
##
## Coefficients:
##              Estimate Std. Error z value Pr(>|z|)
## (Intercept) -1,159839   0,219651  -5,280   <0,001
## age         -0,006352   0,006187  -1,027    0,305
## femme        2,465996   0,178455  13,819   <0,001
```

Le coefficient estimé pour la variable G est positif. Ceci suggère que la probabilité de survie des femmes est plus élevée que celle des hommes. Le coefficient estimé pour la variable `age` est négatif. Ceci suggère que la probabilité de survie des passagers âgés est plus faible que la probabilité de survie des jeunes. Par contre, la valeur p associée au coefficient `age` est grande, ce qui suggère que la relation entre âge et survie n'est pas statistiquement significative.

Pour interpréter les résultats d'une régression logistique, il est utile de considérer trois quantités : la prédiction, l'effet marginal et le rapport des cotes.

Prédiction

Une première quantité d'intérêt dans le modèle de régression logistique est la probabilité que la variable dépendante soit égale à 1. Pour prédire cette probabilité, il suffit d'insérer les coefficients et les valeurs de nos variables dans l'équation 16.5, où F représente la fonction logistique. Par exemple, pour prédire la probabilité de survie d'une femme de 25 ans, nous calculons :

$$\begin{aligned} P(S=1) &= F(\beta_0 + \beta_1 \cdot A + \beta_2 \cdot G) \\ &= F(-1{,}1598 - 0{,}0064 \cdot 25 + 2{,}4660 \cdot 1) \\ &= F(1{,}1462) \\ &= \frac{e^{1{,}1462}}{1 + e^{1{,}1462}} \\ &= 0{,}7588 \end{aligned}$$

Dans le logiciel R, la commande `plogis` permet d'appliquer la fonction logistique F :

```
plogis(-1.1598 - 0.0064 * 25 + 2.4660 * 1)
## [1] 0,7588161
```

La librairie `prediction` nous permet d'obtenir le même résultat encore plus facilement :

```
library(prediction)
prediction(mod, at = list('femme' = 1, 'age' = 25))
##  femme age     x
##      1  25 0,759
```

Notre modèle prédit donc que la probabilité de survie d'une femme de 25 ans est de 75,9 %.

Effet marginal

Une deuxième quantité d'intérêt dans le modèle de régression logistique est l'effet marginal, c'est-à-dire la dérivée partielle de l'équation de régression par rapport à la variable explicative. Comme nous l'avons vu au chapitre 5, l'effet marginal mesure la force de l'association entre la variable indépendante et la variable dépendante, toutes choses étant égales par ailleurs.

Dans un modèle de régression linéaire simple (équation 5.2), l'effet marginal correspond automatiquement au coefficient de régression : $\partial Y / \partial X = \beta_1$. Ce coefficient est donc facile à interpréter : une augmentation d'une unité de X est associée à un changement de β_1 unités dans Y.

Par contre, dans un GLM non linéaire, les coefficients de régression ne correspondent pas directement à l'effet marginal. Ces coefficients ne peuvent *pas* être interprétés directement, comme s'ils mesuraient la force de l'association entre X et Y.

Pour identifier l'effet marginal, le chercheur doit d'abord prendre la dérivée partielle de l'équation de régression. En déployant les règles du calcul différentiel, il est possible de montrer que la dérivée partielle du modèle 16.5 par rapport à A est :

$$\frac{\partial P(S=1)}{\partial A} = \beta_1 \cdot f(\beta_0 + \beta_1 A + \beta_2 G) \qquad (16.6)$$

où f représente la fonction de densité de la loi de distribution logistique, soit la dérivée de la fonction logistique F.[8]

Cette équation révèle deux idées importantes :

1. Dans un GLM non linéaire, l'effet marginal d'une variable explicative dépend généralement des valeurs de tous les coefficients du modèle et de toutes les variables explicatives.
2. Puisque les variables explicatives varient d'une observation à l'autre, chaque observation est associée à un effet marginal propre.

Pour calculer l'effet marginal de l'âge pour une observation donnée, il faut insérer les coefficients estimés et les caractéristiques de l'observation dans l'équation 16.6. Par exemple, l'effet marginal de l'âge sur la probabilité de survie d'un homme de 58 ans est égal à :

$$\begin{aligned}\frac{\partial P(S=1)}{\partial A} &= \beta_1 \cdot f(\beta_0 + \beta_1 \cdot A + \beta_2 \cdot G) \\ &= -0{,}0064 \cdot f(-1{,}1598 - 0{,}0064 \cdot 58 + 2{,}4660 \cdot 0)\end{aligned}$$

Dans le logiciel R, la commande `dlogis` permet d'appliquer la distribution logistique f :

```
-0.0064 * dlogis(-1.1598 + (-0.0064) * 58 + 2.4660 * 0)
## [1] -0,0009357934
```

8. La distribution logistique est définie ainsi : $f(\eta) = F(\eta)(1 - F(\eta))$. L'effet marginal peut donc être défini comme le produit du coefficient de régression et d'un produit de probabilités prédites : $\frac{\partial P(S=1)}{\partial A} = \beta_1 \cdot P(S=1|A,G) \cdot P(S=0|A,G) = \beta_1 \cdot F(\beta_0 + \beta_1 A + \beta_2 G) \cdot ((1 - F(\beta_0 + \beta_1 A + \beta_2 G))$.

TABLEAU 16.1.
Effet marginal de la variable Âge estimé pour cinq passagers du *Titanic*.

Nom	Âge	Femme	Effet marginal
Weir, Col John	60	0	-0,0009
Ashby, Mr John	57	0	-0,0009
Mack, Mrs Mary	57	1	-0,0013
Ahmed, Mr Ali	24	0	-0,0011
Cor, Mr Ivan	27	0	-0,0010

La librairie `margins` permet d'obtenir le même résultat plus facilement : [9]

```
library(margins)
margins(mod, variables = 'age',
        at = list('femme' = 0, 'age' = 58))
##  at(femme) at(age)        age
##          0      58 -0,0009304
```

Notre modèle estime que pour un homme de 58 ans, vieillir d'un an serait associé à un changement de -0,09 point de pourcentage dans la probabilité de survie.

Dans le tableau 16.1 nous répétons ce calcul pour cinq passagers du *Titanic*. Comme ces personnes ont des caractéristiques différentes, l'effet marginal de l'âge varie d'un individu à l'autre. Vieillir d'un an est associé à une réduction de 0,09 point de pourcentage de la probabilité de survie pour John Weir. Veillir d'un an est associé à une diminution de 0,13 point de pourcentage dans la probabilité de survie pour Mary Mack.

Puisque l'effet marginal varie d'un individu à l'autre, il est souvent plus simple de se concentrer sur l'effet marginal moyen. Pour obtenir cette quantité, nous calculons l'effet marginal pour tous les individus de notre banque de données et nous prenons la moyenne des effets marginaux individuels. [10] La librairie `margins` fait ce travail pour nous :

9. La petite différence entre les deux résultats est due à l'arrondissement.

10. Pour que l'effet marginal moyen soit une quantité pertinente, il faut que les observations de l'échantillon soient représentatives de la population qui nous intéresse. Une autre approche serait d'estimer l'effet marginal pour un individu « synthétique » aux caractéristiques représentatives de l'échantillon (p. ex., moyenne, médiane ou mode de toutes les variables). Une autre approche serait de calculer l'effet marginal médian. L'avantage de la médiane est qu'elle isole un effet marginal qui correspond aux caractéristiques d'un « vrai » individu, réellement observé dans notre banque de données.

```
mfx <- margins(mod, variables = 'age')
summary(mfx)
## factor     AME     SE       z      p   lower  upper
##    age -0.0011 0.0011 -1.0283 0.3038 -0.0032 0.0010
```

Dans les résultats imprimés par R, la valeur appelée « AME » est le « *Average Marginal Effect* », ou l'effet marginal moyen. En moyenne, une augmentation d'une unité de la variable « Âge » est associée à une diminution d'environ 0,11 point de pourcentage dans la probabilité de survie.

Est-ce que la relation entre l'âge et la survie est forte ? Non. Ce modèle suggère plutôt qu'en moyenne, l'âge a un effet marginal modeste sur la probabilité de survie. Qui plus est, la valeur p associée à l'effet marginal de l'âge est élevée ($p \approx 0{,}30$). Par conséquent, nous ne pouvons pas rejeter l'hypothèse nulle selon laquelle l'effet marginal de l'âge est égal à zéro.

Effet marginal d'une variable binaire

Comme l'effet marginal est défini par la dérivée partielle, l'interprétation donnée ci-haut est valide seulement pour un petit changement dans une variable explicative continue. Lorsque nous voulons interpréter l'effet d'une variable dichotomique, il est préférable de comparer les probabilités prédites par le modèle.

La librairie `prediction` nous permet de comparer les probabilités de survie des hommes et des femmes de l'échantillon :[11]

```
prediction(mod, at = list('femme' = c(0, 1)))
## femme      x
##     0 0,2058
##     1 0,7523
```

La probabilité de survie moyenne pour un homme est 20,58 %. La probabilité de survie moyenne pour une femme est 75,23 %. L'effet marginal de la variable dichotomique « Femme » est égal à la différence entre ces deux quantités, soit 75,23 - 20,58 = 54,65.

11. Pour chaque rangée de la banque de données, `prediction` calcule le taux de survie prédit pour l'individu s'il était une femme et s'il était un homme. Ensuite, `prediction` fait la moyenne de toutes les prédictions calculées. Les résultats rapportés sont donc des taux de survie prédits moyens dans l'échantillon.

Rapport des cotes

La troisième quantité qui permet d'interpréter le modèle régression logistique s'appelle le « rapport des cotes ».[12] Une cote est définie par le ratio suivant :

$$\text{Cote} = \frac{P(Y = 1|X)}{1 - P(Y = 1|X)}$$

Si la probabilité de survie d'un homme de 25 ans est égale 21,1045 %, sa cote est égale à :

$$\text{Cote}_{G=0,A=25} = \frac{0{,}211045}{1 - 0{,}211045} = 0{,}2674994 \qquad (16.7)$$

Si la probabilité de survie d'une femme de 25 ans est de 75,9028 %, sa cote est égale à :

$$\text{Cote}_{G=1,A=25} = \frac{0{,}759028}{1 - 0{,}759028} = 3{,}14986 \qquad (16.8)$$

Une cote est souvent interprétée en termes de « chances ». Plus la cote d'un individu est élevée, plus la chance que la variable dépendante soit égale à 1 est élevée. Il est important de ne pas confondre « chances » et « probabilités », puisque la chance est un ratio de probabilités.

Le rapport des cotes est défini comme le ratio de deux cotes :

$$\frac{\text{Cote}_{G=1,A=25}}{\text{Cote}_{G=0,A=25}} = \frac{3{,}14986}{0{,}2674994} = 11.7752$$

Ce rapport des cotes montre que la cote d'un homme qui voyage à bord du *Titanic* serait près de 12 fois plus grande si ce passager était une femme. En contraste, un rapport de cote plus petit que 1 signifierait que les chances de survie sont plus petites lorsque la variable explicative augmente.

Le rapport des cotes est utile, parce qu'il est intimement lié aux coefficients du modèle de régression logistique. Précédemment, nous avons estimé ce coefficient de régression β_2 :

12. Le rapport des cotes est aussi appelé « *odds ratio* » ou « rapport des chances ».

```
coef(mod)
## (Intercept)          age        femme
## -1,159838852 -0,006351971  2,465995949
```

En élevant la constante e à la puissance du coefficient (e^{β_2}), nous obtenons le même rapport des cotes que nous avons calculé auparavant :

```
exp(2.465996)
## [1] 11,7752
```

Ce résultat signifie qu'une augmentation de 1 unité sur la variable explicative G multiplie par environ 12 la cote du passager. Le fait d'être une femme multiplie par environ 12 les chances relatives de survie d'un passager.

Le rapport des cotes est utile, mais il a deux principaux désavantages. Premièrement, il est difficile à interpréter correctement. En effet, le concept de « cote » est défini comme un ratio de probabilités, et le rapport des cotes est un ratio de ratios. Plusieurs méthodologues soutiennent donc que le rapport des cotes est moins intuitif qu'une simple probabilité et qu'il est souvent mal interprété en pratique (Norton et Dowd, 2018).

Deuxièmement, puisque le rapport des cotes est une mesure des chances *relatives*, il ne communique pas toute l'information pertinente sur le changement *absolu* du risque. Par exemple, une personne qui achète deux billets de loto a deux fois plus de chances de gagner, mais ses chances de gagner demeurent minuscules; à toutes fins pratiques, ses chances de gagner demeurent identiques à celles de ceux qui ont acheté seulement un billet.

Pour ces raisons, je recommande de mettre l'accent sur les effets marginaux et les prédictions dans l'interprétation les résultats d'un modèle de régression logistique.

Variable de dénombrement : Régression Poisson

Nous avons déjà vu que le modèle de régression Poisson est conçu pour analyser les variables dépendantes de dénombrement, c'est-à-dire les variables dépendantes qui assument des nombres entiers non négatifs. De façon générique, ce modèle peut être exprimé ainsi :

$$\lambda = e^{\beta_0+\beta_1 X+\beta_2 Z} \qquad (16.9)$$

Pour illustrer l'estimation d'un modèle de régression Poisson, nous allons étudier les données analysées par Fair (1978) dans son article « *A Theory of Extramarital Affairs* ». Pour commencer, nous importons les données dans R et nous inspectons les premières rangées :

```
dat <- read.csv('data/aventures.csv')
head(dat)
##   aventures enfants heureux
## 1         0       0       1
## 2         0       0       1
## 3         3       0       1
## 4         0       1       1
## 5         3       1       0
## 6         0       1       0
```

Cette banque de données contient trois variables : « aventures » mesure le nombre d'aventures extraconjugales que chacun des 601 répondants ont rapporté au cours d'une année; « enfants » est une variable binaire égale à 1 si le répondant a au moins un enfant; « heureux » est une variable binaire égale à 1 si le répondant considère que son mariage est heureux.

Nous utilisons la fonction `glm` pour estimer un modèle de régression Poisson avec « aventures » comme variable dépendante, et « enfants » et « heureux » comme variables explicatives :

```
mod <- glm(aventures ~ enfants + heureux,
           family = poisson(), data = dat)
summary(mod)
##
## Coefficients:
##             Estimate Std. Error z value Pr(>|z|)
## (Intercept) -0,04553    0,08142  -0,559  0,57604
## enfants      0,63136    0,08873   7,116  < 0,001
## heureux     -0,21485    0,07482  -2,872  0,00408
```

Le coefficient associé à la variable « enfant » est positif. Ceci suggère qu'avoir un enfant est associé à un plus grand nombre d'aventures extraconjugales. Le coefficient associé à la variable « heureux » est négatif. Ceci suggère que vivre un mariage heureux est associé à un plus petit nombre d'aventures extraconjugales. Les deux coefficients sont associés à de petites valeurs p. Nous pouvons donc rejeter l'hypothèse nulle qu'il n'y a aucune relation entre les variables explicatives et la variable dépendante.

Prédiction

Une première quantité d'intérêt dans le modèle Poisson est la valeur prédite de la variable dépendante. Pour calculer la valeur prédite de la variable dépendante pour un individu donné, il suffit d'insérer les coefficients estimés et les caractéristiques de l'individu dans l'équation 16.9.

Nous pouvons également utiliser la librairie `prediction`. Par exemple, le nombre prédit d'aventures extra-conjugales pour une personne heureuse sans enfant est :

```
library(prediction)
prediction(mod, at = list(enfants = 0, heureux = 1))
## enfants heureux      x
##       0       1 0,7708
```

En moyenne, le nombre d'aventures extraconjugales pour ce type de personne est donc inférieur à 1.

Effet marginal

Une deuxième quantité d'intérêt dans le modèle Poisson est l'effet marginal. L'effet marginal mesure la force de l'association entre une variable indépendante et la variable dépendante, toutes choses étant égales par ailleurs.

Pour mesurer l'effet marginal d'une variable continue, nous procédons comme auparavant, en prenant la dérivée partielle de l'équation de régression par rapport à la variable explicative qui nous intéresse. En appliquant les règles du calcul différentiel, il est possible de montrer que la dérivée partielle de l'équation 16.9 par rapport à X (c.-à-d. l'effet marginal de X sur λ) est égale à :

$$\frac{\partial \lambda}{\partial X} = \beta_1 \cdot e^{\beta_0 + \beta_1 X + \beta_2 Z}$$

Dans le cas qui nous intéresse, les variables explicatives sont binaires. Il est donc préférable de comparer la prédiction du modèle lorsque « enfants » est égal à 1 à la prédiction du modèle lorsque « enfants » est égal à 0 :

```
prediction(mod, at = list('enfants' = c(0, 1)))
## enfants      x
##       0 0,8959
##       1 1,6844
```

En moyenne, avoir un ou plusieurs enfants augmente de $1{,}68 - 0{,}90 = 0{,}79$ le nombre d'aventures extraconjugales.

Effet multiplicatif

La fonction de lien que nous avons utilisée pour spécifier le modèle Poisson ouvre une autre possibilité pour l'interprétation du modèle. Dans le modèle 16.9, une augmentation de 1 unité de la variable X multiplie par e^{β_1} la valeur prédite de Y.

Par exemple, dans le modèle que nous avons estimé précédemment, passer de 0 à 1 dans la variable « enfants » multiplie par $e^{0{,}63} = 1{,}88$ le nombre d'aventures extraconjugales prédites par le modèle. Cet effet multiplicatif est confirmé en comparant les prédictions faites précédemment : 1,6844 / 0,8959 = 1,8802.

Autres types de variables dépendantes

Dans ce chapitre, nous avons introduit le GLM comme une généralisation du modèle de régression linéaire. Ce cadre théorique nous a permis d'estimer deux types de modèles différents, adaptés aux variables dépendantes binaires ou de dénombrement. Le GLM permet d'estimer beaucoup d'autres modèles.

Par exemple, les variables binaires peuvent être analysées à l'aide d'un GLM probit; [13] les variables ordinales peuvent être analysées à l'aide d'un modèle probit ou logit ordinal; les variables nominales peuvent être analysées à l'aide d'un modèle multinomial probit ou logit; les variables de durée avec censure peuvent être analysées à l'aide d'un modèle de survie comme la régression de Cox; et les variables censurées peuvent être analysées à l'aide d'un modèle Tobit. Tous ces modèles peuvent être exprimés dans le cadre conceptuel du GLM et ils sont faciles à estimer avec la plupart des logiciels statistiques modernes.

13. La seule différence entre le modèle de régression probit et le modèle de régression logistique est que le premier utilise la fonction cumulative normale comme fonction inverse de lien, plutôt que la fonction logistique. Les deux modèles produisent généralement des résultats très similaires.

Chapitre 17

Modération : effets hétérogènes

Jusqu'à maintenant, notre analyse s'est concentrée sur l'estimation de l'effet moyen d'une variable X sur une autre variable Y ; nous avons ignoré la possibilité que la cause ait un effet différent sur différents individus. Pourtant, la plupart des relations que nous pouvons observer dans le monde sont hétérogènes. Dans certains contextes, la cause aura un effet puissant sur la variable dépendante, tandis que dans d'autres contextes, l'effet sera plus faible.

Par exemple, Cohen et Wills (1985) soutiennent que le stress a un effet négatif sur la santé psychologique, mais que cet effet est plus faible chez les gens qui bénéficient de l'appui d'un fort réseau social. Hay et Forrest (2008) étudient le lien entre un trait psychologique appelé « contrôle de soi » et la délinquance juvénile; leurs analyses suggèrent que le manque de contrôle de soi augmente la délinquance, mais seulement chez les jeunes qui ont peu de supervision parentale. Dans ces deux exemples, les chercheurs s'intéressent à un effet ainsi qu'à la variation dans la force de cet effet à travers la population.

Lorsqu'une variable M change la force de la relation entre X et Y, on dit que M est une variable « modératrice ». Ce chapitre introduit une technique statistique qui permet d'étudier de tels effets de modération.

Régression linéaire avec interaction multiplicative

Le modèle de base que nous avons utilisé jusqu'à maintenant pour estimer la relation entre X sur Y est l'équation linéaire :

$$Y = \alpha_1 + \alpha_x X + \nu$$

où α_1 est la constante du modèle, α_x est le coefficient de régression associé à la variable X et ν est le terme résiduel.

Pour déterminer si M affecte la force de la relation entre X et Y nous pouvons créer une nouvelle variable en multipliant la variable explicative par la variable modératrice : $X \cdot M$. Ensuite, nous ajoutons les variables M et $X \cdot M$ au modèle de régression linéaire : [1]

$$Y = \beta_1 + \beta_x X + \beta_m M + \beta_{xm} X \cdot M + \varepsilon \qquad (17.1)$$

L'étude de Cohen et Wills (1985) sur l'effet du stress et des réseaux sociaux sur la santé psychologique pourrait être traduite ainsi :

$$\text{Santé} = \beta_1 + \beta_x \cdot \text{Stress} + \beta_m \cdot \text{Réseau} + \beta_{xm} \cdot \text{Stress} \cdot \text{Réseau} + \varepsilon$$

L'étude de Hay et Forrest (2008) sur l'effet du contrôle de soi et de la supervision parentale sur la délinquance pourrait être traduite ainsi :

$$\text{Délinquance} = \beta_1 + \beta_x \cdot \text{Contrôle de soi} + \beta_m \cdot \text{Supervision} + \beta_{xm} \cdot \text{Contrôle de soi} \cdot \text{Supervision} + \varepsilon$$

Ces modèles sont faciles à estimer par régression linéaire. Pour illustrer comment estimer le modèle 17.1, nous importons une banque de données synthétiques dans R et nous inspectons les premières observations :

```
dat <- read.csv('data/moderation.csv')
head(dat)
##            Y           X          M
## 1 -1,9289906  0,01874617 -0,4006375
## 2 -0,1934811 -0,18425254 -0,3345566
## 3 -1,1332962 -1,37133055  1,3679540
## 4  4,1032869 -0,59916772  2,1377671
## 5  0,4308574  0,29454513  0,5058193
## 6  2,9604970  0,38979430  0,7863424
```

Ensuite, nous créons une nouvelle variable appelée XM en multipliant la variable X par la variable M :

1. Lorsque nous estimons un modèle avec interactions multiplicatives, il est recommandé d'inclure séparément les variables qui entrent dans la multiplication. Par exemple, si le modèle inclut un terme interactif $X \cdot M$, le modèle doit aussi inclure X et M. Omettre ces variables force l'effet marginal à passer par l'origine. Dans la plupart des cas, ce postulat est difficile à justifier empiriquement ou théoriquement.

```
dat$XM <- dat$X * dat$M
head(dat)
##            Y           X          M          XM
## 1 -1,9289906  0,01874617 -0,4006375 -0,00751042
## 2 -0,1934811 -0,18425254 -0,3345566  0,06164290
## 3 -1,1332962 -1,37133055  1,3679540 -1,87591705
## 4  4,1032869 -0,59916772  2,1377671 -1,28088103
## 5  0,4308574  0,29454513  0,5058193  0,14898660
## 6  2,9604970  0,38979430  0,7863424  0,30651178
```

Finalement, nous estimons le modèle 17.1 avec la fonction `lm` :

```
mod <- lm(Y ~ X + M + XM, data = dat)
coef(mod)
## (Intercept)           X           M          XM
##  0,02017469  0,94991836  1,96459374  0,58804351
```

L'opérateur « `*` » du logiciel `R` facilite l'estimation de ce genre de modèle. Par exemple, écrire `X * M` dans la fonction `lm` produit un modèle identique à celui que nous venons d'estimer, en incluant les variables X, M et leur produit :

```
mod <- lm(Y ~ X * M, data = dat)
coef(mod)
## (Intercept)           X           M         X:M
##  0,02017469  0,94991836  1,96459374  0,58804351
```

Les coefficients estimés par ce modèle sont légèrement plus compliqués à interpréter que les coefficients produits par un modèle de régression sans interaction. Pour bien comprendre comment β_x et β_{xm} doivent être interprétés, il faut calculer l'effet marginal de X sur Y.

Effet marginal

Dans un modèle de régression, la force de l'association entre une variable indépendante X et une variable dépendante Y est mesurée par l'effet marginal. Cet effet marginal correspond à la dérivée partielle de l'équation de régression par rapport à la variable explicative, soit $\partial Y / \partial X$ (voir la section « Boîte à outils » du chapitre 5).

Prendre la dérivée partielle de l'équation 17.1 nous permet d'identifier l'effet marginal de X sur Y :

$$\frac{\partial Y}{\partial X} = \beta_x + \beta_{xm} \cdot M \tag{17.2}$$

L'équation 17.2 montre que dans un modèle de régression avec interaction multiplicative, l'effet marginal est une expression complexe. Dans cette expression, la force de la relation entre X et Y dépend de la valeur de la variable modératrice M. L'effet de X sur Y sera donc différent pour chaque valeur de M.

L'équation 17.2 révèle comment les coefficients du modèle 17.1 doivent être interprétés :

- $\beta_x + \beta_{xm} \cdot M$ mesure la force de l'association entre X et Y.
- β_x mesure la force de l'association entre X et Y lorsque M est égale à 0. [2]
- β_{xm} mesure l'effet de modération de la variable M sur la relation entre X et Y.

Pour interpréter l'effet marginal, nous remplaçons β_x et β_{xm} dans l'équation 17.2 par les coefficients que nous avons estimés précédemment :

$$\frac{\partial Y}{\partial X} = 0{,}95 + 0{,}59 \cdot M \tag{17.3}$$

Cette équation montre que l'effet de X sur Y dépend de la valeur de M :

- Lorsque $M = -2$, une augmentation d'une unité de X est associée à un changement de $0{,}95 + 0{,}59 \cdot -2 = -0{,}23$ dans Y.
- Lorsque $M = 0$, une augmentation d'une unité de X est associée à un changement de $0{,}95 + 0{,}59 \cdot 0 = 0{,}95$ dans Y.
- Lorsque $M = 2$, une augmentation d'une unité de X est associée à un changement de $0{,}95 + 0{,}59 \cdot 2 = 2{,}13$ dans Y.

Pour étudier cet effet de modération de façon plus systématique, il est utile de tracer la droite de l'effet marginal. La figure 17.1 trace l'équation 17.2. La pente positive de cette droite suggère que les valeurs élevées de M sont associées à un effet plus élevé de X sur Y.

2. De manière analogue, le coefficient β_m mesure la force de l'association entre M et Y lorsque X est égale à 0.

FIGURE 17.1.
Effet marginal de *X* sur *Y* en fonction de *M*. La pente de la droite est égale à 0,59, ce qui représente l'effet de modération de *M*. L'ordonnée à l'origine est égale à 0,95, ce qui correspond au coefficient associé à la variable *X*.

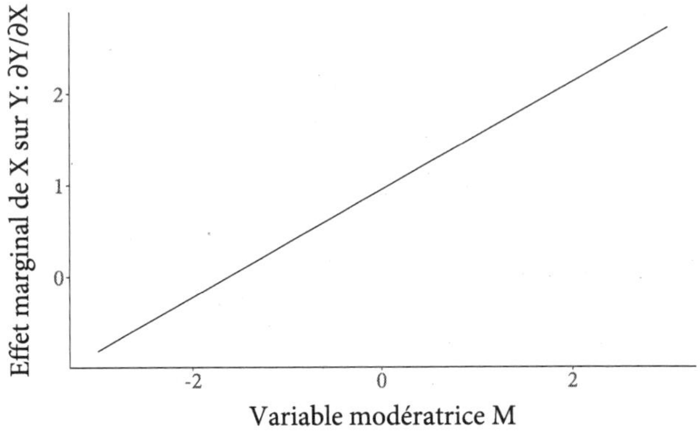

Exemples

Pour bien comprendre comment interpréter graphiquement les effets marginaux, il est utile de revisiter les exemples de psychologie mentionnés précédemment.

La figure 17.2a illustre l'argument de Cohen et Wills (1985).[3] La droite représente l'effet marginal du stress sur la santé psychologique. Cet effet marginal est négatif (sous 0 sur l'axe vertical), parce qu'une augmentation du stress est liée à une diminution de la santé psychologique. La pente de la droite est négative ($\beta_{xm} < 0$), parce que l'isolement social renforce l'effet négatif du stress. Lorsqu'une personne est isolée socialement (à droite de la figure), l'effet d'une augmentation de stress sur la santé psychologique est négatif et fort. Lorsqu'une personne est entourée d'un bon réseau social (à gauche de la figure), l'effet d'une augmentation de stress sur la santé psychologique est négatif, mais faible.

La figure 17.2b illustre l'argument de Hay et Forrest (2008). La droite représente l'effet marginal du contrôle de soi sur la délinquance. Cet effet marginal est négatif (sous 0 sur l'axe vertical), parce qu'une augmentation du contrôle de soi est associée à une baisse de la délinquance juvénile. La pente de la droite est positive ($\beta_{xm} > 0$), parce que

3. La figure 17.2 représente des estimés hypothétiques, et pas des résultats obtenus à partir de données d'observation.

la supervision parentale affaiblit la relation négative entre le contrôle de soi et la délinquance.

FIGURE 17.2.
Effets marginaux attendus par Cohen et Wills (1985) et Hay et Forrest (2008).

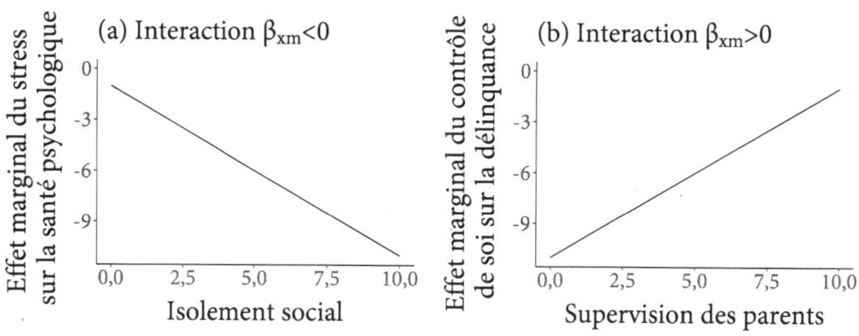

Incertitude et test d'hypothèse nulle

En estimant un modèle de régression avec interaction multiplicative, l'analyste considère généralement deux hypothèses nulles :

Hypothèse nulle #1 : La variable modératrice n'est pas associée à la force de l'effet marginal de X sur Y

Pour évaluer cette hypothèse nulle, l'analyste calcule la valeur p associée au coefficient d'interaction β_{xm} et décide si celle-ci permet de rejeter l'hypothèse nulle. Par exemple, dans le modèle estimé précédemment, nous avons :

```
summary(mod)
##               Estimate Std. Error t value Pr(>|t|)
## (Intercept)  0,02017    0,22974   0,088   0,9304
## X            0,94992    0,24814   3,828   <0,001
## M            1,96459    0,24854   7,904   <0,001
## X:M          0,58804    0,24755   2,375   0,0218
```

La valeur p associée au coefficient de l'interaction $X \cdot M$ est égale à 0,022. Par conséquent, nous pouvons rejeter l'hypothèse nulle selon laquelle il n'y a pas d'effet de modération. Nous pouvons rejeter l'hypothèse nulle qui stipule que la relation entre X et Y ne varie pas en fonction de M.

Hypothèse nulle #2 : L'effet marginal de X sur Y est égal à zéro lorsque M assume une valeur spécifique m

Comme le suggère cette phrase, la deuxième hypothèse pourrait avoir une réponse différente pour différentes valeurs m de M. Par exemple, l'association entre X et Y pourrait être statistiquement significative lorsque $M = 0$, mais non significative lorsque $M = 2$.

Pour tester cette hypothèse, il faut calculer la variance échantillonnale, l'erreur type, la statistique t, et la valeur p (ou l'intervalle de confiance) de l'effet marginal, et ce, pour toute l'étendue des valeurs de M qui nous intéressent.

Pour calculer la variance échantillonnale de l'effet marginal, nous utilisons les règles 20.6, 20.7, et 20.10, et nous traitons M comme une constante :

$$\begin{aligned}\text{Var}\left(\frac{\partial Y}{\partial X}\right) &= \text{Var}\left(\beta_x + \beta_{xm} M\right) \qquad (17.4)\\ &= \text{Var}\left(\beta_x\right) + \text{Var}\left(\beta_{xm} M\right) + 2\text{Cov}\left(\beta_x, \beta_{xm} M\right)\\ &= \text{Var}\left(\beta_x\right) + M^2 \cdot \text{Var}\left(\beta_{xm}\right) + 2M \cdot \text{Cov}\left(\beta_x, \beta_{xm}\right)\end{aligned}$$

La variance échantillonnale estimée par l'équation 17.4 sera différente pour toutes les valeurs de M. Il y a donc *plusieurs* variances échantillonnales pertinentes.

La fonction vcov du logiciel R imprime la matrice de variance-covariance d'un modèle de régression. Les valeurs sur la diagonale de cette matrice correspondent aux variances des coefficients, et les valeurs hors diagonale correspondent aux covariances.

```
vcov(mod)
##              (Intercept)            X            M          X:M
## (Intercept)  0,052779122  0,021363439 -0,006076704 -0,004166843
## X            0,021363439  0,061574710 -0,004302670 -0,003991624
## M           -0,006076704 -0,004302670  0,061774215  0,028777772
## X:M         -0,004166843 -0,003991624  0,028777772  0,061282334
```

Cette commande montre que : $\text{Var}(\beta_x) = 0{,}0616$, $\text{Var}(\beta_{xm}) = 0{,}0613$, $\text{Cov}(\beta_x, \beta_{xm}) = -0{,}0040$. Avec cette information en main, nous pouvons calculer la variance échantillonnale de l'effet marginal pour une valeur donnée de M. Par exemple, si $M = 3$, alors :

$$\begin{aligned}\text{Var}\left(\frac{\partial Y}{\partial X}\right) &= \text{Var}\left(\beta_x\right) + M^2 \cdot \text{Var}\left(\beta_{xm}\right) + 2M \cdot \text{Cov}\left(\beta_x, \beta_{xm}\right) \\ &= 0{,}0616 + 3^2 \cdot 0{,}0613 + 2 \cdot 3 \cdot -0{,}0040 \\ &= 0{,}5893\end{aligned}$$

et l'erreur type est égale à : $\sqrt{0{,}5983} = 0{,}7677$.

Avec cette erreur type, nous pourrions calculer la statistique t, la valeur p et l'intervalle de confiance, comme nous l'avons fait dans les chapitres 4 et 5. Heureusement, la librairie `margins` du logiciel `R` fait toutes ces opérations automatiquement pour nous.

Par exemple, l'effet marginal de la variable X sur Y lorsque $M \in \{-1, 1\}$ est égal à :

```
library(margins)
em <- margins(mod, variables = 'X', at = list('M' = c(-1, 1)))
summary(em)
## factor       M    AME     SE      z      p   lower  upper
##       X -1.0000 0.3619 0.3617 1.0004 0.3171 -0.3471 1.0708
##       X  1.0000 1.5380 0.3389 4.5377 0.0000  0.8737 2.2023
```

La colonne « AME » indique que l'effet marginal moyen de X sur Y est égal à 0,361 lorsque $M = -1$, et à 1,532 lorsque $M = 1$. Les valeurs p indiquent que l'effet marginal est statistiquement significatif lorsque M est égale à 1, mais pas lorsqu'elle est égale à -1.

La librairie `margins` nous permet aussi de tracer un graphique pour inspecter l'effet marginal de X à toutes les valeurs de M. Nous pouvons créer la figure 17.3 avec la commande suivante :

```
cplot(mod, x = 'M', dx = 'X', what = 'effect')
```

Cette figure montre que lorsque la valeur de M est faible, l'effet marginal est impossible à distinguer de zéro (c.-à-d. que nous ne pouvons pas rejeter l'hypothèse nulle). Par contre, lorsque la valeur de M est élevée, nous sommes en mesure de rejeter l'hypothèse nulle selon laquelle l'effet marginal de X sur Y est égal à zéro.

Notez que cette hypothèse nulle est différente de la première que nous avons considérée dans cette section. La première hypothèse nulle portait sur l'effet de modération, tandis que la seconde hypothèse nulle portait sur l'effet marginal. Dans certains cas, l'intervalle de confiance peut couvrir zéro pour certaines valeurs de M et pas pour d'autres, sans que nous puissions rejeter la possibilité qu'il n'y ait aucun effet de modération. Quand l'objectif du chercheur est de déterminer si M modifie la relation entre X et Y, la statistique d'intérêt est la valeur p associée à l'interaction $X \cdot M$, et non l'intervalle de confiance autour de l'effet marginal.

FIGURE 17.3.
Effet marginal estimé de X sur Y en fonction de la variable modératrice M. La région grise représente un intervalle de confiance à 0,95.

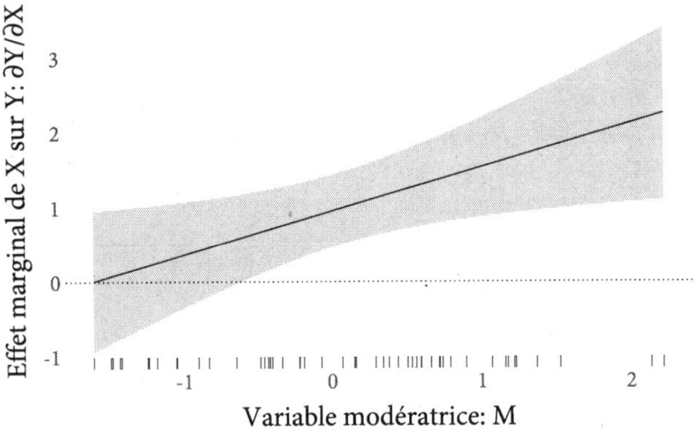

Modèles plus complexes

Il est possible d'estimer des modèles plus complexes en intégrant d'autres interactions multiplicatives. Par exemple, si l'effet de X sur Y dépend de deux variables modératrices, M_1 et M_2, l'analyste pourrait estimer un modèle avec deux interactions :

$$\begin{aligned} Y =& \beta_1 + \beta_x X + \beta_{m_1} M_1 + \beta_{m_2} M_2 + \\ & \beta_{xm_1} X \cdot M_1 + \beta_{xm_2} X \cdot M_2 + \varepsilon \end{aligned}$$

Comme pour les autres modèles, l'effet marginal de X sur Y se calcule en prenant la dérivée partielle de l'équation de régression :

$$\frac{\partial Y}{\partial X} = \beta_x + \beta_{xm_1} M_1 + \beta_{xm_2} M_2 \qquad (17.5)$$

L'équation 17.5 montre que l'effet marginal de X sur Y dépend de la valeur de M_1 *et* de la valeur de M_2.

Certains auteurs vont jusqu'à estimer des modèles avec des interactions de plus haut niveau, c'est-à-dire des modèles qui incluent des variables qui sont le produit d'une multiplication entre trois ou quatre variables. Dans la plupart des cas, la gymnastique intellectuelle nécessaire pour justifier de tels modèles est olympienne. Néanmoins, il est utile de savoir que ces modèles existent (Brambor, Clark et Golder, 2006 ; Franzese et Kam, 2009).

Chapitre 18

Médiation : mécanisme causal

Dans les chapitres précédents, nous avons tenté de répondre à la question suivante : est-ce que X cause Y ? L'analyse de médiation tente de répondre à une question différente : *pourquoi* X cause-t-elle Y ? L'analyse de médiation étudie les mécanismes causaux, ou les courroies de transmission qui lient la cause à l'effet. Dans ce chapitre, ces mécanismes seront appelés des variables *médiatrices*.

Pour étudier les mécanismes, il est utile de décomposer l'effet causal total en deux parties :

1. L'*effet direct* est la part de l'effet causal total qui passe directement de X à Y, sans intermédiaire.
2. L'*effet indirect* est la part de l'effet causal total qui est transmise par une variable médiatrice M.

Ces deux types d'effet peuvent être représentés par le GOA suivant :

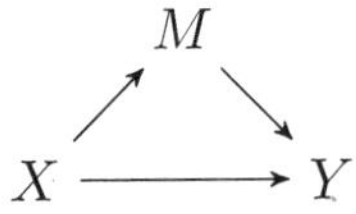

L'effet direct agit par le chemin $X \rightarrow Y$. L'effet indirect agit par le chemin $X \rightarrow M \rightarrow Y$.

La décomposition de l'effet total en effets direct et indirect est utile dans plusieurs domaines. En sciences de l'éducation, par exemple, les chercheurs s'intéressent à l'effet des programmes de formation complémentaire sur la réussite scolaire. Plusieurs universités offrent des cours préparatoires pour aider les étudiants de première génération ou issus de communautés sous-représentées. Ces cours sont typiquement donnés durant l'été qui précède le début officiel des classes ; ils visent à acclimater les étudiants à leur nouvel environnement et à offrir une mise à niveau à ceux qui en auraient besoin.

Ces cours préparatoires pourraient affecter la réussite à travers deux mécanismes. Premièrement, le contenu des cours pourrait avoir un effet direct sur la réussite, en offrant aux étudiants des outils théoriques et méthodologiques utiles pour leurs études. Deuxièmement, les cours préparatoires pourraient intégrer les étudiants à leur nouvel environnement plus graduellement et ainsi réduire leur niveau d'anxiété. Cette baisse d'anxiété pourrait se traduire par une augmentation de la performance en classe. Ces deux mécanismes sont résumés par le GOA suivant :

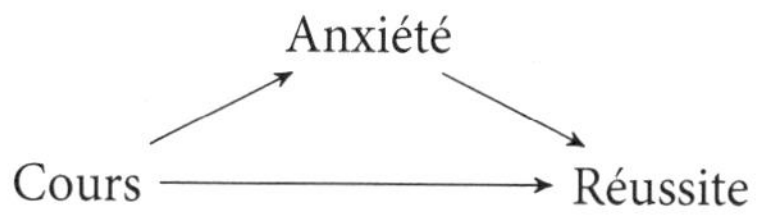

L'effet direct passe des cours à la réussite sans intermédiaire. L'effet indirect passe à travers l'anxiété.

Distinguer ces deux mécanismes est intéressant sur le plan scientifique et pourrait aider les universités à mettre au point des cours préparatoires plus efficaces. L'analyse de médiation a donc beaucoup de potentiel pour mettre en lumière les mécanismes causaux et guider la mise au point d'interventions ou de politiques publiques.

Effets naturels direct et indirect

Avant de présenter les conditions sous lesquelles une analyse statistique peut distinguer les effets direct et indirect, il faut définir ces deux quantités plus formellement.

Si X_i est un traitement binaire, alors $M_i(X_i = x)$ est la valeur de la variable médiatrice lorsque X_i est égal à x. De même, $Y_i(X_i = x, M(X_i = x))$ est la valeur de Y_i lorsque le traitement est égal à x et le médiateur est égal à $M_i(X_i = x)$.

L'*effet naturel direct* est défini ainsi (Pearl, 2014) :

$$Y_i(X_i = 1, M_i(X_i = 0)) - Y_i(X_i = 0, M_i(X_i = 0))$$

Il s'agit de la différence entre la valeur de Y quand $X = 1$, et la valeur de Y quand $X = 0$, si on fixait M au niveau qu'elle aurait atteint si le traitement n'avait pas changé. Intuitivement, l'effet naturel direct mesure l'effet de X sur Y si on empêchait M de réagir au traitement.

L'*effet naturel indirect* est défini ainsi :

$$Y_i(X_i = 0, M_i(X_i = 1)) - Y_i(X_i = 0, M_i(X_i = 0))$$

Il s'agit du changement dans Y qui survient lorsque le traitement X demeure fixe, mais quand M change comme si elle répondait au traitement. Intuitivement, l'effet naturel indirect mesure la part de l'effet de X sur Y qui agit seulement à travers la réaction de la variable médiatrice au traitement.

Conditions d'identification

Dans quelles conditions peut-on estimer l'effet naturel direct de X sur Y et l'effet naturel indirect de X sur Y à travers M ? Pour estimer ces deux quantités, il sera souvent nécessaire de faire appel à un ensemble de variables de contrôle $W = \{W_1, W_2, ..., W_n\}$.

Les quatre conditions suivantes garantissent que les effets naturels direct et indirect soient identifiables statistiquement :[1]

1. W bloque tous les chemins par la porte arrière entre X et M.
2. W bloque tous les chemins par la porte arrière entre X et Y.
3. W et X bloquent tous les chemins par la porte arrière qui lient M à Y, mais qui ne passent pas par X.
4. Aucun membre de W n'est descendant de X.

Ces quatre conditions sont difficiles à satisfaire. Par exemple, la condition 1 exclut les biais par variable omise entre X et M (figure 18.1a). La condition 2 exclut les biais par variable omise entre X et Y (figure 18.1b). La condition 3 exclut les biais par variable omise entre M et Y (figure 18.1c).

En pratique, plusieurs situations risquent de violer ces postulats. Dans l'exemple des cours préparatoires, on peut facilement imaginer que le niveau de compétence initial des étudiants affecte à la fois leur décision de participer au programme spécial de cours préparatoires, leur niveau d'anxiété et la probabilité qu'ils réussissent bien à l'université. Comme le montre le GOA suivant, cette seule variable suffit à violer les trois premières conditions d'identification des effets naturels direct et indirect :

1. Ces quatre conditions sont collectivement appelées « *Sequential Ignorability* » par Imai, Keele et Yamamoto (2010). Leur expression en termes de GOA est donnée dans Pearl (2014). Dans cet article, Pearl propose quatre postulats un peu plus faibles qui garantissent aussi l'identification des effets naturels direct et indirect.

FIGURE 18.1.
Effets directs et indirects non-identifiables lorsque Z est non observable.

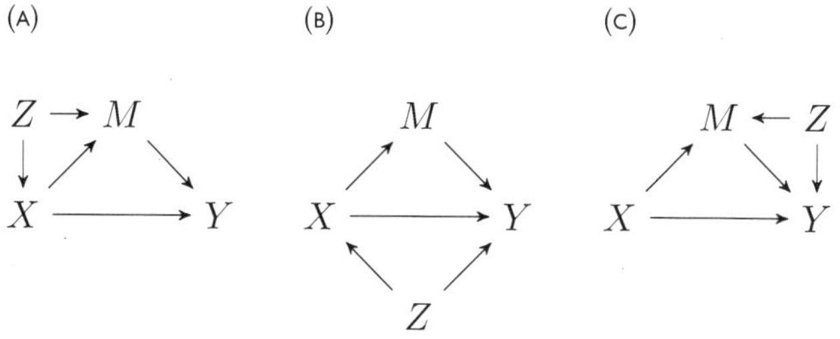

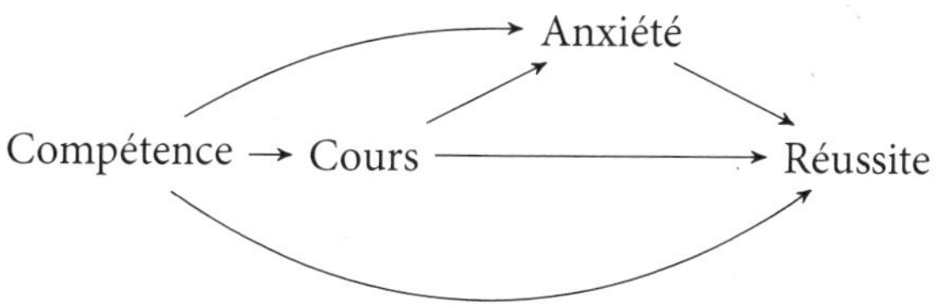

Lorsque les conditions présentées précédemment ne sont pas satisfaites, le chercheur n'a pas de garantie qu'une analyse de médiation révélera les vrais effets naturels direct et indirect.

Estimation

Dans un article influent, Baron et Kenny (1986) proposent une stratégie simple pour estimer les effets de médiation. Considérons un modèle à trois variables où toutes les relations sont linéaires et additives :

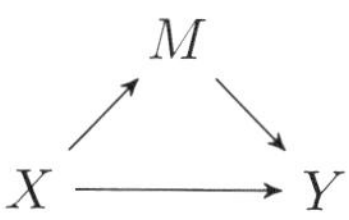

Baron et Kenny expliquent que les quantités d'intérêt peuvent être obtenues ainsi :

- *Effet total* : Estimer un modèle de régression bivariée avec Y comme variable dépendante et X comme variable indépendante. Le coefficient associé à X mesure l'effet total.

- *Effet direct* : Estimer un modèle de régression avec Y comme variable dépendante, X comme variable indépendante et M comme variable de contrôle. La variable de contrôle « bloque » le chemin indirect et le coefficient associé à X mesure l'effet direct.
- *Effet indirect* : Soustraire l'effet direct de l'effet total.

Cette procédure produit des résultats adéquats seulement si les quatre conditions d'identification causale décrites auparavant sont satisfaites, et si satisfaire ces conditions ne requiert aucune variable de contrôle. Imai, Keele, Tingley *et al.* (2011) ont créé un logiciel qui généralise la procédure de Baron et Kenny et qui facilite l'intégration de variables de contrôle à l'analyse de médiation : la librairie `mediation`, disponible pour `R` et `Stata`.

Pour illustrer comment utiliser cet outil, considérons une situation où on tente de mesurer l'effet direct et l'effet indirect de X sur Y. Les variables Z_1, Z_2 et Z_3 sont problématiques, puisqu'elles ouvrent des chemins par la porte arrière ; elles violent ainsi les conditions d'identification introduites précédemment. Il faudra donc contrôler ces trois variables dans l'estimation.

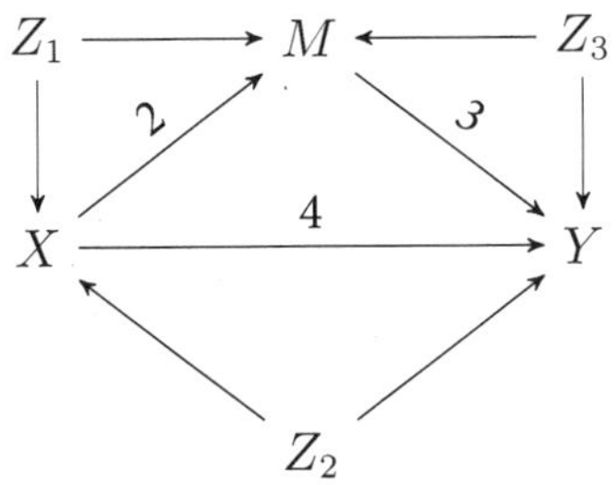

Pour simplifier, toutes les relations représentées dans ce GOA sont linéaires, suivant ces équations :

$$X = Z_1 + Z_2 + \varepsilon_X$$
$$M = 2X + Z_1 + Z_3 + \varepsilon_M$$
$$Y = 4X + 3M + Z_2 + Z_3 + \varepsilon_Y$$

où Z_1, Z_2, Z_3, ε_X, ε_M et ε_Y suivent une loi normale centrée réduite. Comme nous l'avons vu dans le chapitre 6, lorsque deux relations linéaires s'enchaînent, l'effet de la chaîne est égal au produit des maillons.

L'effet indirect de X sur Y est donc égal à $2 \cdot 3 = 6$. L'effet direct de X sur Y est égal à 4. L'effet total est égal à $6 + 4 = 10$.

Pour simuler des données qui se conforment à ce modèle, nous exécutons les commandes suivantes dans le logiciel R :

```
n <- 10000
Z1 <- rnorm(n)
Z2 <- rnorm(n)
Z3 <- rnorm(n)
X <- Z1 + Z2 + rnorm(n)
M <- 2 * X + Z1 + Z3 + rnorm(n)
Y <- 4 * X + 3 * M + Z2 + Z3 + rnorm(n)
dat <- data.frame(X, M, Z1, Z2, Y)
```

Ensuite, nous activons la librairie `mediation` et nous modélisons les déterminants des variables M et Y séparément :

```
library(mediation)
mod.M <- lm(M ~ X + Z1, data = dat)
mod.Y <- lm(Y ~ X + Z1 + Z2 + Z3 + M, data = dat)
```

Finalement, nous demandons à la fonction `mediate` d'estimer l'effet direct (« Average Direct Effect » — ADE) et l'effet indirect (« Average Causal Mediated Effect » — ACME).

```
mod <- mediate(model.m = mod.M, model.y = mod.Y,
               treat = 'X', mediator = 'M')
summary(mod)
##
##                  Estimate 95% CI Lower 95% CI Upper
## ACME                6,056        5,981         6,12
## ADE                 3,994        3,951         4,04
## Total Effect       10,050        9,994        10,11
## Prop. Mediated      0,603        0,598         0,61
```

Tel que prévu, l'effet direct estimé est près de 4, tandis que l'effet indirect estimé est près de 6. L'effet total de X sur Y est approximativement égal à 10.

Partie V

Annexes

Chapitre 19

Mathématiques

Ce chapitre introduit les symboles, la notation, et les concepts mathématiques nécessaires pour comprendre le contenu de ce livre. Les exposants sont nécessaires pour définir les concepts de variance et de régression par les moindres carrés. Le logarithme est utile parce que plusieurs chercheurs l'emploient pour transformer leurs données avant de les analyser. L'opérateur de somme nous permet de calculer les coefficients de régression et de comprendre le concept de biais.

Une maîtrise du calcul différentiel n'est *pas* essentielle pour la lecture de ce livre, mais elle est utile pour saisir le matériel plus avancé. Pour cette raison, ce chapitre présente un survol rapide des règles de base.

Symboles et notation

Dans ce livre, les lettres minuscules comme x, y, ou z représentent des *constantes*, c'est-à-dire des valeurs uniques qui ne changent jamais. Pour contraster, les lettres majuscules comme X, Y, ou Z représentent des *variables* ou des ensembles de données. Par exemple, si la variable X contient trois éléments, nous pourrions écrire : $X = \{1, 3, 5\}$. Pour référer à un élément spécifique de cette variable, on peut ajouter un indice à la variable. Par exemple, X_1 réfère au premier élément de la variable, soit 1. X_3 réfère au troisième élément de la variable, soit 5. L'indice i est souvent employé pour référer à un élément arbitraire de l'ensemble : X_i.

Parfois, les variables sont « décorées » pour indiquer que les données ont été transformées ou que nous avons effectué un calcul à partir des données. Par exemple, $\bar{X}$ représente la moyenne calculée à partir de la variable X (chapitre 3), $\breve{X}$ représente la nouvelle variable qu'on obtient en normalisant X (chapitre 5), et $\tilde{X}$ représente la variable observée lorsque X est mesurée avec erreur (chapitre 10).

Le livre utilise quelques lettres grecques : α (alpha), β (beta), γ (gamma), ε (epsilon), η (eta), κ (kappa), λ (lambda), μ (mu), ν (nu), π (pi), σ (sigma), τ (tau), χ (chi). Ces lettres représentent généralement des caractéristiques de la population qui nous intéresse (moyenne, variance, coefficient de régression, etc.).

Lorsqu'on *estime* une de ces caractéristiques, on décore la lettre à l'aide d'un chapeau. Ainsi, $\hat{\beta}$ pourrait représenter un coefficient de régression estimé, et $\hat{\mu}$ pourrait représenter la moyenne estimée d'une population. Par exemple, si nous utilisons la moyenne d'un échantillon $\bar{X}$ pour estimer la moyenne d'une population (μ), alors $\bar{X} = \hat{\mu}$.

La liste des symboles en annexe présente une liste d'expressions mathématiques utiles.

Exposants et logarithmes

Les règles élémentaires de l'exposant sont illustrées par ces équations :

$$z^3 = z \cdot z \cdot z \qquad z^0 = 1$$

$$z^{1/2} = \sqrt{z} \qquad z^{-a} = \frac{1}{z^a}$$

$$z^a \cdot z^b = z^{a+b} \qquad \frac{z^a}{z^b} = z^{a-b}$$

$$\left(z^a\right)^b = z^{a \cdot b}$$

Un exposant particulièrement important est celui qui a pour base la « constante de Néper » (aussi appelée le « nombre d'Euleur »). Cette constante est représentée par la lettre e et elle est approximativement égale à 2,71828. Nous avons donc : [1]

$$e^1 \approx 2{,}71828$$
$$e^2 \approx 7{,}38906$$

Le logarithme est une notation mathématique qui permet de réexprimer un exposant d'une manière légèrement différente. Le logarithme de x à base b s'écrit $log_b(x)$. Ce logarithme est égal à

1. e est définie ainsi : $e = \sum_{n=0}^{\infty} \frac{1}{n!} \approx 2{,}71828$.

l'exposant y auquel il faut élever b pour obtenir x :

$$b^y = x \qquad \Rightarrow \qquad log_b(x) = y \tag{19.1}$$

Cette définition implique que $log_b(b) = 1$ et que :

$$\begin{aligned} 10^3 &= 1000 & \Rightarrow && log_{10}(1000) = 3 \\ 4^5 &= 1024 & \Rightarrow && log_4(1024) = 5 \\ 8^0 &= 1 & \Rightarrow && log_8(1) = 0 \end{aligned}$$

L'expression ln est appelée « logarithme naturel » ou « logarithme népérien » et représente le logarithme à base e.

$$\begin{aligned} e^1 &= e & \Rightarrow && ln(e) = log_e(e) = 1 \\ e^3 &\approx 20 & \Rightarrow && ln(20) = log_e(20) \approx 3 \end{aligned}$$

Le logarithme est un opérateur utile, parce qu'il a les propriétés suivantes :

$$\begin{aligned} log_b(w \cdot z) &= log_b(w) + log_b(z) \\ log_b(w/z) &= log_b(w) - log_b(z) \\ log_b(w^z) &= z \cdot log_b(w) \end{aligned}$$

Par exemple, nous savons que :

$$\begin{aligned} log_{10}(100) &= log_{10}(10 \cdot 10) = log_{10}(10) + log_{10}(10) = 1 + 1 = 2 \\ &= log_{10}(1000/10) = log_{10}(1000) - log_{10}(10) = 3 - 1 = 2 \\ &= log_{10}(10^2) = 2 \cdot log_{10}(10) = 2 \cdot 1 = 2 \end{aligned}$$

Somme

Le symbole $\sum$ représente l'opérateur de somme.[2] Pour utiliser cet opérateur, il faut d'abord définir un « compteur » i qui changera de

2. L'opérateur de produit $\prod$ fonctionne de façon analogue à la somme, mais nous multiplions les termes plutôt que de les additionner.

valeur chaque fois que nous additionnons un nouvel élément. Considérons l'équation suivante :

$$\sum_{i=1}^{4} 2 \cdot i$$

L'expression qui se situe *sous* l'opérateur de somme indique la valeur de départ du compteur i. L'expression qui se situe *au-dessus* de la somme indique la valeur finale du compteur. L'expression qui se situe *à droite* de la somme sera additionnée à notre total toutes les fois que i change. L'équation ci-haut donne donc les instructions suivantes : calculez la somme de $2 \cdot i$ pour toutes les valeurs de i entre 1 et 4.

$$\sum_{i=1}^{4} 2 \cdot i = (2 \cdot 1) + (2 \cdot 2) + (2 \cdot 3) + (2 \cdot 4) = 20$$

Voici deux autres exemples :

$$\sum_{i=1}^{6} i = 1 + 2 + 3 + 4 + 5 + 6$$

$$\sum_{i=1}^{3} \frac{1}{i} = \frac{1}{1} + \frac{1}{2} + \frac{1}{3}$$

L'opérateur de somme nous permet d'intervenir sur les éléments d'un ensemble. Par exemple, si $X = \{4, 2, 7\}$, alors :

$$\begin{aligned} \sum_{i=1}^{3} 2 \cdot X_i &= (2 \cdot X_1) + (2 \cdot X_2) + (2 \cdot X_3) \\ &= (2 \cdot 4) + (2 \cdot 2) + (2 \cdot 7) \qquad = 26 \end{aligned}$$

L'opérateur de somme peut être manipulé à l'aide trois règles. Premièrement, pour toute constante a,

$$\sum_{i=1}^{n} a = n \cdot a \tag{19.2}$$

Par exemple,

$$\sum_{i=1}^{3} 2 = 2 + 2 + 2 = 3 \cdot 2$$

Deuxièmement, toute constante a peut « glisser » à travers l'opérateur de somme :

$$\sum_{i=1}^{n} a \cdot X_i = a \sum_{i=1}^{n} X_i \tag{19.3}$$

Par exemple, si $X = \{0, 2, 4\}$,

$$\begin{aligned}\sum_{i=1}^{3} 5 \cdot X_i &= (5 \cdot 0) + (5 \cdot 2) + (5 \cdot 4)\\ &= 5 \cdot (0 + 2 + 4)\\ &= 30\end{aligned}$$

Troisièmement, la somme d'une somme peut être séparée ainsi :

$$\sum_{i=1}^{n} (X_i + Y_i) = \sum_{i=1}^{n} X_i + \sum_{i=1}^{n} Y_i \tag{19.4}$$

Par exemple, si $X = \{0, 4\}$ et $Y = \{1{,}3\}$,

$$\sum_{i=1}^{2} (X_i + Y_i) = (0 + 1) + (4 + 3) = 8$$

$$\sum_{i=1}^{2} X_i + \sum_{i=1}^{2} Y_i = (0 + 4) + (1 + 3) = 8$$

En utilisant l'opérateur de somme, nous pouvons exprimer formellement des statistiques bien connues. Par exemple, la moyenne d'un ensemble X qui comprend n éléments s'écrit $\bar{X}$ et se calcule :

$$\bar{X} = \frac{1}{n} \sum_{i=1}^{n} X_i$$

Multiplier les deux côtés de l'équation de la moyenne par n produit cette équivalence :

$$n\bar{X} = \sum_{i=1}^{n} X_i \tag{19.5}$$

Nous pouvons utiliser la définition précédente et les trois règles de manipulation de la somme afin de dériver des expressions utiles pour notre étude du modèle de régression linéaire (chapitre 5).

Un premier constat intéressant est que la somme des déviations de X par rapport à sa propre moyenne est égale à 0 :

$$\begin{aligned}\sum_{i=1}^{n}(X_i - \bar{X}) &= \sum_{i=1}^{n} X_i - \sum_{i=1}^{n} \bar{X} \\ &= n\bar{X} - n\bar{X} = 0\end{aligned} \tag{19.6}$$

Par exemple, si $X = \{-3, 5, 10\}$, alors $\bar{X} = 4$, et

$$\sum_{i=1}^{3}(X_i - \bar{X}) = (-3 - 4) + (5 - 4) + (10 - 4) = 0$$

Cette propriété explique pourquoi le modèle de régression par les moindres carrés ordinaires étudié dans le chapitre 5 minimise la somme des erreurs *quadratiques* plutôt que la somme des erreurs; cette dernière est toujours égale à zéro.

Un deuxième constat est utile pour le calcul du coefficient de régression :[3]

3. Notez que la moyenne que nous calculons à partir d'un échantillon donné est une constante, donc elle glisse à travers l'opérateur de somme.

$$\begin{aligned}\sum_{i=1}^{n}(X_i - \bar{X})^2 &= \sum_{i=1}^{n}(X_i^2 - 2\bar{X}X_i + \bar{X}^2) \qquad (19.7)\\ &= \sum_{i=1}^{n} X_i^2 - \sum_{i=1}^{n} 2\bar{X}X_i + \sum_{i=1}^{n}\bar{X}^2\\ &= \sum_{i=1}^{n} X_i^2 - 2\bar{X}\sum_{i=1}^{n} X_i + n\bar{X}^2\\ &= \sum_{i=1}^{n} X_i^2 - 2\bar{X}\cdot n\bar{X} + n\bar{X}^2\\ &= \sum_{i=1}^{n} X_i^2 - n\bar{X}^2\end{aligned}$$

Un troisième constat utile concerne la relation entre deux variables X et Y. Suivant la même approche que dans l'équation 19.7, il est facile de dériver les équivalences suivantes :

$$\begin{aligned}\sum_{i=1}^{n}(X_i - \bar{X})(Y_i - \bar{Y}) &= \sum_{i=1}^{n} X_i(Y_i - \bar{Y}) \qquad (19.8)\\ &= \sum_{i=1}^{n} Y_i(X_i - \bar{X})\end{aligned}$$

Nous pouvons illustrer ces équivalences à l'aide d'une simulation. La fonction `rnorm(1000)` du logiciel `R` tire 1000 nombres aléatoires dans une distribution normale (voir chapitres 2 et 21) :

```
X <- rnorm(1000)
Y <- rnorm(1000)
sum((X - mean(X)) * (Y - mean(Y)))
## [1] 8,062311
sum(X * (Y - mean(Y)))
## [1] 8,062311
sum(Y * (X - mean(X)))
## [1] 8,062311
```

Dans le chapitre 20, nous exploiterons ces trois constats pour dériver la formule du coefficient de régression linéaire par les moindres carrés ordinaires.

Calcul différentiel

Le calcul différentiel nous permet de répondre à une question scientifique fondamentale : si la variable X augmente, est-ce que la variable Y augmente, diminue ou reste constante ?

Pour comprendre le calcul différentiel et le concept de « dérivée », il faut d'abord définir ce qu'est une « fonction ». Une fonction est une relation entre une ou plusieurs variables d'entrée et une variable de sortie. Dans l'expression suivante :

$$Y = f(X,Z)$$

X et Z sont les variables d'entrée, Y est la variable de sortie et $f()$ est la fonction qui explique comment combiner X et Z pour produire Y. Analogie culinaire : X et Z sont les ingrédients, $f()$ est la recette et Y est le repas.

L'équation ci-haut est générique, puisque la relation mathématique $f()$ qui lie X,Y,Z n'est pas définie explicitement. Cette relation mathématique — cette fonction — pourrait prendre une multitude de formes spécifiques. Par exemple,

$$Y = f(X,Z) = X^2 + Z$$
$$Y = f(X,Z) = \frac{X}{Z}$$
$$Y = f(X,Z) = ln(X) \cdot Z$$

Une fonction importante en statistiques est la droite :

$$Y = a + bX$$

où a est appelée « ordonnée à l'origine » et b est appelée « pente ».

La figure 19.1 montre une droite avec une ordonnée à l'origine de 1 et une pente de 2. L'ordonnée à l'origine est égale à 1 car la droite croise l'axe vertical à $Y = 1$. La pente est égale à 2 car à chaque fois que X augmente de 1 unité, Y augmente de 2 unités.

Si la pente est positive ($b > 0$), la droite augmente lorsqu'on avance de gauche à droite. Si la pente est négative ($b < 0$), la droite diminue lorsqu'on avance de gauche à droite. Si la pente est nulle ($b = 0$), la droite est horizontale.

FIGURE 19.1.
Droite avec ordonnée à l'origine 1 et pente 2.

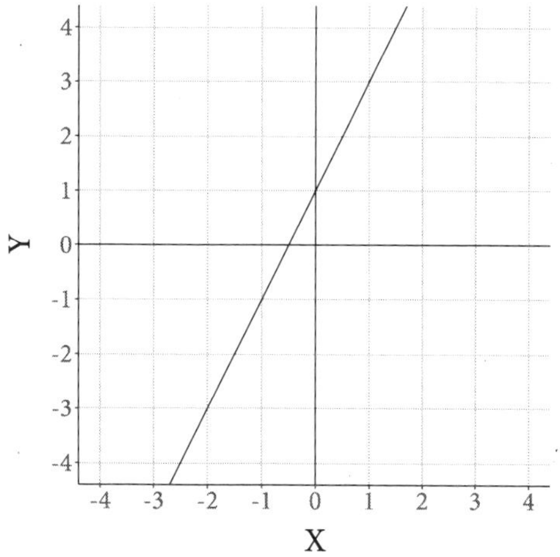

Par définition, la droite est linéaire, mais plusieurs des fonctions étudiées dans ce livre sont non linéaires. Par exemple, la ligne pleine dans la figure 19.2 trace l'équation de la fonction quadratique suivante :

$$Y = X^2 \tag{19.9}$$

Les trois lignes pointillées dans la figure 19.2 sont des « tangentes » de la fonction 19.9. Une tangente est une droite qui touche une fonction en un seul point.[4] Pour toucher un seul point, la tangente doit nécessairement être localement perpendiculaire à la fonction.

La pente d'une tangente nous indique si la fonction elle-même est croissante ou décroissante :

- Lorsque la pente de la tangente est négative, la fonction diminue ; une augmentation de X est associée à une diminution de Y.
- Lorsque la pente de la tangente est égale à zéro, la fonction est dans une vallée ou à un sommet ; une augmentation de X n'est associée à aucun changement de Y.

4. Sur un petit intervalle donné.

FIGURE 19.2.
Fonction $Y = X^2$ (ligne pleine) et trois tangentes (lignes pointillées).

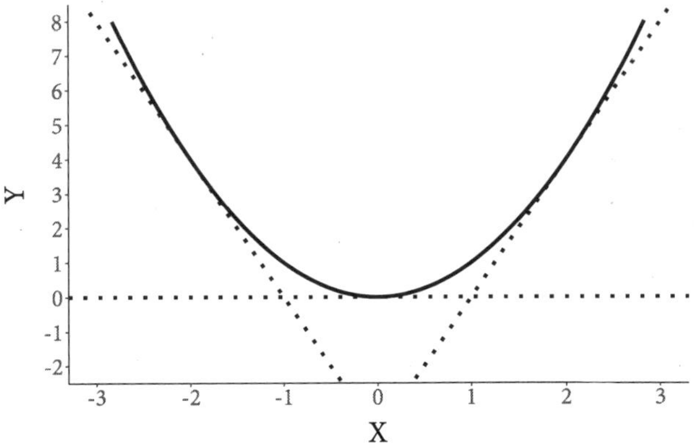

- Lorsque la pente de la tangente est positive, la fonction augmente; une augmentation de X est associée à une augmentation de Y.

Le calcul différentiel est un ensemble de règles qui nous permettent de trouver une seule équation qui caractérise la pente de toutes les tangentes possibles d'une fonction. Grâce à cette équation, nous pouvons déterminer si la variable Y augmente, diminue ou reste constante pour toute valeur de X.

L'équation qui représente la pente de toutes les tangentes possibles d'une fonction s'appelle la dérivée. Si Y est une fonction de X, la dérivée s'écrit $\frac{\partial Y}{\partial X}$ et se dit « dérivée de Y par rapport à X ». Cette dérivée mesure la pente de la tangente pour une valeur donnée de X. Elle mesure la pente de la fonction autour d'un point sur X. Elle mesure l'effet d'un petit changement dans X sur la valeur de Y.

Dans ce livre, nous prendrons souvent la dérivée d'une équation qui représente un modèle de régression. Nous dirons alors que la dérivée représente un « effet marginal ». Cette expression veut dire que la dérivée mesure l'effet d'un petit changement dans une variable explicative sur la variable que notre modèle tente d'expliquer.

Lorsque nous calculons la dérivée d'une fonction à plusieurs variables, il faut spécifier quel effet marginal (ou « dérivée partielle ») nous intéresse. Par exemple, si :

$$Y = 2X + 4Z$$

$\frac{\partial Y}{\partial X}$ mesure l'effet de X sur Y, et $\frac{\partial Y}{\partial Z}$ mesure l'effet de Z sur Y. Lorsque nous écrivons $\frac{\partial Y}{\partial X}$, cela signifie que nous traitons X comme une variable et que toutes les autres composantes de l'équation sont traitées comme des constantes. C'est comme si on « fixait » ou on « contrôlait » toutes les autres variables. La dérivée $\frac{\partial Y}{\partial X}$ mesure donc l'effet d'un mouvement de X sur Y, *ceteris paribus*, ou toutes choses étant égales par ailleurs.[5]

Quatre règles pour trouver la dérivée

Règle 1 : La dérivée d'une constante est égale à 0

$$Y = 2 \qquad \Rightarrow \qquad \frac{\partial Y}{\partial X} = 0$$

Écrire $\partial Y / \partial X$ signale que nous traitons toutes les composantes d'une équation comme des constantes, sauf X. Par conséquent,

$$Y = z \qquad \Rightarrow \qquad \frac{\partial Y}{\partial X} = 0$$

Règle 2 : La dérivée de zX^n par rapport à X est égale à nzX^{n-1}

$$Y = X \qquad \Rightarrow \qquad \frac{\partial Y}{\partial X} = 1 \cdot X^0 = 1$$

$$Y = X^3 \qquad \Rightarrow \qquad \frac{\partial Y}{\partial X} = 3X^2$$

$$Y = 2X^4 \qquad \Rightarrow \qquad \frac{\partial Y}{\partial X} = 8X^3$$

Règle 3 : La dérivée d'une somme est égale à la somme des dérivées

$$Y = 2X^3 + X + Z \qquad \Rightarrow \qquad \frac{\partial Y}{\partial X} = 6X^2 + 1 + 0$$

5. Notez le parallèle avec la logique du contrôle statistique dans les modèles de régression multiple. Dans le chapitre 5, nous voyons que certains coefficients de régression correspondent à des dérivées partielles, c'est-à-dire qu'ils correspondent à l'effet d'une variable, toutes choses étant égales par ailleurs.

Règle 4 : La dérivée de deux fonctions imbriquées l'une dans l'autre est égale à la dérivée de l'intérieur, multipliée par la dérivée de l'extérieur

Dans ce livre, la seule application de cette « règle de dérivation en chaîne » que nous ferons consistera à prendre la dérivée d'une fonction avec exposants. Par exemple, considérez l'expression suivante :

$$Y = (2X^3 + X)^3$$

Dans cette expression, $2X^3 + X$ est la partie « intérieure » et la partie « extérieure » est le cube. Pour trouver la dérivée de l'expression entière, nous multiplions la dérivée de l'intérieur par la dérivée de l'extérieur :

$$\frac{\partial Y}{\partial X} = (6X^2 + 1) \cdot 3(2X^3 + X)^2$$

Un autre exemple :

$$Y = (4X + X^2 + Z)^2$$
$$\frac{\partial Y}{\partial X} = (4 + 2X) \cdot 2(4X + X^2 + Z)$$

Minimiser une fonction

La figure 19.3 trace la fonction suivante :

$$Y = -4b + b^2$$

La dérivée de Y par rapport à b est :

$$\frac{\partial Y}{\partial b} = -4 + 2b$$

Grâce à cette dérivée, il est facile de déterminer si la fonction est croissante ou décroissante pour n'importe quelle valeur de b. Lorsque $b = 0$, la fonction est décroissante : $-4 + 2 \cdot 0 < 0$. Lorsque $b = 2$, la fonction est plate : $-4 + 2 \cdot 2 = 0$. Lorsque $b = 3$, la fonction est croissante : $-4 + 2 > 0$.

Remarquez que lorsqu'une fonction est à son point *minimum*, la pente de la tangente est nulle. Pour trouver la valeur de b qui minimise Y, il suffit donc de trouver la valeur de b pour laquelle la dérivée est égale à zéro.[6] Ici, nous avons :

$$\begin{aligned} \frac{\partial Y}{\partial b} = -4 + 2b &= 0 \\ b &= 2 \end{aligned}$$

Dans la figure 19.3, nous voyons que lorsque $b = 2$, Y atteint effectivement son point minimum.

FIGURE 19.3.
Courbe de l'équation $Y = -4b + b^2$.

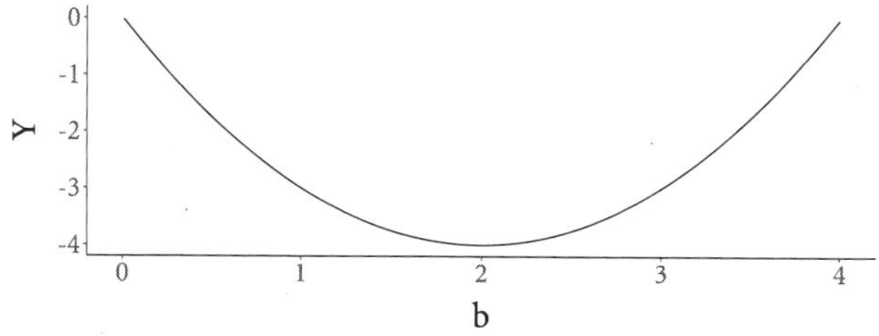

En somme, pour minimiser une fonction à l'aide du calcul différentiel, il faut procéder en trois étapes :

1. Trouver la dérivée de la fonction par rapport au paramètre qui nous intéresse.
2. Fixer cette dérivée à zéro.
3. Isoler le paramètre qui nous intéresse.

Souvent, minimiser une fonction à plusieurs variables n'est pas beaucoup plus compliqué. Par exemple, pour minimiser la fonction

$$Y = 3X^2 - 12X + Z^2 + 4Z$$

6. Une tangente à pente zéro peut indiquer que nous sommes à un minimum *ou* à un maximum. Pour distinguer les deux situations, il faut prendre la dérivée seconde, c'est-à-dire qu'il faut calculer la dérivée de la dérivée en appliquant les règles une deuxième fois. Si la dérivée seconde est positive, la fonction est convexe au point X et nous sommes à un minimum. Si la dérivée seconde est négative, la fonction est concave au point X et nous sommes à un maximum.

nous prenons la dérivée par rapport à X, nous la fixons à zéro et nous isolons X.

$$\frac{\partial Y}{\partial X} = 6X - 12 = 0$$
$$X = 2$$

Même chose pour Z :

$$\frac{\partial Y}{\partial Z} = 2Z + 4 = 0$$
$$Z = -2$$

Y est donc à son point minimum lorsque $X = 2$ et $Z = -2$.

Chapitre 20

Statistiques

Cette annexe présente quelques résultats statistiques utiles et intéressants : propriétés de l'espérance, de la variance et de la covariance; biais et variance de la moyenne; biais, variance et condition d'optimalités de Gauss-Markov pour le coefficient de régression linéaire; loi des grands nombres; et théorème central limite.

Opérateurs : espérance, variance, covariance

L'équation 3.2 définit l'espérance mathématique. Cet opérateur représente la valeur qui serait produite, en moyenne, si on répétait une même procédure ou une même expérience un très grand nombre de fois. Nous pouvons manipuler l'espérance en appliquant trois règles. Si a représente une constante, et X et Y représentent des variables aléatoires, alors

$$E[a] = a \tag{20.1}$$
$$E[X + Y] = E[X] + E[Y] \tag{20.2}$$
$$E[a \cdot X] = a \cdot E[X] \tag{20.3}$$

L'intuition derrière la règle 20.1 peut être exprimée ainsi : si un phénomène génère toujours le même résultat, une constante a, alors l'espérance du phénomène est égale à a. Par exemple, $E[2] = 2$. Les équations 20.2 et 20.3 nous disent que l'espérance d'une somme est égale à la somme des espérances, et que l'espérance du produit d'une constante et d'une variable est égale au produit de la constante et de l'espérance de la variable.

Des règles similaires permettent de manipuler la variance :

$$\text{Var}(a) = 0 \tag{20.4}$$
$$\text{Var}(a + X) = \text{Var}(X) \tag{20.5}$$
$$\text{Var}(aX) = a^2\text{Var}(X) \tag{20.6}$$
$$\text{Var}(X + Y) = \text{Var}(X) + \text{Var}(Y) + 2\text{Cov}(X,Y) \tag{20.7}$$

L'intuition derrière l'équation 20.4 est simple : si un phénomène génère toujours le même résultat, une constante a, alors, par définition, la variance est nulle. La véracité des autres règles est facile à démontrer, même si l'intuition est moins directe.

Les covariances peuvent également être transformées et manipulées :

$$\text{Cov}(a, X) = 0 \tag{20.8}$$
$$\text{Cov}(X, X) = \text{Var}(X) \tag{20.9}$$
$$\text{Cov}(aX, Y) = a\text{Cov}(X, Y) \tag{20.10}$$
$$\text{Cov}(X + Y, Z) = \text{Cov}(X, Z) + \text{Cov}(Y, Z) \tag{20.11}$$

Propriétés de la moyenne d'un échantillon

Nous pouvons utiliser les règles exposées dans la section précédente pour démontrer que la moyenne d'un échantillon est un estimé non biaisé de la moyenne de la population et que la variance échantillonnale de la moyenne dépend de la taille de l'échantillon.

Biais de la moyenne d'un échantillon

Imaginez qu'un analyste s'intéresse à une population, mais qu'il n'ait pas les ressources nécessaires pour observer tous ses membres. Afin d'estimer la moyenne de la population, il sélectionne un échantillon aléatoire simple de taille n : $X = \{X_1, X_2, X_3, ..., X_n\}$. Ensuite, il calcule la moyenne arithmétique de cet échantillon :

$$\bar{X} = \frac{1}{n}(X_1 + X_2 + ... + X_n)$$

Est-ce que la moyenne calculée à partir de cet échantillon est un bon estimé de la moyenne de la population ? Pour répondre à cette question, imaginons une situation où l'analyste tire un très grand nombre d'échantillons distincts et où il calcule une moyenne distincte dans chaque échantillon. On dit que l'estimateur est non biaisé si, en moyenne, il produit la bonne réponse. Plus spécifiquement, la moyenne de l'échantillon est un estimateur non biaisé de la moyenne de la population si $E[\bar{X}] = E[X]$. Pour établir cette égalité, nous commençons par prendre l'espérance de la moyenne échantillonnale :[1]

$$E[\bar{X}] = E\left[\frac{1}{n}(X_1 + X_2 + \ldots + X_n)\right]$$

Ensuite, nous manipulons l'espérance à l'aide des règles 20.3 et 20.2 :

$$\begin{aligned} E[\bar{X}] &= \frac{1}{n}E\left[X_1 + X_2 + \ldots + X_n\right] \\ &= \frac{1}{n}\left(E[X_1] + E[X_2] + \ldots + E[X_n]\right) \end{aligned}$$

Puisque la moyenne est calculée à partir d'un échantillon aléatoire simple, les variables aléatoires X_1 à X_n ont toutes la même espérance :

$$\begin{aligned} E[\bar{X}] &= \frac{1}{n}\left(E[X] + E[X] + \ldots + E[X]\right) \\ &= \frac{1}{n}nE[X] \\ &= E[X] \end{aligned}$$

Ceci montre que $E[\bar{X}] = E[X]$. La moyenne d'un échantillon aléatoire est donc un estimateur non biaisé de la moyenne de la population.

Variance échantillonnale de la moyenne

Pour mesurer l'incertitude qui entoure nos estimés statistiques, il est utile de calculer la variance échantillonnale du paramètre qui nous intéresse. Soit $X = \{X_1, X_2, \ldots, X_2\}$, un échantillon aléatoire simple de taille n, $\bar{X}$ la moyenne arithmétique de cet échantillon, et $\mathrm{Var}[\bar{X}]$,

1. Dans cette équation, nous traitons X_1 à X_n comme des variables aléatoires. Nos dérivations du biais et de la variance de la moyenne suivent de près la présentation plus détaillée dans Aronow et Miller (2019).

la variance échantillonnale de la moyenne :

$$\begin{aligned}\text{Var}[\bar{X}] &= \text{Var}\left[\frac{1}{n}(X_1 + X_2 + ... + X_n)\right] \\ &= \frac{1}{n^2}\text{Var}\left[X_1 + X_2 + ... + X_n\right]\end{aligned}$$

Puisque X est un échantillon aléatoire simple, les observations sont indépendantes. Par conséquent, leur covariance est égale à zéro et la règle 20.7 implique ceci :

$$\text{Var}[\bar{X}] = \frac{1}{n^2}\left[\text{Var}(X_1) + \text{Var}(X_2) + ... + \text{Var}(X_n)\right]$$

Comme l'échantillon est aléatoire, tous les membres de l'échantillon sont tirés d'une même distribution :

$$\begin{aligned}\text{Var}[\bar{X}] &= \frac{1}{n^2}\left[\text{Var}(X) + \text{Var}(X) + ... + \text{Var}(X)\right] \\ &= \frac{1}{n^2}n\text{Var}(X) \\ &= \frac{\text{Var}(X)}{n}\end{aligned}$$

La variance échantillonnale de la moyenne est donc égale à la variance des membres de la population, divisée par la taille de l'échantillon. Plus l'échantillon est grand, plus la variance échantillonnale est petite.

Propriétés de la régression linéaire

La première partie de cette section utilise le calcul différentiel pour dériver la formule du coefficient de régression linéaire par les moindres carrés. Les deux parties suivantes caractérisent le biais et la variance échantillonnale de ce coefficient. Finalement, la dernière partie introduit les conditions d'optimalité de Gauss-Markov.

Calcul du coefficient de régression

Cette section montre comment dériver la formule du coefficient de régression à l'aide du calcul différentiel. Nous considérons un modèle simple avec une seule variable et une constante. L'indice i identifie une des n observations de la banque de données :

$$Y_i = \beta_0 + \beta_1 X_i + \varepsilon_i \tag{20.12}$$

Notre objectif est de trouver les valeurs de β_0 et β_1 qui minimisent la somme des erreurs de prédiction élevées au carré, soit :

$$\sum_{i=1}^{n} \varepsilon_i^2 = \sum_{i=1}^{n} (Y_i - \beta_0 - \beta_1 X_i)^2$$

Pour trouver la valeur de β_0 qui minimise cette expression, nous prenons la dérivée par rapport à β_0. À l'aide de la règle de dérivée en chaîne et du fait que la dérivée d'une somme est égale à la somme des dérivées (chapitre 19), nous obtenons : [2]

$$\frac{\partial \sum \varepsilon_i^2}{\partial \beta_0} = \sum 2(\beta_0 + \beta_1 X_i - Y_i)$$

Fixer cette expression à zéro et simplifier à l'aide des règles 19.3, 19.4, 19.2 et 19.5 donne :

$$\begin{aligned} \sum (\beta_0 + \beta_1 X_i - Y_i) &= 0 \\ \sum \beta_0 + \beta_1 \sum X_i - \sum Y_i &= 0 \\ n\beta_0 + \beta_1 n\bar{X} - n\bar{Y} &= 0 \end{aligned}$$

Résoudre pour β_0 donne la formule de la constante :

$$\beta_0 = \bar{Y} - \beta_1 \bar{X} \tag{20.13}$$

où $\bar{X}$ et $\bar{Y}$ sont les moyennes des deux variables. L'équation 20.13 nous permet d'estimer la constante d'un modèle de régression linéaire bivarié.

Maintenant, nous dérivons la formule du coefficient de régression β_1. À l'aide de la règle de dérivée en chaîne et du fait que la dérivée

2. Pour alléger la présentation, les indices de somme sont omis.

d'une somme est égale à la somme des dérivées, nous obtenons :

$$\frac{\partial \sum \varepsilon_i^2}{\partial \beta_1} = \sum 2X_i(\beta_0 + \beta_1 X_i - Y_i)$$

Remplacer β_0 par l'équation 20.13 donne :

$$\frac{\partial \sum \varepsilon_i^2}{\partial \beta_1} = \sum 2X_i(\bar{Y} - \beta_1 \bar{X} + \beta_1 X_i - Y_i)$$

Fixer cette expression à zéro et simplifier :

$$\sum X_i(\bar{Y} - \beta_1 \bar{X} + \beta_1 X_i - Y_i) = 0$$
$$\sum X_i \bar{Y} + \beta_1 \sum X_i(X_i - \bar{X}) - \sum X_i Y_i = 0$$

Isoler β_1 et appliquer la règle 19.8 donne la formule du coefficient de régression :

$$\begin{aligned}\beta_1 &= \frac{\sum X_i Y_i - X_i \bar{Y}}{\sum X_i(X_i - \bar{X})} \\ &= \frac{\sum X_i(Y_i - \bar{Y})}{\sum X_i(X_i - \bar{X})} \\ &= \frac{\sum (X_i - \bar{X})(Y_i - \bar{Y})}{\sum (X_i - \bar{X})^2}\end{aligned}$$

Les définitions de la variance et de la covariance (équations 3.4 et 3.5) nous permettent de conclure que :

$$\beta_1 = \frac{\text{Cov}(X, Y)}{\text{Var}(X)} \tag{20.14}$$

Pour estimer le coefficient de régression dans un modèle de régression bivariée, il suffit donc de diviser la covariance entre X et Y par la variance de X.

Biais du coefficient de régression

Dans le chapitre 5, nous avons vu que la variable explicative X doit être indépendante du terme résiduel ε si on veut que le coefficient de régression linéaire soit non biaisé. Ici, nous montrons pourquoi la condition $X \perp \varepsilon$ est si importante.

Soit $\hat{\beta}_1$ le coefficient de régression estimé dans un échantillon avec l'estimateur dans l'équation 20.14, et β_1 le vrai coefficient dans la population. On dit que l'estimateur est non biaisé s'il produit le bon résultat en moyenne : $E[\hat{\beta}_1] = \beta_1$.

Pour vérifier si l'estimateur est non biaisé, nous commençons par transformer la formule du coefficient de régression avec la règle 19.8 :

$$\begin{aligned}\hat{\beta}_1 &= \frac{\text{Cov}(X,Y)}{\text{Var}(X)} \\ &= \frac{\sum(X_i - \bar{X})Y_i}{\sum(X_i - \bar{X})^2}\end{aligned}$$

Remplacer Y_i par l'équation 20.12, appliquer les règles 19.6 et 19.8, et réarranger donne :

$$\begin{aligned}\hat{\beta}_1 &= \frac{\sum(X_i - \bar{X})(\beta_0 + \beta_1 X_i + \varepsilon_i)}{\sum(X_i - \bar{X})^2} \\ &= \frac{\beta_0 \sum(X_i - \bar{X}) + \beta_1 \sum(X_i - \bar{X})X_i + \sum(X_i - \bar{X})\varepsilon_i}{\sum(X_i - \bar{X})^2} \\ &= \frac{\beta_1 \sum(X_i - \bar{X})X_i + \sum(X_i - \bar{X})\varepsilon_i}{\sum(X_i - \bar{X})^2} \\ &= \frac{\beta_1 \sum(X_i - \bar{X})^2 + \sum(X_i - \bar{X})(\varepsilon_i - \bar{\varepsilon})}{\sum(X_i - \bar{X})^2} \\ &= \beta_1 + \frac{\text{Cov}(X_i, \varepsilon_i)}{\text{Var}(X_i)}\end{aligned}$$

Puisque la vérité est fixe, β_1 est une constante et l'espérance du coefficient estimé est :

$$\begin{aligned}E[\hat{\beta}_1] &= E\left[\beta_1 + \frac{\text{Cov}(X_i, \varepsilon_i)}{\text{Var}(X_i)}\right] \\ &= \beta_1 + E\left[\frac{\text{Cov}(X_i, \varepsilon_i)}{\text{Var}(X_i)}\right] \qquad (20.15)\end{aligned}$$

L'intuition qui motive la condition d'indépendance est visible dans l'équation 20.15. Si X et ε sont indépendants, alors en moyenne $\text{Cov}(X, \varepsilon) = 0$, le terme de droite dans l'équation 20.15 disparaît et l'estimé du coefficient est non biaisé : $E[\hat{\beta}_1] = \beta_1$.

Variance du coefficient de régression

Pour dériver la formule de l'erreur type, nous appliquons l'opérateur de variance et la règle 20.5 au coefficient estimé :

$$\begin{aligned}\text{Var}(\hat{\beta}_1) &= \text{Var}\left[\beta_1 + \frac{\sum(X_i - \bar{X})\varepsilon_i}{\sum(X_i - \bar{X})^2}\right] \\ &= \text{Var}\left[\frac{\sum(X_i - \bar{X})\varepsilon_i}{\sum(X_i - \bar{X})^2}\right]\end{aligned}$$

Puisque le modèle de régression conditionne les valeurs observées de $X_1, X_2, \ldots, X_n$, nous pouvons traiter X_i et $\bar{X}$ comme des constantes :

$$\text{Var}(\hat{\beta}_1) = \frac{1}{\left[\sum(X_i - \bar{X})^2\right]^2}\text{Var}\left[\sum(X_i - \bar{X})\varepsilon_i\right]$$

Si les erreurs sont indépendantes les unes des autres (c.-à-d. qu'il n'y a pas d'autocorrélation), la covariance entre les erreurs de prédiction est nulle, et la variance d'une somme devient la somme des variances (règle 20.7) :

$$\begin{aligned}\text{Var}(\hat{\beta}_1) &= \frac{1}{\left[\sum(X_i - \bar{X})^2\right]^2}\sum \text{Var}[(X_i - \bar{X})\varepsilon_i] \\ &= \frac{1}{\left[\sum(X_i - \bar{X})^2\right]^2}\sum(X_i - \bar{X})^2\text{Var}[\varepsilon_i]\end{aligned}$$

Quand les erreurs sont « homoscédastiques », elles ont toutes la même variance : $\forall i \text{Var}(\varepsilon_i) = \sigma^2_\varepsilon$. Si cette condition est satisfaite, nous obtenons :

$$\begin{aligned}\text{Var}(\hat{\beta}_1) &= \frac{1}{\left[\sum(X_i - \bar{X})^2\right]^2} \sum(X_i - \bar{X})^2\sigma_\varepsilon^2 \\ &= \frac{1}{[n \cdot \sigma_X^2]^2} n \cdot \sigma_X^2 \cdot \sigma_\varepsilon^2 \\ &= \frac{\sigma_\varepsilon^2}{n \cdot \sigma_X^2}\end{aligned}$$

L'erreur type est la racine carrée de la variance échantillonnale :

$$\sigma_{\hat{\beta}_1} = \frac{\sigma_\varepsilon}{\sqrt{n} \cdot \sigma_X}$$

Conditions d'optimalité de Gauss-Markov

Le théorème Gauss-Markov présente cinq conditions qui garantissent que la régression par les moindres carrés ordinaires est le meilleur estimateur linéaire non biaisé. Par « meilleur », nous entendons qu'il s'agit de l'estimateur linéaire non biaisé ayant la plus petite variance. [3] Les conditions 1 à 4 suffisent pour prouver que la régression par les moindres carrés est non biaisée. La condition 5 est nécessaire pour caractériser la variance des coefficients de régression. [4]

Condition 1 : Le vrai modèle peut être exprimé sous forme linéaire. Le théorème Gauss-Markov assume que le vrai modèle qui génère les données peut s'exprimer par une équation comme celle-ci :

$$Y = \beta_0 + \beta_1 X_1 + \ldots + \beta_k X_k + \varepsilon$$

Notez que cette condition n'est pas aussi restrictive qu'on pourrait le penser. Même si le modèle doit être linéaire en ses paramètres $\beta_0, \ldots, \beta_k$, les variables explicatives peuvent être transformées pour

3. Il existe plusieurs variations des postulats Gauss-Markov. Ici, nous suivons Wooldridge (2015).

4. Souvent, les manuels de statistiques introduisent une sixième condition : les erreurs ε_i sont indépendantes des variables explicatives et elles sont normalement distribuées avec une moyenne de zéro. Cette condition ne fait pas partie des postulats de Gauss-Markov et elle n'est pas obligatoire pour que la régression linéaire par les moindres carrés produise des estimés non biaisés et optimaux. Par contre, lorsque les erreurs sont normales, l'estimateur gagne une propriété additionnelle : il devient optimal dans la classe de tous les estimateurs non biaisés, et pas seulement dans la classe des estimateurs linéaires non biaisés.

s'adapter au contexte empirique (voir la section « Boîte à outils » du chapitre 5).

Condition 2 : Le modèle est estimé à partir d'un échantillon aléatoire de la population. Cette condition restreint la méthode par laquelle les observations entrent dans l'échantillon. Elle n'impose pas de limite sur les relations entre les observations dans la population. Ce qui compte, c'est que l'échantillon soit représentatif, c'est-à-dire que tous les membres de la population aient la même probabilité d'être choisis pour faire partie de l'échantillon.

Condition 3 : L'espérance conditionnelle de l'erreur est égale à zéro.

$$E[\varepsilon | X_1, ..., X_k] = 0$$

Cette condition est souvent présentée en deux parties. D'abord, si notre modèle inclut une constante, il est raisonnable d'assumer que $E[\varepsilon] = 0$.[5] Ensuite, nous avons vu dans le chapitre 3 que lorsque deux variables sont indépendantes, l'espérance conditionnelle est égale à l'espérance. Par conséquent, si $\varepsilon \perp X_1, ..., X_k$, alors $E[\varepsilon | X_1, ..., X_k] = E[\varepsilon] = 0$.

Cette condition est contraignante : toutes les variables qui sont incluses dans le modèle doivent être indépendantes des variables qui déterminent Y, mais qui sont exclues du modèle, soit ε. Cette condition peut être violée si le modèle linéaire est mal spécifié (p.ex. s'il manque un terme quadratique ou un logarithme). Cette condition peut aussi être violée si le modèle souffre de biais par variable omise (chapitre 8), de biais de sélection (chapitre 9), de biais de mesure (chapitre 10) ou de biais de simultanéité (chapitre 11).

Condition 4 : Les variables indépendantes ne sont pas parfaitement colinéaires. Ceci est une condition technique facile à remplir. Il faut simplement éviter qu'une variable soit *parfaitement* corrélée avec une autre variable ou avec une combinaison linéaire d'autres variables.[6]

5. Intuitivement, si votre logiciel statistique observe que les résidus ont une moyenne de un, il lui suffit d'augmenter la constante de un pour ramener la moyenne des résidus à zéro.

6. Une combinaison linéaire est l'expression obtenue en multipliant chacun des termes par une constante et en prenant la somme. Par exemple, $4X - 2W + Z$ est une combinaison linéaire des variables X, W, Z.

Par exemple, si tous les individus dans notre banque de données habitent en Amérique du Nord, il serait impossible d'inclure une variable dichotomique pour chacun des trois pays :

Canada	États-Unis	Mexique
1	0	0
0	1	0
0	0	1

En effet, la variable binaire « Canada » est parfaitement colinéaire avec les deux autres, puisque :

$$\text{Canada} = 1 - \text{États-Unis} - \text{Mexique}$$

Dans ce genre de situation, le modèle de régression par les moindres carrés nous force à omettre une des variables dichotomiques. La plupart des logiciels statistiques modernes omettent automatiquement les variables parfaitement colinéaires avant d'estimer un modèle. La condition 4 n'est donc pas très contraignante en pratique.

Condition 5 : Le terme résiduel ε_i doit être homoscédastique, c'est-à-dire que sa variance conditionnelle doit être la même pour toutes les observations.

$$\text{Var}(\varepsilon_i | X_1, ..., X_k) = \sigma_\varepsilon^2$$

La section « Boîte à outils » du chapitre 5 considère deux situations où ce postulat est violé et introduit les erreurs types « robustes » qui permettent de relâcher la condition d'homoscédasticité.

Loi des grands nombres

La taille d'un échantillon est un déterminant de la précision de nos inférences statistiques. En effet, la loi des grands nombres montre que lorsque la taille d'échantillons aléatoires augmente, les moyennes calculées à partir de ces échantillons convergent vers la moyenne de la population.

L'intuition derrière cette loi peut être comprise grâce à un simple exercice numérique. Imaginez qu'une population contienne tous les nombres entiers de 0 à 100. La fréquence de chaque nombre est la même, donc la moyenne de cette population est 50. Tirer trois nombres au hasard dans la population pourrait produire l'échantillon suivant : {2, 44, 65}. La moyenne de cet échantillon est égale à 37. Tirer cinq nombres au hasard dans la population pourrait produire l'échantillon suivant : {22, 43, 46, 68, 80}. La moyenne de ce nouvel échantillon est égale à 53,8.

La figure 20.1 illustre ce qui se passe lorsque nous répétons cette expérience un très grand nombre de fois, avec des échantillons de tailles différentes.[7] Chaque point correspond à un échantillon. L'axe horizontal montre la taille de l'échantillon en question. L'axe vertical montre la moyenne de l'échantillon.

Nous pouvons tirer deux conclusions principales sur la base de la figure 20.1. Premièrement, lorsque la taille d'un échantillon augmente, sa moyenne a tendance à approcher la moyenne que nous voulons estimer dans la population : le cône rétrécit et converge vers 50. Deuxièmement, lorsque les échantillons sont petits, il y a beaucoup de variation entre les moyennes estimées d'un échantillon à l'autre.

Ces résultats sont fondamentaux pour le champ des statistiques et pour la méthode scientifique en général. Ils justifient l'emploi des méthodes quantitatives et l'analyse de grandes bases de données en sciences sociales. Plus le nombre d'individus dans notre échantillon aléatoire est grand, plus les chances sont bonnes que les caractéristiques moyennes de l'échantillon s'approchent de celles de la population.[8]

7. La loi des grands nombres est un résultat asymptotique, c'est-à-dire qu'il tient lorsque la taille de l'échantillon tend vers l'infini. Par conséquent, nous tirons dans la distribution des nombres de 0 à 100 avec remplacement, pour permettre à la taille de l'échantillon de dépasser le nombre d'éléments distincts dans la population.

8. Évidemment, le fait qu'il existe une bonne raison d'employer les méthodes quantitatives ne veut pas dire qu'il n'existe pas d'autres bonnes raisons d'employer des approches qualitatives, les études de cas, l'ethnographie, etc. De plus, le fait qu'un grand échantillon nous permette d'estimer avec justesse les caractéristiques d'une population ne signifie pas que nous arriverons à estimer une relation causale. Les problèmes d'inférence identifiés dans la troisième partie du livre demeurent, même lorsque l'échantillon est grand.

FIGURE 20.1.
Loi des grands nombres. Chaque point représente un échantillon composé de nombres entiers tirés aléatoirement entre 0 et 100. Quand la taille de l'échantillon augmente, les moyennes d'échantillons convergent vers la moyenne de la population (50).

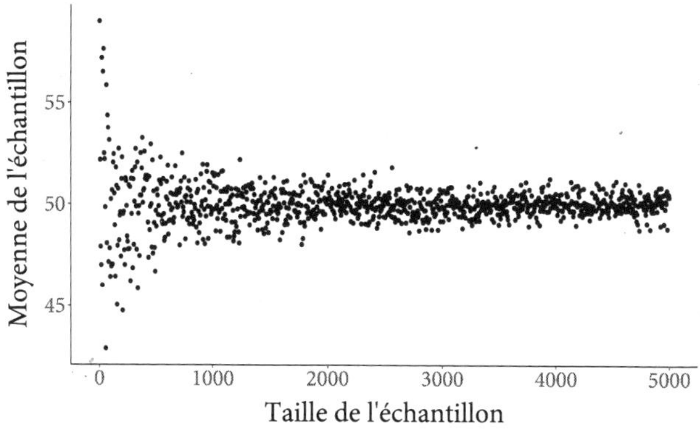

Théorème central limite

Le théorème central limite montre que les moyennes d'échantillons aléatoires indépendants sont distribuées de façon (approximativement) normale lorsque la taille des échantillons est suffisamment grande.[9]

Par exemple, imaginez qu'une pomicultrice tire un très grand nombre d'échantillons aléatoires composés de 10 pommes (le tableau 20.1 montre 5 de ces échantillons). Ensuite, elle calcule la moyenne du poids des pommes pour chacun des échantillons. Ce faisant, elle obtient un très grand nombre de moyennes échantillonnales. Le théorème central limite montre que ces nombreuses moyennes échantillonnales seront distribuées de façon (approximativement) normale.

Ce résultat explique pourquoi la distribution normale est si importante en statistiques. Lorsqu'un phénomène est le résultat de plusieurs facteurs indépendants (c.-à-d. une somme ou une moyenne), il est souvent raisonnable de croire que sa distribution s'approche d'une loi normale.

9. Un aspect remarquable du théorème central limite est qu'il tient, peu importe la distribution des observations qui composent les échantillons. La taille des échantillons nécessaire pour que l'approximation soit bonne dépend de la distribution des observations qui composent les échantillons; plus la distribution des observations s'éloigne de la normale, plus l'échantillon doit être grand.

TABLEAU 20.1.
Poids des pommes (g) dans cinq échantillons aléatoires de dix pommes.

Échantillons :	1	2	3	4	5
	91	81	82	128	98
	129	128	99	112	123
	97	98	85	85	119
	99	103	104	120	125
	81	129	124	100	127
	117	89	118	116	84
	88	122	105	91	126
	96	123	95	126	89
	110	114	103	87	102
	109	105	109	99	129
Moyenne	101,7	109,2	102,4	106,4	112,2

Le théorème central limite peut être illustré à l'aide d'une simulation. La commande `runif(10, min = 90, max = 120)` sélectionne un échantillon aléatoire de 10 valeurs entre 90 et 120 dans une distribution uniforme :

```
runif(10, min = 90, max = 120)
## [1] 98,84906 110,83594 109,56954 101,20610 114,31075 101,32012
## [7] 96,14286 114,09215 113,04549 92,90932
```

La commande `mean` calcule la moyenne de cet échantillon :

```
echantillon <- runif(10, min = 90, max = 120)
mean(echantillon)
## [1] 105,4494
```

Grâce à la commande `for`, nous pouvons créer un « *loop* » qui répète ces opérations 10 000 fois, et qui enregistre les résultats dans un vecteur appelé « moyennes » :

```
moyennes <- vector()

for (i in 1:10000) {
    echantillon <- runif(10, min = 90, max = 120)
    moyennes[i] <- mean(echantillon)
}
```

La fonction `hist` trace un histogramme des 10 000 moyennes échantillonnales (figure 20.2) :

```
hist(moyennes)
```

Suivant la prédiction du théorème limite central, les moyennes échantillonnales sont distribuées de façon approximativement normale : l'histogramme ressemble à une cloche symétrique.

FIGURE 20.2.
Théorème central limite. Distribution de moyennes échantillonnales calculées à partir de 10 000 échantillons de 10 observations tirées d'une distribution uniforme.

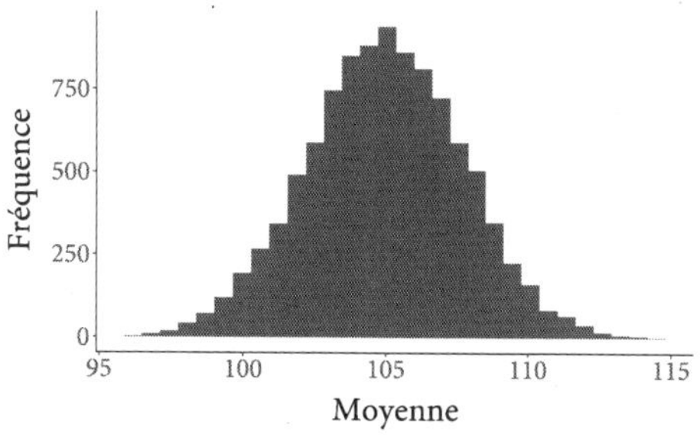

Chapitre 21

R

R est un langage de programmation spécialisé dans l'analyse statistique. R est un logiciel publié gratuitement en libre accès par une organisation à but non lucratif. Ce chapitre présente les fondements de la programmation dans R. Il présente toutes les commandes nécessaires pour reproduire les exemples du livre.

Installation

Pour analyser des données avec R, je vous recommande d'installer trois logiciels complémentaires. Premièrement, il est essentiel d'installer le langage de programmation et les outils de calcul de R. Ces outils peuvent être installés sur des ordinateurs Windows, Mac ou Linux. Ils sont disponibles gratuitement sur le site Web de l'organisation R :

- `https://cran.r-project.org/`

Deuxièmement, les utilisateurs Windows voudront installer `Rtools`. Ce logiciel permet d'installer des fonctions statistiques additionnelles :

- `https://cran.r-project.org/bin/windows/Rtools/`

Troisièmement, il est utile d'installer l'interface graphique `RStudio`. Ce logiciel est développé par une compagnie privée qui rend disponible une version gratuite en libre accès :

- `https://www.rstudio.com`

Interface graphique

La figure 21.1 montre une capture d'écran de `RStudio`. L'analyste peut analyser ses données en mode interactif dans la « Console », en

FIGURE 21.1.
Interface graphique du logiciel RStudio.

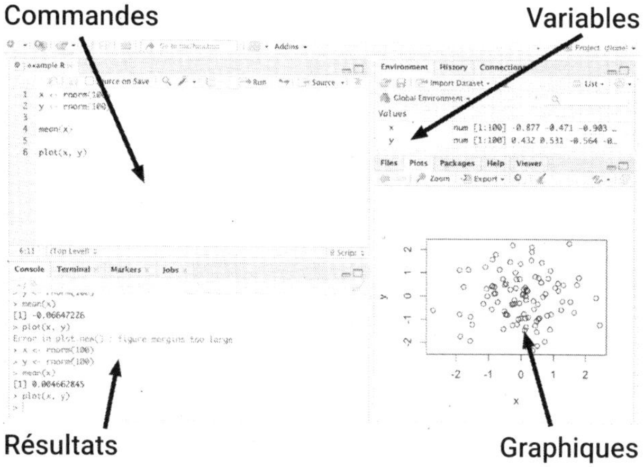

cliquant sur la fenêtre en bas à gauche, et en y tapant ses commandes suivies par la touche « Entrée ».

Lorsque l'analyste veut exécuter plus qu'une ou deux commandes, il est préférable d'écrire celles-ci dans l'éditeur de texte qui se trouve dans la fenêtre en haut à gauche. À partir de cet éditeur, l'analyste peut cliquer sur l'icône « Run » (ou taper Ctrl-Entrée) pour exécuter ses commandes. Les résultats apparaîtront dans la fenêtre en bas à gauche. L'avantage de l'éditeur de texte est qu'il nous permet de sauvegarder nos commandes et de reproduire facilement des analyses complexes.

`RStudio` offre plusieurs fonctions pratiques. Par exemple, il montre la liste des variables et des objets dans la fenêtre en haut à droite. Les graphiques apparaissent en bas à droite. `RStudio` offre aussi des menus déroulants et des icônes qui permettent facilement d'importer ou de sauvegarder des données, d'installer de nouvelles librairies, etc.

Manuel d'instructions

Chaque commande du langage `R` est accompagnée d'un manuel d'instructions. Pour consulter ce document de référence, il faut écrire le nom de la commande précédé d'un point d'interrogation. Par exemple, taper la commande suivante dans la console fait apparaître le manuel copié dans la figure 21.2 :

```
?ifelse
```

FIGURE 21.2.
Extrait du manuel d'instructions pour la fonction `ifelse`.

ifelse {base} R Documentation

Conditional Element Selection

Description

`ifelse` returns a value with the same shape as `test` which is filled with elements selected from either `yes` or `no` depending on whether the element of `test` is `TRUE` or `FALSE`.

Usage

```
ifelse(test, yes, no)
```

Arguments

`test`	an object which can be coerced to logical mode.
`yes`	return values for true elements of `test`.
`no`	return values for false elements of `test`.

Librairies externes

Le plus grand avantage du logiciel en libre accès `R` est qu'une vaste communauté scientifique développe des logiciels en libre accès pour bonifier les fonctions de base du langage. Les utilisateurs peuvent facilement télécharger ces librairies et ainsi bénéficier des outils spécialisés créés par des milliers de programmeurs bénévoles.

Par exemple, la librairie `ggplot2` dessine de superbes graphiques statistiques, et `gganimate` met ces graphiques en mouvement ; `haven` lit plusieurs types de bases de données, dont celles produites par les logiciels `Stata`, `SPSS` et `SAS` ; `quanteda` facilite l'analyse quantitative de textes ; `modelsummary` produit de beaux tableaux et graphiques pour résumer plusieurs modèles statistiques côte à côte ; `skimr` produit d'utiles résumés des données. Plusieurs librairies permettent de télécharger facilement des données, dont `quantmod` pour les données financières, `WDI` pour les données de la banque mondiale et `rvest` pour les données qui doivent être moissonnées à partir du Web. `R` a aussi de nombreuses librairies pour analyser les données spatiales, pour faire de l'analyse de réseau, de la cartographie, etc.

Pour télécharger et installer ces librairies, il faut utiliser la fonction `install.packages`. Dans le contexte de ce livre, nous utiliserons plusieurs librairies, en plus des commandes de base. Je vous recommande de les installer dès maintenant en exécutant les commandes suivantes dans votre console :

```
install.packages('tidyverse')
install.packages('prediction')
install.packages('margins')
install.packages('mediation')
install.packages('lme4')
install.packages('ivreg')
```

Pour activer une librairie et avoir accès à ses fonctions et commandes, il faut exécuter la commande `library` :

```
library('tidyverse')
library('prediction')
library('margins')
library('mediation')
library('lme4')
library('ivreg')
```

Lorsque les librairies ont été installées une fois, c'est pour toujours. Il est donc inutile de réinstaller une librairie à chaque séance de travail. Par contre, à chaque fois que vous ouvrez R, il faudra à nouveau activer les librairies dont vous avez besoin avec la commande `library`.

Types de données

R reconnaît différents types de données. Pour nos besoins, il suffit de considérer les données numériques, texte, logique et les valeurs manquantes.

Numérique

Pour entrer une valeur *numérique*, il suffit de la taper dans la console :

```
4.35
## [1] 4,35
```

R peut effectuer des opérations sur des objets numériques comme une calculatrice ultrapuissante :

```
2 + 1
## [1] 3

3 * 2993
## [1] 8979

4 / 10
## [1] 0,4

6 ^ 2
## [1] 36
```

Lorsqu'une valeur numérique est très grosse ou très petite, `R` l'imprimera souvent en notation scientifique :

```
100000
## [1] 1e+05

0.00001
## [1] 1e-05
```

Texte

Pour entrer des caractères, il faut les encadrer de guillemets :

```
"ceci est un texte"
## [1] "ceci est un texte"
```

Logique

Un objet logique (ou « booléen ») prend seulement deux valeurs : `TRUE / FALSE`. L'objet logique nous sera particulièrement utile pour comparer des données numériques.

```
TRUE
## [1] TRUE
```

Valeurs manquantes

Finalement, `R` représente toute *valeur manquante* par le symbole `NA` :

```
NA
## [1] NA
```

Les erreurs manquantes se « propagent » à travers les opérations mathématiques. Par exemple, la somme d'un nombre et d'une valeur inconnue est aussi inconnue :

```
3 + NA
## [1] NA
```

Variables

Le symbole <- permet d'assigner des objets à des « variables ». Nous pouvons ensuite appliquer des opérations à ces variables :

```
z <- 'texte arbitraire'
z
## [1] "texte arbitraire"

x <- 9
y <- 7

x
## [1] 9

x + y
## [1] 16
```

Vecteurs

Un vecteur est une série de données d'un seul et même type. Pour créer un vecteur, nous utilisons la fonction c. Nous pouvons créer des vecteurs numérique, caractère, logique ou autre :

```
c(1, 2, 3)
## [1] 1 2 3
c('a', 'ab')
## [1] "a"  "ab"
c(TRUE, TRUE, FALSE)
## [1]  TRUE  TRUE FALSE
```

Notez que si nous tentons de mélanger les types, R uniformisera toutes nos données automatiquement. Ici, tout devient caractère :

```
c('a', 1, 3)
## [1] "a" "1" "3"
```

Les vecteurs mixtes sont proscrits, mais un vecteur peut inclure des valeurs manquantes :

```
c(1, 2, NA, 4)
## [1]  1  2 NA  4
```

Nous pouvons sélectionner des données individuelles au sein des vecteurs en utilisant les crochets [] :

```
x <- c(75, 18, 35, 39)

x[2]
## [1] 18

x[c(1, 4)]
## [1] 75 39
```

Les éléments d'un vecteur peuvent être nommés afin de faciliter l'extraction de valeurs précises par crochets. Pour créer un vecteur aux éléments nommés, nous utilisons la commande c et le signe = :

```
x <- c('Premier' = 1, 'Deuxième' = 2, 'Troisième' = 3)
x['Deuxième']
## Deuxième
##        2
```

Nous pouvons aussi appliquer des opérations mathématiques à des vecteurs entiers :

```
x <- c(1, 2, 3, 4)
y <- c(6, 7, NA, 9)

x / 2
## [1] 0,5 1,0 1,5 2,0

x + y
## [1]  7  9 NA 13
```

La commande `length` donne le nombre d'éléments dans un vecteur :

```
length(x)
## [1] 4
```

La fonction `vector` permet de créer un vecteur vide :

```
x <- vector()
```

Puisque le vecteur est vide, sa longeur est :

```
length(x)
## [1] 0
```

Nous pouvons assigner des valeurs à ce vecteur grâce aux crochets :

```
x[1] <- pi
x[2] <- NA
x[3] <- 10
x
## [1]  3,141593        NA 10,000000
```

Les deux-points sont pratiques pour créer des vecteurs de nombres entiers consécutifs :

```
1:3
## [1] 1 2 3
4:8
## [1] 4 5 6 7 8
```

Fonctions

Une fonction est un mot réservé par R pour appliquer une certaine opération à un objet. Par exemple, la fonction `log` calcule le logarithme d'un nombre :

```
log(5)
## [1] 1,609438
```

Le résultat de certaines fonctions peut être modifié en employant des « arguments ». Par défaut, la fonction `log` calcule le logarithme naturel, c'est-à-dire le logarithme à base e. En modifiant l'argument `base`, nous pouvons calculer $\log_e(15), \log_2(15), \log_{10}(15)$:

```
log(15)
## [1] 2,70805

log(15, base = 2)
## [1] 3,906891

log(15, base = 10)
## [1] 1,176091
```

R inclut plusieurs fonctions qui permettent de calculer les statistiques les plus communes, dont la moyenne (`mean`), la médiane (`median`), la variance (`var`), l'écart type (`sd`), la somme (`sum`), le minimum et le maximum (`min`, `max`), la covariance (`cov`) et la corrélation (`cor`). Par exemple :

```
x <- c(-1, 3, 5, 1, 5, 6, 7, 10)
y <- c(-3, 4, 7, 0, 8, 9, 0, 14)

mean(x)
## [1] 4,5

sd(x)
## [1] 3,464102

min(x)
## [1] -1

cor(x, y)
## [1] 0,7894407
```

Lorsque nos vecteurs comprennent des valeurs manquantes (NA), les fonctions statistiques refusent parfois de produire un résultat. [1] Ces fonctions ont des arguments précis pour dire à R comment traiter les valeurs manquantes (consultez le manuel avec ?) :

```
x <- c(-1, NA, 5, 1, 5, 6, 7, 10)
y <- c(-3, 4, 7, 0, 8, 9, 0, 14)

mean(x)
## [1] NA

mean(x, na.rm = TRUE)
## [1] 4,714286

cor(x, y)
## [1] NA

cor(x, y, use = 'complete.obs')
## [1] 0,7922666
```

Des fonctions qui seront utiles dans plusieurs chapitres sont celles qui génèrent des données aléatoires. Par exemple, la fonction suivante tire cinq nombres aléatoires dans une distribution normale (voir chapitre 2) :

```
rnorm(5)
## [1] -1,0781522  2,1799416  1,0672146  1,4103807 -0,6518773
```

1. Une valeur manquante NA n'est pas un objet mathématique bien défini; il n'existe pas de méthode unique ou strictement correcte de calculer la moyenne (ou autre statistique) d'un ensemble qui comporte des valeurs manquantes. Par conséquent, R est prudent et demande à l'analyste de spécifier comment traiter les valeurs manquantes.

La fonction suivante tire trois nombres aléatoires dans une distribution uniforme :

```
runif(3)
## [1] 0,6352723 0,1358440 0,8375752
```

Data frame

Un « *data frame* » est une collection de vecteurs. Ensemble, ces vecteurs forment une banque de données organisée en rangées et en colonnes, comme un tableur Microsoft Excel. Puisque les données dans une colonne correspondent à un vecteur, elles doivent toutes être du même type. Cependant, différentes colonnes peuvent contenir différents types de données.

Nous pouvons utiliser la fonction `data.frame` pour combiner plusieurs vecteurs en un seul *data frame* :

```
Lettre <- c('a', 'b', 'c', 'd', 'e', 'f', 'g')
Nombre <- c(1, 2, 3, 4, 5, 6, 7)
Logique <- c(TRUE, FALSE, TRUE, TRUE, TRUE, FALSE, TRUE)
dat <- data.frame(Lettre, Nombre, Logique)
```

Pour examiner un *data frame*, il suffit de taper son nom dans la console :

```
dat
##   Lettre Nombre Logique
## 1      a      1    TRUE
## 2      b      2   FALSE
## 3      c      3    TRUE
## 4      d      4    TRUE
## 5      e      5    TRUE
## 6      f      6   FALSE
## 7      g      7    TRUE
```

Pour voir les premières (ou dernières) rangées de la banque de données, on peut utiliser la commande `head` (ou `tail`). Par exemple, la commande suivante rend les trois premières rangées :

```
head(dat, n = 3)
##   Lettre Nombre Logique
## 1      a      1    TRUE
## 2      b      2   FALSE
## 3      c      3    TRUE
```

L'interface RStudio permet aussi de visualiser les données dans un environnement graphique interactif, en tapant :

```
View(dat)
```

La fonction dim indique que cette banque de données a sept rangées et trois colonnes :

```
dim(dat)
## [1] 7 3
```

La fonction colnames donne les noms de colonnes :

```
colnames(dat)
## [1] "Lettre"  "Nombre"  "Logique"
```

La notation dat[,] permet d'extraire des colonnes ou des rangées d'un *data frame*. Un chiffre ou un vecteur placé *avant* la virgule choisit les rangées :

```
dat[1, ]
##   Lettre Nombre Logique
## 1      a      1    TRUE

dat[c(1, 3, 4), ]
##   Lettre Nombre Logique
## 1      a      1    TRUE
## 3      c      3    TRUE
## 4      d      4    TRUE
```

Un chiffre ou un vecteur placé *après* la virgule choisit les colonnes :

```
dat[, 1]
## [1] "a" "b" "c" "d" "e" "f" "g"

dat[, c(2, 3)]
##   Nombre Logique
## 1      1    TRUE
## 2      2   FALSE
## 3      3    TRUE
## 4      4    TRUE
## 5      5    TRUE
## 6      6   FALSE
## 7      7    TRUE
```

Une autre façon d'extraire une colonne est d'employer le symbole $:

```
dat$Nombre
## [1] 1 2 3 4 5 6 7
```

Grâce à ce symbole, il est possible d'appliquer des fonctions directement à une colonne. Par exemple, nous pouvons calculer la médiane de la colonne « Nombre » ou la fréquence des différentes valeurs de la variable « Logique » :

```
median(dat$Nombre)
## [1] 4

table(dat$Logique)
##
## FALSE  TRUE
##     2     5
```

Ce symbole nous permet aussi de créer de nouvelles variables :

```
dat$Nombre2 <- dat$Nombre^2

dat
##   Lettre Nombre Logique Nombre2
## 1      a      1    TRUE       1
## 2      b      2   FALSE       4
## 3      c      3    TRUE       9
## 4      d      4    TRUE      16
## 5      e      5    TRUE      25
## 6      f      6   FALSE      36
## 7      g      7    TRUE      49
```

Pour éliminer une variable, nous lui assignons la valeur NULL :

```
dat$Nombre2 <- NULL

dat
##   Lettre Nombre Logique
## 1      a      1    TRUE
## 2      b      2   FALSE
## 3      c      3    TRUE
## 4      d      4    TRUE
## 5      e      5    TRUE
## 6      f      6   FALSE
## 7      g      7    TRUE
```

Combiner les *data frames*

Pour combiner deux *data frames*, un à la suite de l'autre, on peut utiliser la fonction `rbind` :

```
a <- data.frame('a' = 1:2, 'b' = 4:5)
b <- data.frame('a' = 11:12, 'b' = 14:15)
rbind(a, b)
##    a  b
## 1  1  4
## 2  2  5
## 3 11 14
## 4 12 15
```

Pour combiner des données provenant de différentes sources, nous pouvons utiliser les fonctions `join` du `tidyverse`. Par exemple, considérez deux *data frames* qui contiennent de l'information sur la population (en millions) et le PIB par habitant (en milliers) pour quelques pays :

```
pop <- data.frame('pays' = c('Nigeria', 'Canada', 'Mexique'),
                  'pop' = c(196, 37, 126))
pib <- data.frame('pays' = c('Nigeria', 'Canada', 'Algérie'),
                  'pib' = c(2, 46, 4))
pop
##      pays pop
## 1 Nigeria 196
## 2  Canada  37
## 3 Mexique 126

pib
##      pays pib
## 1 Nigeria   2
## 2  Canada  46
## 3 Algérie   4
```

Puisque les deux *data frames* comprennent une colonne commune (`pays`), nous pouvons les combiner à l'aide des fonctions `left_join`, `right_join` ou `full_join` (offertes par la librairie `tidyverse`). Par contre, puisque les bases de données contiennent de l'information sur différents pays (Mexique pour la population, mais Algérie pour le PIB), les résultats de ces trois commandes seront légèrement différents :

```
library(tidyverse)
left_join(pop, pib)
##      pays pop pib
## 1 Nigeria 196   2
## 2  Canada  37  46
## 3 Mexique 126  NA

right_join(pop, pib)
##      pays pop pib
## 1 Nigeria 196   2
## 2  Canada  37  46
## 3 Algérie  NA   4

full_join(pop, pib)
##      pays pop pib
## 1 Nigeria 196   2
## 2  Canada  37  46
## 3 Mexique 126  NA
## 4 Algérie  NA   4
```

Notez que R a inséré le symbole NA où les données sont manquantes.

Comparaisons

R nous permet de vérifier si certaines conditions sont vraies, à l'aide des symboles <, >, <=, >=, ==, %in% :

```
x <- c(10, 11, 12)
y <- c(1, 2, 3)

y >= 2
## [1] FALSE  TRUE  TRUE

x / y < 5
## [1] FALSE FALSE  TRUE

x - y == 9
## [1] TRUE TRUE TRUE
```

Dans cette dernière comparaison, il faut noter que nous avons utilisé un double signe d'égalité : ==. Dans R, un simple = est pour assigner la valeur d'une variable (équivalent à <-) ou la valeur de l'argument d'une fonction (comme dans `log(2, base = 3)`). Lorsque nous voulons comparer l'égalité de deux nombres, il faut utiliser ==.

L'opérateur `%in%` vérifie si un vecteur contient une valeur donnée :

```
2 %in% c(1, 3, 7)
## [1] FALSE

'blanc' %in% c('bleu', 'blanc', 'rouge')
## [1] TRUE
```

Nous pouvons combiner les comparaisons à l'aide de parenthèses et des symboles & (qui signifie « et ») et | (qui signifie « ou ») :

```
x <- 3
y <- 10

(x > 2) & (y >= 11)
## [1] FALSE

(x > 5) | (x + y == 13)
## [1] TRUE
```

Les comparaisons sont utiles, surtout en combinaison avec la fonction `ifelse`. Cette fonction prend trois arguments : (1) *test* — une comparaison; (2) *yes* — la valeur à retourner si la comparaison produit le logique `TRUE`; (3) *no* — la valeur à retourner si la comparaison produit le logique `FALSE`.

Pour illustrer, considérons la colonne `Nombre` du *data frame* `dat` :

```
dat$Nombre
## [1] 1 2 3 4 5 6 7
```

`ifelse` peut produire plusieurs résultats intéressants :

```
ifelse(dat$Nombre < 4, 'Succès', 'Échec')
## [1] "Succès" "Succès" "Succès" "Échec"  "Échec"  "Échec"  "Échec"

ifelse(dat$Nombre < 4, dat$Nombre, NA)
## [1]  1  2  3 NA NA NA NA

ifelse(dat$Nombre^2 > 48, 1000, dat$Nombre)
## [1]    1    2    3    4    5    6 1000
```

Comme nous le verrons plus loin, ce type de transformation est utile pour préparer les données pour l'analyse statistique.

Importer des données

Avant d'importer des données dans R, nous devons dire au logiciel dans quel dossier nous désirons travailler sur le disque dur. C'est là où R cherchera les banques de données existantes, et c'est là où R sauvegardera nos nouveaux résultats.

Pour connaître le dossier de travail actuel, tapez :

```
getwd()
```

Pour fixer le dossier de travail, il faut utiliser la commande `setwd`. Par exemple, si les banques de données avec lesquelles nous voulons travailler ont été sauvegardées sur le « bureau » d'un ordinateur Apple, la commande ressemblerait à :

```
setwd("/Users/arelbundock/Desktop")
```

Sur un ordinateur Windows, la commande serait plutôt :

```
setwd("C:/Users/arelbundock/Desktop")
```

Dans les commandes ci-haut, il est important de noter l'utilisation précise des guillemets et des barres obliques penchées vers l'avant. Évidemment, chaque utilisateur devra modifier les chemins de fichiers pour pointer vers l'endroit approprié sur son disque dur.

Il existe plusieurs types de fichiers pour sauvegarder et partager les bases de données. R peut lire la plupart d'entre eux. Le menu déroulant de `RStudio` permet de lire plusieurs types de banque de données en mémoire automatiquement. Il est aussi possible de lire les données manuellement avec les commandes de base du logiciel R (e.g., `read.csv`) ou avec la commande `import` de la librairie `rio`, qui permet d'importer facilement des données sauvegardées dans plus de 30 formats différents. [2]

Un des formats de sauvegarde les plus populaires est le CSV, un fichier texte bien adapté pour les bases de données de petite à moyenne taille (e.g., moins de 1 000 000 de rangées). Le fichier `titanic.csv` contient des informations sur les passagers à bord du *Titanic* lors de son dernier voyage. Pour lire cette banque de données et la transformer en *data frame*, nous utilisons la fonction `read.csv` :

```
titanic <- read.csv('titanic.csv')
```

2. Une autre possibilité est la librairie haven.

Le `tidyverse`

Lorsqu'un utilisateur installe la librairie `tidyverse`, R installe automatiquement une longue liste d'autres librairies utiles. Celles-ci sont unies par le design et la philosophie développés par le statisticien Hadley Wickham. [3] Le `tidyverse` offre un large éventail de fonctions. Pour ce livre, il suffit d'en considérer sept : `%>%`, `select`, `filter`, `arrange`, `mutate`, `summarize` et `group_by`.

Chaîne d'opérations : `%>%`

La commande `%>%` est une expression programmatique spéciale offerte par la librairie `tidyverse`. Elle se lit « ensuite », et permet d'« envoyer » un objet à une fonction. Par exemple, la commande suivante se lit « 81 *ensuite* racine carrée ». Nous prenons d'abord le chiffre « 81 » et nous l'envoyons à la fonction `sqrt`, qui prend la racine carrée du chiffre qu'elle a reçu :

```
81 %>% sqrt
## [1] 9
```

L'avantage du symbole `%>%` est qu'il nous permet d'enchaîner plusieurs fonctions les unes après les autres : [4]

```
81 %>% sqrt %>% log
## [1] 2,197225
```

L'opérateur de chaîne `%>%` peut aussi intervenir sur des variables, des vecteurs ou des *data frames*. Par exemple :

```
x <- c(4, 9, 16)
x %>% sqrt
## [1] 2 3 4
```

Les commandes précédentes calculent le résultat, mais ne modifient pas la variable initiale :

```
x
## [1]  4  9 16
```

3. Voir Wickham et Grolemund (2016) et `http://www.tidyverse.org`.

4. Des expressions du type `log(sqrt(81))` peuvent produire les mêmes résultats, mais deviennent vite illisibles lorsqu'on veut appliquer plusieurs fonctions.

Si l'analyste veut modifier une variable (ou un *data frame*) à l'aide de l'opérateur %>%, il doit assigner la variable de nouveau. Par exemple,

```
x <- x %>% sqrt
x
## [1] 2 3 4
```

Choix de colonnes — `select`

La fonction `select` sert à choisir et à renommer les colonnes qui nous intéressent :

```
dat %>% select(Nombre,
               Logique_Nouveau_Nom = Logique)
##   Nombre Logique_Nouveau_Nom
## 1      1                TRUE
## 2      2               FALSE
## 3      3                TRUE
## 4      4                TRUE
## 5      5                TRUE
## 6      6               FALSE
## 7      7                TRUE
```

Notez qu'avec les fonctions du `tidyverse`, il est inutile d'employer le signe $ pour identifier les colonnes sur lesquelles on veut travailler. L'exemple ci-haut fait référence directement aux variables `Nombre` et `Logique`, et non à `dat$Nombre` et `dat$Logique`.

Choix de rangées — `filter`

La fonction `filter` sert à choisir les rangées qui nous intéressent :

```
dat %>% filter(Lettre == 'a')
##   Lettre Nombre Logique
## 1      a      1    TRUE

dat %>% filter((Nombre < 4) & (Logique == TRUE))
##   Lettre Nombre Logique
## 1      a      1    TRUE
## 2      c      3    TRUE

dat %>% filter((Nombre > 6) | (Lettre == 'b'))
##   Lettre Nombre Logique
## 1      b      2   FALSE
## 2      g      7    TRUE
```

Classer la banque de données — `arrange`

La commande `arrange` sert à classer un *data frame*. D'abord, nous organisons la banque de données en fonction de la variable « Logique » :

```
dat %>% arrange(Logique)
##   Lettre Nombre Logique
## 1      b      2   FALSE
## 2      f      6   FALSE
## 3      a      1    TRUE
## 4      c      3    TRUE
## 5      d      4    TRUE
## 6      e      5    TRUE
## 7      g      7    TRUE
```

Ensuite, nous classons la banque de données en ordre *inversé* de nombre, avec le symbole - :

```
dat %>% arrange(-Nombre)
##   Lettre Nombre Logique
## 1      g      7    TRUE
## 2      f      6   FALSE
## 3      e      5    TRUE
## 4      d      4    TRUE
## 5      c      3    TRUE
## 6      b      2   FALSE
## 7      a      1    TRUE
```

Créer ou modifier une variable — `mutate`

La commande `mutate` sert à créer ou à modifier une variable.[5] Ici, nous créons deux nouvelles variables :

```
dat %>% mutate(X1 = Nombre^2 + 3,
               X2 = ifelse(Logique, Nombre, NA))
##   Lettre Nombre Logique X1 X2
## 1      a      1    TRUE  4  1
## 2      b      2   FALSE  7 NA
## 3      c      3    TRUE 12  3
## 4      d      4    TRUE 19  4
## 5      e      5    TRUE 28  5
## 6      f      6   FALSE 39 NA
## 7      g      7    TRUE 52  7
```

5. Notez que dans les fonctions du `tidyverse`, il est souvent possible d'omettre les guillemets et d'écrire le nom des variables directement sans le symbole $.

Résumer une variable — summarize

La fonction summarize permet d'appliquer des fonctions aux colonnes de la banque de données. Chaque fonction doit retourner un seul chiffre. Par exemple :

```
dat %>% summarize(moyenne_nombre = mean(Nombre))
##   moyenne_nombre
## 1              4
```

Nous pouvons aussi utiliser la fonction summarize pour résumer plusieurs colonnes à la fois :

```
dat %>% summarize(Nombre_Carré_Moyenne = mean(Nombre^2),
                  Nombre_Plus_5_Variance = var(Nombre + 5),
                  N_Vrais = sum(Logique))
##   Nombre_Carré_Moyenne Nombre_Plus_5_Variance N_Vrais
## 1                   20               4,666667       5
```

Analyse en sous-groupes : group_by

La fonction group_by nous permet de faire des analyses en sous-groupes facilement. Par exemple, si nous nous intéressons à la moyenne et à la variance de la variable « Nombre » en fonction des différentes valeurs de la variable « Logique », il suffit d'exécuter les commandes suivantes :

```
dat %>% group_by(Logique) %>%
        summarize(Nombre_Moyenne = mean(Nombre),
                  Nombre_Variance = var(Nombre))
##   Logique Nombre_Moyenne Nombre_Variance
## 1   FALSE              4               8
## 2    TRUE              4               5
```

Loop **: répéter une opération plusieurs fois**

Un « *loop* » est une structure syntactique qui permet de répéter la même opération plusieurs fois. Le *loop* est composé de deux éléments. Premièrement, il inclut un « compteur » qui indique le nombre de fois qu'une opération doit être répétée. Ce compteur est créé par la fonction for. Deuxièmement, le *loop* inclut un « bloc » de commandes qui seront exécutées plusieurs fois. Ce bloc de commandes doit être encadré d'accolades {}.

La commande suivante se lit ainsi : « Pour toutes les valeurs de i entre 1 et 5, imprimez la somme i + 3 » :

```
for (i in 1:5) {
    print(i + 3)
}
## [1] 4
## [1] 5
## [1] 6
## [1] 7
## [1] 8
```

Cette commande crée un vecteur vide et assigne des valeurs numériques aux quatre premiers éléments du vecteur :

```
x = vector()

for (i in 1:4) {
    x[i] <- i * 3
}

x
## [1]  3  6  9 12
```

Étude de cas : nettoyage des données

Le *Comparative Study of Electoral Systems* (CSES) est un programme de recherche collaboratif qui coordonne la collecte et la mise en commun de données de sondage dans plus de 55 pays. Les données de sondage publiées par le CSES sont généralement recueillies en période électorale et elles incluent plusieurs variables sociodémographiques sur les répondants aux sondages. Le fichier `cses4.csv` inclut plus de 480 variables concernant plus de 75 000 personnes qui ont répondu aux sondages du CSES. Le reste de cette section illustre comment utiliser R pour exécuter une analyse descriptive de ces données.

Pour commencer, nous lisons la banque de données en mémoire :

```
cses <- read.csv('cses4.csv')
```

Le dictionnaire qui accompagne la banque de données du CSES (figure 21.3) indique que la variable `D2002` est égale à : (1) Homme; (2) Femme; (7) Le répondant a refusé de répondre; (8) Le répondant ne sait pas; (9) Valeur manquante. Le code (3) est difficile à interpréter, puisqu'il change de signification d'un pays à l'autre.

Pour l'analyse statistique, nous avons besoin d'une variable égale à 1 pour les femmes, 0 pour les hommes, et NA si l'information est manquante ou si le répondant a refusé de s'auto-identifier dans cette catégorie binaire. Pour ce faire, nous créons une variable où toutes les

FIGURE 21.3.
Deux extraits du dictionnaire accompagnant la banque de données du *Comparative Study of Electoral Systems.*

```
-----------------------------------------------------------------------
D2002        >>> GENDER OF RESPONDENT
-----------------------------------------------------------------------

         D02. Gender of Respondent.
         ..............................................................

             1. MALE
             2. FEMALE
             3. [SEE ELECTION STUDY NOTES]

             7. VOLUNTEERED: REFUSED
             8. VOLUNTEERED: DON'T KNOW

             9. MISSING
-----------------------------------------------------------------------
D2020        >>> HOUSEHOLD INCOME
-----------------------------------------------------------------------

         D20. Household income quintile appropriate to the respondent.
         ..............................................................

             1. LOWEST HOUSEHOLD INCOME QUINTILE
             2. SECOND HOUSEHOLD INCOME QUINTILE
             3. THIRD HOUSEHOLD INCOME QUINTILE
             4. FOURTH HOUSEHOLD INCOME QUINTILE
             5. HIGHEST HOUSEHOLD INCOME QUINTILE

             6. [SEE ELECTION STUDY NOTES]

             7. VOLUNTEERED: REFUSED
             8. VOLUNTEERED: DON'T KNOW

             9. MISSING
```

observations sont manquantes et nous remplissons graduellement l'information connue :

```
cses <- cses %>%
        mutate(femme = NA,
               femme = ifelse(D2002 == 1, 0, femme),
               femme = ifelse(D2002 == 2, 1, femme))
```

La variable D2020 mesure le quantile de revenu dans lequel se trouve chaque répondant. Comme le montre la figure 21.3, chaque quintile est encodé par un nombre entier, mais les valeurs de 6 à 9 sont ambiguës. Par conséquent, nous recodons la variable ainsi :

```
cses <- cses %>%
        mutate(revenu = D2020,
               revenu = ifelse(revenu > 5, NA, revenu))
```

La variable D1006_NAM identifie le pays où chaque répondant vit. Nous conservons seulement les variables intéressantes :

```
cses <- cses %>% select(pays = D1006_NAM, femme, revenu)
head(cses)
##         pays femme revenu
## 1 Argentina     0      3
## 2 Argentina     1      1
## 3 Argentina     1     NA
## 4 Argentina     0      2
## 5 Argentina     1     NA
## 6 Argentina     0      5
```

Les données sont maintenant prêtes à être analysées. Par exemple, nous pourrions calculer le quantile de revenu moyen rapporté par les hommes et les femmes :

```
cses %>% group_by(femme) %>%
         summarize(revenu_moyen = mean(revenu, na.rm = TRUE))
##   femme revenu_moyen
## 1     0     3,012105
## 2     1     2,795438
```

Dans les sondages du CSES, les femmes déclarent que leurs ménages sont légèrement moins riches que les hommes (3,01 contre 2,80).

Toutes les commandes que nous avons utilisées pour nettoyer et analyser les données du CSES peuvent être combinées en une seule chaîne :

```
read.csv('data/cses4/cses4.csv') %>%
        mutate(femme = NA,
               femme = ifelse(D2002 == 1, 0, femme),
               femme = ifelse(D2002 == 2, 1, femme),
               revenu = D2020,
               revenu = ifelse(revenu > 5, NA, revenu)) %>%
        select(pays = D1006_NAM,
               femme,
               revenu) %>%
        group_by(femme) %>%
        summarize(revenu_moyen = mean(revenu, na.rm = TRUE))
```

Étude de cas : régression linéaire

Pour estimer un modèle de régression linéaire, nous lisons d'abord la banque de données du *Titanic* en mémoire :

```
dat <- read.csv('titanic.csv')
```

Ensuite, nous estimons un modèle de régression linéaire avec la commande `lm` :

```
mod <- lm(survie ~ age + femme, data = dat)
```

La commande `summary` résume les résultats :

```
summary(mod)
##              Estimate Std. Error t value Pr(>|t|)
## (Intercept)  0,238941   0,038076   6,275   <0,001
## age         -0,001090   0,001061  -1,028    0,304
## femme        0,546580   0,031120  17,563   <0,001
```

La commande `confint` calcule les intervalles de confiance :

```
confint(mod)
##                    2,5 %       97,5 %
## (Intercept)  0,164193908 0,3136885292
## age         -0,003172265 0,0009917884
## femme        0,485487027 0,6076731840
```

La commande `coef` extrait le vecteur (nommé) de coefficients :

```
coef(mod)
##  (Intercept)          age        femme
##  0,238941219 -0,001090238  0,546580106
```

Nous pouvons extraire un coefficient précis avec les crochets :

```
coef(mod)['femme']
##     femme
## 0,5465801
```

La commande `predict` produit le vecteur des valeurs prédites par le modèle pour chacune des observations. La commande `residuals` prédit le vecteur des erreurs de prédiction du modèle pour chacune des observations. Ces deux vecteurs ont autant d'éléments qu'il y a de rangées dans la banque de données. Le chapitre 5 explique que l'erreur de prédiction est égale à la variable dépendante moins la prédiction. Pour la première observation de notre banque de données, c'est effectivement le cas :

```
titanic$survie[1] - predict(mod)[1]
##         1
## 0,2460956

residuals(mod)[1]
##         1
## 0,2460956
```

Chapitre 22

Stata

`Stata` est un logiciel spécialisé dans l'analyse statistique qui est développé par la compagnie Stata Corp. Le site Web de cette compagnie explique comment acheter et installer leurs logiciels :[1] `http://stata.com`

La première section de ce chapitre introduit quelques fonctions de base du logiciel `Stata`. Les sections qui suivent reproduisent (presque) toutes les analyses statistiques du livre avec `Stata`, chapitre par chapitre.

Introduction à Stata

Interface graphique

La figure 22.1 montre une capture d'écran du logiciel Stata. La fenêtre « Command » permet à l'analyste d'étudier ses données en mode interactif. Pour ce faire, il suffit de taper des commandes dans la fenêtre « Command » et d'exécuter ces commandes avec la touche « Entrée ».

Quand l'analyste veut exécuter plus qu'une ou deux commandes, il est préférable d'écrire celles-ci dans l'éditeur de textes de `Stata`. Ceci permettra à l'analyste de sauvegarder ces commandes afin de les réutiliser lors d'une session de ultérieure. Écrire ses commandes dans l'éditeur de textes permet aussi de reproduire les résultats d'une analyse. Pour ouvrir l'éditeur de textes, il faut cliquer sur l'icône « Do-file Editor ». Ceci ouvrira un fichier texte que `Stata` appelle un « do file », et qui sert à sauvegarder et à exécuter les analyses statistiques.

À partir du « Do-file Editor », l'analyste peut cliquer sur l'icône « Do » pour exécuter des commandes. Les résultats apparaîtront dans la fenêtre principale de l'interface graphique.

1. En 2019, une licence permettant à un utilisateur d'utiliser Stata coûtait plus de 500 $ CA.

Pour inspecter ou modifier manuellement les rangées et les colonnes d'une banque de données, l'analyste peut cliquer sur l'icône 'Data Browser'. Cela fera apparaître l'éditeur de données.

FIGURE 22.1.
Interface graphique du logiciel Stata.

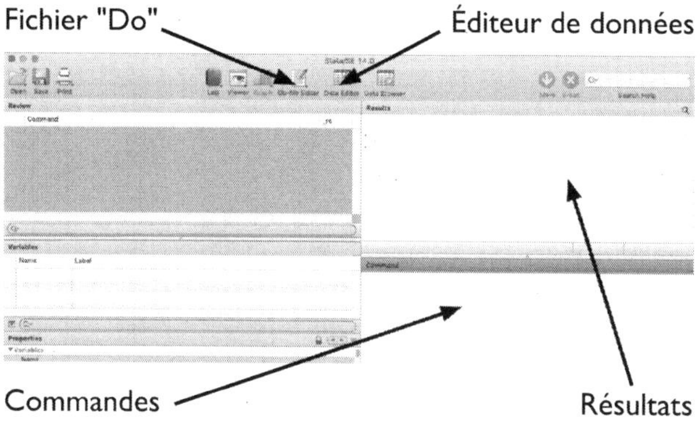

Manuel

Chaque commande du langage `Stata` est accompagnée d'un manuel d'instructions. Pour consulter ce document de référence, il faut écrire le nom de la commande précédée du mot « help ». Par exemple, taper la commande suivante fait apparaître le manuel d'instructions pour la commande `if` :

```
help if
```

Librairies externes

La version de base de `Stata` offre un très large éventail de fonctions. Nous pouvons aussi installer des librairies additionnelles pour avoir accès à de nouvelles fonctions. Par exemple, pour installer les librairies `egenmore` et `mediation`, nous exécutons les commandes suivantes :

```
ssc install egenmore
ssc install mediation
```

Lorsque les librairies ont été installées une fois, elles demeurent. Il est donc inutile de réinstaller une librairie à chaque séance de travail.

Arithmétique

`Stata` peut jouer le rôle de calculatrice. Les commandes suivantes nous permettent de manipuler des expressions numériques et d'appliquer certaines fonctions mathématiques comme logarithme :

```
dis 4.35
dis 2 + 1
dis 3 * 2993
dis 4 / 10
dis 6 ^ 2
dis log(5)
dis ln(15)/ln(2)
```

Notez que chacune des expressions ci-haut devait être précédée du mot `dis` (« display »), qui demande à `Stata` d'imprimer le résultat dans la fenêtre de l'interface graphique.

Dans `Stata`, une valeur manquante est représentée par un point :

```
dis .
```

Les valeurs manquantes se propagent à travers les opérations mathématiques. Par exemple, il est impossible d'additionner un nombre à une valeur manquante :

```
dis 3 + .
```

Importer des données

Avant d'importer des données dans `Stata`, nous devons dire au logiciel dans quel dossier nous désirons travailler sur le disque dur. C'est là où `Stata` cherchera les bases de données à importer, et c'est là que le logiciel sauvegardera ses résultats.

Sur un ordinateur Apple, on fixe le dossier ainsi :

```
cd /Users/arelbundock/Desktop
```

Sur un ordinateur Windows, le chemin est généralement un peu différent :

```
cd C:/Users/arelbundock/Desktop
```

Dans les commandes précédentes, il est important de noter l'utilisation précise des barres obliques penchées vers l'avant. Évidemment, chaque utilisateur devra modifier les chemins pour pointer vers l'endroit approprié sur son disque dur.

`Stata` peut ouvrir des bases de données de divers formats. Pour ce faire, nous allons sous l'onglet `File > Import...`.

L'analyste peut également utiliser une commande pour ouvrir une banque de données. Le fichier `.dta` est un format propriétaire que `Stata` utilise pour sauvegarder les banques de données. Pour ouvrir un tel fichier, il suffit d'utiliser la fonction `use` :

```
use "titanic.dta", clear
```

Dans la commande ci-haut, la commande `clear` efface les autres données qui étaient en mémoire afin de laisser de la place pour la nouvelle banque de données. Pour sauvegarder une banque de données en format `.dta`, on utilise la commande suivante :

```
save "titanic.dta", replace
```

Un des formats de sauvegarde les plus populaires est le CSV, un fichier texte bien adapté pour les bases de données de petite à moyenne taille (e.g., moins de 1 000 000 de rangées). Le fichier `titanic.csv` contient des informations sur les passagers à bord du *Titanic* lors de son dernier voyage. Pour lire cette banque de données, nous utilisons la fonction `import delimited` :

```
import delimited "titanic.csv", clear
```

La fonction `clear all` permet d'effacer tous les résultats et les données conservés en mémoire. Ceci est pratique lorsque l'analyste effectue une erreur ou lorsqu'on veut changer de banque de données :

```
clear all
```

Créer ou modifier des variables

`Stata` peut stocker de l'information dans des « variables ». Ces variables correspondent aux colonnes d'une banque de données. La fonction `gen` crée une variable. Les valeurs de cette variable peuvent être produites par une combinaison d'autres variables ; elles peuvent aussi être tirées de façon aléatoire, à partir d'une distribution. Dans l'exemple qui suit, nous créons trois variables avec 10 obervations chacune. « x » est tirée aléatoirement d'une distribution normale, « y » est tirée aléatoirement d'une distribution uniforme et « z » est la somme des variables « x » et « y » :

```
set obs 50
gen x = rnormal()
gen y = rpoisson(1)
gen z = x + y
```

Pour bien comprendre l'effet de cette commande, je vous recommande de cliquer sur l'icône « Data Browser » pour inspecter les données.

Nous pouvons modifier la valeur d'une variable de deux principales façons. La fonction `recode` permet de recoder une variable rapidement et de changer plusieurs valeurs simultanément. Par exemple, la commande suivante remplace les observations où « y » est égal à 0 par des valeurs manquantes :

```
recode y (0 = .)
```

La fonction `replace` est plus polyvalente; elle permet de changer la valeur d'une variable en ajoutant des conditions. Par exemple, les commandes suivantes remplacent « x » par 1 si cette variable est plus grande que 0, et par 0 si cette variable est plus petite que 0 :

```
replace x = 1 if x > 0
replace x = 0 if x < 0
```

L'analyste peut aussi créer des variables en fonction des valeurs des autres colonnes de la banque de données. Par exemple :

```
gen w = 6 if y == 2
```

Dans la commande ci-haut, le double signe d'égalité == vérifie si la variable y est égale à 2. Les commandes suivantes servent à vérifier d'autres conditions : < (plus petit), > (plus grand), <= (plus petit ou égal), >= (plus grand ou égal), != (n'est pas égal).

Le symbole & (« et ») est utilisé lorsque la nouvelle variable doit se conformer à plus qu'une condition. Le symbole | signifie « ou ». La variable doit alors respecter au moins une des conditions indiquées. Dans l'exemple suivant, la variable `k` prend la valeur de 3 lorsque `x` est plus grande que 0 et que `y` est plus petite ou égale à 2. La variable `j` prend la valeur de 3, si `x` est plus grande que 2 ou si la somme de `x` et `y` est égale à 3.

```
gen k = 3 if x > 0 & y <=2
gen j = 3 if x > 2 | (x + y) == 3
```

Manipuler une banque de données

Parfois, l'analyste s'intéresse seulement à une partie de son échantillon. Pour écarter ou préserver certaines observations, nous pouvons utiliser les fonctions `drop` et `keep`. Par exemple, nous pourrions exclure de notre banque de données tous les individus pour qui la variable `z` est plus grande ou égale à 3 :

```
drop if z >= 3
```

L'analyste pourrait aussi réduire l'ampleur de sa banque de données en excluant certaines variables. Par exemple, il pourrait garder seulement les variables x et y de la banque de données de la façon suivante :

```
keep x y
```

La fonction `gsort` classe les rangées d'une banque de données en fonction d'une ou plusieurs variables. Par exemple :

```
* ordre croissant de x
gsort x

* ordre décroissant de x
gsort -x

* ordre décroissant de y et ordre croissant de x
gsort -y x
```

Chapitre 2 : Probabilités

Probabilité de tirer un nombre plus petit que 0 :

```
dis normal(0)
```

Probabilité de tirer un nombre entre 0 et 1 :

```
dis normal(1) - normal(0)
```

Chapitre 3 : Statistiques descriptives

Étude de cas : Guerry

```
import delimited "guerry.csv", clear

* Statistiques descriptives
sum population1831, detail

* Fréquences
tab ville

* Écart-type = racine carrée de la variance
egen a = sd(population1831)
dis a

gen var_population = a^2
dis var_population

gen b = sqrt(var_population)
dis b

* Écart interquartile
centile population1831, centile (25 75)

* Covariance
egen cov =  corr (commerce alphabetisation), cov
dis cov

* Corrélation
egen cor = corr (commerce alphabetisation)
dis cor

* Écarts-types
egen et_commerce = sd(commerce)
egen et_alphabetisation = sd(alphabetisation)

* Corrélation = covariance / produit des écarts-types
gen cov_et = cov/(et_commerce*et_alphabetisation)
dis cor
dis cov_et
```

Étude de cas : *Titanic*

```
import delimited "titanic.csv", clear

* Tableau de contingence
tab femme survie
```

```
* tau de Kendall
ktau femme survie
```

Chapitre 4 : Inférence statistique

Aire sous la courbe :

```
dis (t(49,-2.04)) + (1-t(49,2.04))
```

Seuils critiques :

```
dis invt(49, 0.025)
dis invt(49, 0.975)
```

Théorème central limite :

```
postfile buffer moyennes using sauvegarde, replace
forvalues i=1/1000 {
    quietly drop _all
    quietly set obs 10
    quietly generate echantillon = runiform()
    quietly mean echantillon
    post buffer (_b[echantillon])
}
postclose buffer
use sauvegarde, clear
hist moyennes
```

Chapitre 5 : Régression linéaire

Aire sous la courbe :

```
dis normprob(-1)
dis 2 * normprob(-1)
```

Étude de cas : variables continues

```
import delimited "guerry.csv", clear

* Modèle de régression
reg donsclerge clerge

* Régression avec alphabétisation comme contrôle
reg donsclerge clerge alphabetisation
```

Étude de cas : variables binaires

```
import delimited "titanic.csv", clear

* Modèle de régression avec classe comme variable indépendante
reg survie i.classe
```

Données aberrantes et influentes :

```
import delimited "blaydes_paik.csv", clear

* Modèle de régression
reg revenus croises

* Modèle de régression sans les observations extrêmes
reg revenus croises if pays != "Angleterre" & pays != "Portugal"

* Contribution de chaque observation
dfbeta croises
list pays _dfbeta_1
```

Chapitre 6 : Graphes orientés acycliques

Simulation 1

```
clear all
set obs 100000
gen x = rnormal()
gen y = 1.7 * x + rnormal()
reg y x
```

Simulation 2

```
clear all
set obs 100000
gen x = rnormal()
gen y = 1.7 * x + rnormal()
gen z = 1.2 * x + 0.8 * y + rnormal()
reg y x
reg y x z
```

Simulation 3

```
clear all
set obs 100000
gen x = rnormal()
gen z = 2 * x + rnormal()
gen y = 0.25 * z + rnormal()
reg y x
```

Simulation 4

```
clear all
set obs 100000
gen z2 = rnormal()
gen x = z2 + rnormal()
gen z1 = 2 * x + rnormal()
gen y = 0.25 * z1 + z2 + rnormal()
reg y x z2
reg y x z2 z1
reg y x
```

Simulation 5

```
clear all
set obs 100000
gen z1 = rnormal()
gen x = z1 + rnormal()
gen z2 = 2 * x + rnormal()
gen y = 0.5 * z2 + z1 + rnormal()
gen z3 = z2 + y + rnormal()
reg y x z1
```

Chapitre 8 : Biais post-traitement

Simulation

```
clear all
set obs 100000
gen z = rnormal()
gen x = z + rnormal()
gen y = z + x + rnormal()
gen uz = rnormal()
gen ztilde = z + uz

* Modèle non biaisé
reg y x z

* Modèle avec erreur de mesure
reg y x ztilde
```

Chapitre 12 : Expériences aléatoires

Lupu et Wallace (2019)

```
import delimited "lupu_wallace_2019.csv", clear

* Analyse sur les données indiennes
drop if inde==0

* Approbation du groupe traitement et du groupe contrôle
egen moyenne_traitement = mean(approb) if violence_opp==1
egen moyenne_traitement_2 = mean(moyenne_traitement)

egen moyenne_controle = mean(approb) if violence_opp==0
egen moyenne_controle_2 = mean(moyenne_controle)

gen difference = moyenne_traitement_2 - moyenne_controle_2
dis difference

* Modèle de régression avec variable dichotomique
reg approb violence_opp

* Modèle de régression analogue
reg approb violence_gvt
```

Chapitre 13 : Méthodes quasi expérimentales

Bhavnani (2009)

```
import delimited "bhavnani_2009.csv", clear

* Garder seulement les groupes avec deux sièges
keep if reserve_2002 == 0

* Recoder la variable reserve_1997 en format numérique
destring reserve_1997, gen(reserve_1997_2) force

* Régression linéaire
reg genre_du_gagnant_2002 reserve_1997
```

Chapitre 14 : Variables instrumentales

Simulation : biais par variable omise

```
clear all
set obs 100000
```

```
gen z = rnormal()
gen u = rnormal()
gen x = z + u + rnormal()
gen y = 1.5 * x + u + rnormal()

* Modèle de régression biaisé
reg y x

* Modèle de régression auxiliaire
reg x z
gen alpha0 = _b[_cons]
gen alpha1 = _b[z]

* Prédiction de la variable x chapeau
gen x_chapeau = alpha0 + alpha1 * z

* Modèle de régression
reg y x_chapeau

* Autre estimation possible
ivregress 2sls y (x = z)
```

Simulation : biais de mesure

```
clear all
set obs 100000
gen u = rnormal()
gen z = rnormal()
gen x = z + rnormal()
gen y = 1.5 * x + rnormal()
gen xo = x + u
gen yo = y + u

* Modèle biaisé
reg yo xo

* Modèle non-biaisé
ivregress 2sls yo (xo = z)
```

Simulation : effet de traitement moyen local

```
clear all
set obs 100000
gen z = rnormal()
gen u = rnormal()
gen x = z + u + rnormal()
gen y = 5 * x + u + rnormal()
save "groupe1.dta", replace
```

```
clear all
set obs 100000
gen z = rnormal()
gen u = rnormal()
gen x = u + rnormal()
gen y = 2 * x + u + rnormal()
save "groupe2.dta", replace

clear all
use "groupe1.dta", clear
append using "groupe2.dta"

ivregress 2sls y (x = z)
```

Chapitre 15 : Panels

Sevi, Arel-Bundock et Blais (2019)

```
import delimited "sevi_arel-bundock_blais_2019.csv", clear

* Modèle de régression
reg votes femme

* Variable texte -> Variable numérique
encode election, gen(election2)
encode parti, gen(parti2)

* Effets fixes de parti
reg votes femme i.parti2

* Effets fixes: parti et élection
reg votes femme i.parti2 i.election2

* Variable décalée
reg votes femme votes_decales
```

Card et Krueger(1994)

```
import delimited "card_krueger_1994.csv", clear

* Moyenne des emplois par état et période
bysort etat periode: sum emplois

* Variable texte -> Variable numérique
encode etat, gen(etat2)
```

```
* Régression avec effets fixes
reg emplois salaire_minimum i.etat2 i.periode
```

Régression multiniveau :

```
import delimited "eurobarometre.csv", clear

* Ne tient pas compte des groupes
reg immigration visite

* Constante aléatoire
mixed immigration visite || pays:

* Constante et coefficient aléatoires
mixed immigration visite || pays: visite
```

Chapitre 16 : Modèle linéaire généralisé

Déterminant de la survie à bord du *Titanic* :

```
import delimited "titanic.csv", clear

* Régression logistique
logit survie age femme

* Probabilités prédites de survie pour un homme et pour une femme de 25 ans
margins, predict() at(femme = 1 age = 25)

* Effet marginal de la variable age pour un homme de 58 ans
margins, dydx(age) at(femme = (0) age = (58))

* Effet marginal pour une variable binaire
margins, predict() at(femme = (0 1))

* Régression logistique avec rapports des cotes
logit survie age femme, or
```

Chapitre 21 : R

Étude de cas : nettoyage des données du CSES

```
import delimited "cses4.csv", clear

gen femme = .
replace femme = 1 if d2002 == 2
replace femme = 0 if d2002 == 1
```

```
gen revenu = d2020
replace revenu = . if revenu > 5

gen pays = d1006_nam
keep pays femme revenu

bysort femme: sum revenu
```

Étude de cas : régression linéaire

```
import delimited "titanic.csv", clear
logit survie age femme
dis _b[femme]

predict prediction if _n==1
gen x = survie - prediction if _n==1
predict residuals if _n==1, residuals
tab x
tab residuals
```

Chapitre 23

SPSS

SPSS est un logiciel spécialisé dans l'analyse statistique, qui est développé par la compagnie IBM. Le site Web de cette compagnie explique comment acheter et installer leurs logiciels :[1] `https://www.ibm.com/analytics/spss-statistics-software`

La première section de ce chapitre introduit quelques fonctions de base du logiciel SPSS. Les sections qui suivent reproduisent (presque) toutes les analyses statistiques du livre avec SPSS, chapitre par chapitre.

Introduction à SPSS

Importer des données

Avant d'importer des données dans SPSS, nous devons dire au logiciel dans quel dossier nous désirons travailler sur le disque dur. C'est là où SPSS cherchera les bases de données à importer, et c'est là que le logiciel sauvegardera ses résultats.

Sur un ordinateur Apple, on fixe le dossier ainsi :

```
cd "/Users/arelbundock/Desktop".
```

Sur un ordinateur Windows, le chemin est généralement un peu différent :

```
cd "C:/Users/arelbundock/Desktop".
```

Dans les commandes précédentes, il est important de noter l'utilisation précise des barres obliques penchées vers l'avant. Évidemment, chaque utilisateur devra modifier les chemins pour pointer vers l'endroit approprié sur son disque dur.

1. En 2019, une licence permettant à un utilisateur d'utiliser SPSS coûtait plus de 1 600 $ CA.

SPSS peut ouvrir des bases de données de divers formats. Pour ce faire, nous allons sous l'onglet `File > Import...`.

L'analyste peut également utiliser une commande pour ouvrir une banque de données. Le fichier `.sav` est un format propriétaire que SPSS utilise pour sauvegarder les banques de données. Pour ouvrir un tel fichier, il suffit d'utiliser la fonction `get file` :

```
get file "titanic.sav".
dataset name données1 window=front.
```

Pour sauvegarder une banque de données en format `.sav`, on utilise la commande suivante :

```
save outfile = 'titanic.sav' /compressed.
```

Un des formats de sauvegarde les plus populaires est le CSV, un fichier texte bien adapté pour les bases de données de petite à moyenne taille (e.g., moins de 1 000 000 de rangées). Le fichier `titanic.csv` contient des informations sur les passagers à bord du *Titanic* lors de son dernier voyage. Avec SPSS, il est bien plus facile d'importer un fichier .csv avec les menus déroulants. Pour ce faire, nous allons sous l'onglet `File > Import > CSV data`. Un menu contextuel s'affichera. Il inclut une fenêtre de prévisualisation des données, qui permet d'identifier par quels symboles les données sont délimitées. Dans le cas du fichier `titanic.csv`, on remarque que des virgules servent à délimiter les valeurs. Il faut l'indiquer à SPSS, sous la rubrique `Délimiteur entre les valeurs`. Juste en dessous, on doit aussi spécifier le symbole décimal, qui est le point dans le cas présent. Finalement, il faut signaler à SPSS que la première ligne du fichier contient le nom des variables. Pour ce faire, il faut cocher la première case au haut de la fenêtre.

La fonction `dataset close` permet d'effacer tous les résultats et les données conservés en mémoire. Ceci est pratique lorsque l'analyste effectue une erreur ou lorsqu'on veut changer de banque de données.

```
dataset close titanic.
```

Créer ou modifier des variables

SPSS peut stocker de l'information dans des « variables ». Ces variables correspondent aux colonnes d'une banque de données. En premier lieu, il faut toutefois générer une banque de données avec une seule variable, dont on choisit le nombre d'observations. Notons qu'il est possible de choisir le nom de la banque de données avec la fonction `dataset name`. La première variable est plus difficile à créer, puisqu'il faut indiquer le nombre d'observations requis. Toutes les variables qui seront créées après coup compteront le même nombre d'observations que celle-ci. Dans l'exemple qui suit, nous créons une variable « x » avec 10 obervations tirées aléatoirement d'une distribution normale dont la moyenne est 0 et l'écart-type est 1.

```
input program.
loop x = 1 to 10.
compute x = rv.normal(0, 1).
end case.
end loop.
end file.
end input program.
dataset name données1 window=front.
execute.
```

Une fois la banque de données créée, il est plus facile d'y ajouter d'autres variables, à partir de la fonction `compute`. Dans l'exemple qui suit, nous créons deux autres variables de 10 observations chacune. La variable « y » est tirée aléatoirement d'une distribution uniforme, et la variable « z » est la somme des variables « x » et « y ».

```
compute y = rv.poisson(1).
compute z = x + y.
execute.
```

Pour bien comprendre l'effet de cette commande, je vous recommande de cliquer sur l'icône « Vue de données » pour inspecter les données.

Nous pouvons modifier la valeur d'une variable de deux principales façons. La fonction `recode` permet de recoder une variable rapidement et de changer plusieurs valeurs simultanément. Par exemple, la commande suivante remplace les observations où « y » est égale à 0 par des valeurs manquantes :

```
recode y (0 = sysmis).
execute.
```

Il est aussi facile de changer la valeur d'une variable en ajoutant des conditions avec la fonction `if`. Par exemple, les commandes suivantes remplacent « x » par 1 si cette variable est plus grande que 0, et par 0 si cette variable est plus petite que 0 :

```
if (x > 0) x = 1.
if (x < 0) x = 0.
execute.
```

L'analyste peut aussi créer des variables en fonction des valeurs des autres colonnes de la banque de données. Par exemple :

```
if (y = 2) w = 6.
execute.
```

Dans la commande ci-haut, le premier signe d'égalité = vérifie si la variable y est égale à 2. Les commandes suivantes servent à vérifier d'autres conditions : < (plus petit), > (plus grand), <= (plus petit ou égal), >= (plus grand ou égal), ~= (n'est pas égal).

Le symbole & (« et ») est utilisé lorsque la nouvelle variable doit répondre à plus qu'une condition. Le symbole | signifie « ou ». La variable doit alors respecter au moins une des conditions indiquées. Dans l'exemple suivant, la variable k prend la valeur de 3 lorsque x est plus grande que 0 et que y est plus petite ou égale à 2. La variable j prend la valeur de 3 si x est plus grand que 2 ou si la somme de x et y est égale à 3.

```
if (x > 0) & ( y <= 2) k = 3.
if (x > 2) | ( x + y = 3) j = 3.
execute.
```

Manipuler une banque de données

Parfois, l'analyste s'intéresse seulement à une partie de son échantillon. Pour écarter ou préserver certaines observations, nous pouvons utiliser la fonction `select if`. Par exemple, nous pourrions exclure de notre banque de données tous les individus pour qui la variable z est plus grande ou égale à 3 :

```
select if z >= 1.
execute.
```

L'analyste pourrait aussi réduire l'ampleur de sa banque de données en excluant certaines variables. La fonction `keep` permet de créer une banque de données qui ne conserve que les variables retenues. Par exemple, il pourrait garder seulement les variables x et y de la banque de données de la façon suivante :

```
save outfile = 'xy.sav'
  /keep x y.
```

La fonction `sort cases` classe les rangées d'une banque de données en fonction d'une ou plusieurs variables. Par exemple :

```
* ordre croissant de x.
sort cases by x(a).

* ordre décroissant de x.
sort cases by x(d).

* ordre décroissant de y et ordre croissant de x.
sort cases by y(d) x(a).
```

Chapitre 2 : Probabilités

Probabilité de tirer un nombre plus petit que 0 :

```
get file "banque_vide.sav".
dataset name données1 window=front.

compute prob1 = cdf.normal(0,0,1).
execute.
```

Probabilité de tirer un nombre entre 0 et 1 :

```
compute prob2 = cdf.normal(1,0,1) - cdf.normal(0,0,1).
execute.
```

Chapitre 3 : Statistiques descriptives

Étude de cas : Guerry

```
get file "guerry.sav".
dataset name données1 window=front.

* Statistiques descriptives.
descriptives variables = population1831
  /statistics = mean stddev min max kurtosis skewness.

frequencies variables = ville
  /order = analysis.

* Écart-type, variance et écart interquartile.
```

```
frequencies variables = population1831 /format = notable
    /statistics = stddev variance
    /ntiles = 4
    /order = analysis.

* Covariance.
correlations
    /variables commerce alphabetisation
    /statistics xprod.
```

Études de cas : *Titanic*

```
get file "titanic.sav".
dataset name données1 window=front.

* Tableau de contingence.
crosstabs
    /tables = femme by survie.

* tau de Kendall.
crosstabs
    /tables = femme by survie
    /statistics = btau ctau.
```

Chapitre 4 : Inférence statistique

Aire sous la courbe :

```
get file "banque_vide.sav".
dataset name données1 window=front.

compute p1=cdf.t(-2.04,49) + (1-cdf.t(2.04,49)).
execute.
```

Seuils critiques :

```
compute p2 = idf.t(0.025, 49).
compute p3 = idf.t(0.975, 49).
execute.
```

Chapitre 5 : Régression linéaire

Étude de cas : variables continues

```
get file "guerry.sav".
dataset name données1 window=front.

* Modèle de régression.
regression
    /dependant donsclerge /enter clerge.

* Régression avec alphabétisation comme contrôle.
regression
    /dependant donsclerge /enter clerge alphabetisation.
```

Étude de cas : variables binaires

```
get file "titanic.sav".
dataset name données1 window=front.

* Modèle de régression avec classe comme variable indépendante.
genlin survie by classe (order = descending)
    /model classe intercept = yes.
```

Données aberrantes et influentes :

```
get file "blaydes_paik.sav".
dataset name données1 window=front.

** Modèle de régression.
regression
    /dependant revenus /enter croises.

* Modèle de régression sans les observations extrêmes.
select if pays ~= "Angleterre" & pays ~= "Portugal".
execute.

regression
    /dependant revenus /enter croises.
```

Chapitre 6 : Graphes orientés acycliques

Simulation 1

```
get file = 'banque_vide.sav'.
dataset name données1 window=front.
```

```
compute x = rv.normal(0, 1).
compute y = 1.7 * x + rv.normal(0, 1).

regression
    /dependant y /enter x.
```

Simulation 2

```
get file = 'banque_vide.sav'.
dataset name données1 window=front.

compute x = rv.normal(0, 1).
compute y = 1.7 * x + rv.normal(0, 1).
compute z = 1.2 * x + 0.8 * y + rv.normal(0, 1).

regression
    /dependant y /enter x.

regression
    /dependant y /enter x z.
```

Simulation 3

```
get file = 'banque_vide.sav'.
dataset name données1 window=front.

compute x = rv.normal(0, 1).
compute z = 2 * x + rv.normal(0, 1).
compute y = 0.25 * z + rv.normal(0, 1).

regression
    /dependant y /enter x.
```

Simulation 4

```
get file = 'banque_vide.sav'.
dataset name données1 window=front.

compute z2 = rv.normal(0, 1).
compute x = z2 + rv.normal(0, 1).
compute z1 = 2 * x + z2 + rv.normal(0, 1).
compute y = 0.25 * z1 + z2 + rv.normal(0, 1).

regression
    /dependant y /enter x z2.
```

```
regression
    /dependant y /enter x z2 z1.

regression
    /dependant y /enter x.
```

Simulation 5

```
get file "banque_vide.sav".
dataset name données1 window=front.

compute z1 = rv.normal(0, 1).
compute x = z1 + rv.normal(0, 1).
compute z2 = 2 * x + rv.normal(0, 1).
compute y = 0.5 * z2 + z1 + rv.normal(0, 1).
compute z3 = z2 + y + rv.normal(0, 1).
execute.

regression
    /dependant y /enter x z1.
```

Chapitre 8 : Biais post-traitement

Simulation

```
get file "banque_vide.sav".
dataset name données1 window=front.

compute z = rv.normal(0, 1).
compute x = z + rv.normal(0, 1).
compute y = z + x + rv.normal(0, 1).
compute uz =  rv.normal(0, 1).
compute ztilde = z + uz.

* Modèle non biaisé.
regression
  /dependant y /enter x z.

* Modèle avec erreur de mesure.
regression
  /dependant y /enter x ztilde.
```

Chapitre 12 : Expériences aléatoires

Lupu et Wallace (2019)

```
get file "lupu_wallace_2019.sav".
dataset name données1 window=front.

* Analyse sur les données indiennes.
select if inde = 1.
execute.

* Identification des moyennes.
means tables = approb by violence_opp.

compute moyenne_traitement_2 = 61.99.
compute moyenne_controle_2 = 54.29.
compute difference = moyenne_traitement_2 - moyenne_controle_2.
execute.

* Modèle de régression avec variable dichotomique.
regression
  /dependant approb /enter violence_opp.

  * Modèle de régression analogue.
regression
  /dependant approb /enter violence_gvt.
```

Chapitre 13 : Méthodes quasi expérimentales

Bhavnani (2009)

```
get file "bhavnani_2009.sav".
dataset name données1 window=front.

* Garder seulement les groupes avec deux sièges.
select if Reserve_2002 = 0.
execute.

* Recoder la variable reserve_1997 en format numérique.
autorecode variables = Reserve_1997
  /into reserve_1997_2.

* Régression linéaire.
regression
  /dependant Genre_du_Gagnant_2002 /enter reserve_1997.
```

Chapitre 14 : Variables instrumentales

Simulation : biais par variable omise

```
get file "banque_vide.sav".
dataset name données1 window=front.

compute z = rv.normal(0, 1).
compute u = rv.normal(0, 1).
compute x = z + u + rv.normal(0, 1).
compute y = 1.5 * x + u + rv.normal(0, 1).

* Modèle de régression biaisé.
regression
  /dependant y /enter x.

* Modèle de régression en deux étapes.
2sls y with x
  /instruments z
  /constant.
```

Simulation : biais de mesure

```
get file "banque_vide.sav".
dataset name données1 window=front.

compute u = rv.normal(0, 1).
compute z = rv.normal(0, 1).
compute x = z + rv.normal(0, 1).
compute y = 1.5 * x + rv.normal(0, 1).
compute xo = x + u.
compute yo = y + u.
execute.

* Modèle biaisé.
regression
  /dependant yo /enter xo.

* Modèle non-biaisé.
2sls yo with xo
  /instruments z
  /constant.
```

Simulation : effet de traitement moyen local

```
* Groupe1.
get file "banque_vide.sav".
```

```
dataset name données1 window=front.

compute z = rv.normal(0, 1).
compute u = rv.normal(0, 1).
compute x = z + u + rv.normal(0, 1).
compute y = 5 * x + u + rv.normal(0, 1).
execute.

save outfile='groupe1.sav' / compressed.

* Groupe 2.
get file "banque_vide.sav".
dataset name données1 window=front.

compute z = rv.normal(0, 1).
compute u = rv.normal(0, 1).
compute x = u + rv.normal(0, 1).
compute y = 2 * x + u + rv.normal(0, 1).
execute.

add files /file=*
    /file="groupe1.sav".
execute.

2sls y with x
  /instruments z
  /constant.
```

Chapitre 15 : Panels

Sevi, Arel-Bundock et Blais (2019)

```
get files "sevi_arel-bundock_blais_2019.sav".
dataset name données1 window=front.

* Modèle de régression.
regression
  /dependant votes /enter femme.

* Effets fixes de parti.
genlin votes by parti (order = descending) with femme
    /model parti femme intercept = yes.

* Effets fixes: parti et élection.
genlin votes by parti election (order = descending) with femme
    /model parti femme election intercept = yes.
```

```
* Variable décalée.
regression
  /dependant votes /enter femme votes_decales.
```

Card et Krueger (1994)

```
get files "card_krueger_1994.sav".
dataset name données1 window=front.

* Moyenne des emplois par état et période.
means tables = emplois by etat by periode.

* Régression avec effets fixes.
genlin emplois by etat periode (order = descending) with salaire_minimum
    /model etat periode salaire_minimum intercept = yes.
```

Régression multiniveau

```
get files "eurobarometre.sav".
dataset name données1 window=front.

* Ne tient pas compte des groupe.
regression
  /dependant immigration /enter visite.

* Constante aléatoire.
mixed immigration with visite
  /fixed visite
  /random intercept | subject(pays)
  /print = solution.

* Constante et coefficient aléatoires.
mixed immigration with visite
  /fixed visite
  /random intercept visite | subject(pays)
  /print = solution.
```

Chapitre 16 : Modèle linéaire généralisé

Déterminant de la survie à bord du *Titanic* :

```
get files "titanic.sav".
dataset name données1 window=front.

* Régression logistique.
logistic regression variables survie
    /enter age femme.
```

```
* moyenne de chaque variable.
descriptives variables=age femme survie
    /statistics=mean.

* Calcul des probabilités prédites de survie.
compute e = 2.718281828459045235.
compute eta = -1.1598 - 0.0064 * age + 2.4660 * femme.
compute prediction = e ** eta / (1 + e**eta).
compute effetMarginalAge = -0.0064 * prediction * (1-prediction).
execute.

* Pour une femme et un homme de 25 ans.
temporary.
select if age = 25.
means tables = prediction by femme.

* Effet marginal de la variable age pour un homme de 58 ans.
temporary.
select if femme = 0 & age = 58.
means tables = effetMarginalAge.

* Effet marginal pour une variable binaire (femme).
means tables = age.

compute agemoyen = 30.3980.
compute eta2 = -1.1598 - 0.0064 * agemoyen + 2.4660 * femme.
compute predictionBinaire = e ** eta2 / (1 + e**eta2).
execute.

means tables = predictionBinaire by femme.
```

Chapitre 21 : R

Étude de cas : nettoyage des données du CSES

```
get file "cses4.sav".
dataset name données1 window=front.

compute femme = 999.
if d2002=2 femme=1.
if d2002=1 femme=0.

compute revenu = d2020.
recode revenu (6 thru highest = sysmis).
```

```
save outfile = 'cses_frp.sav'
    /keep femme revenu d1006_nam.

get file = 'cses_frp.sav'.
dataset name données1 window=front.

rename variables d1006_nam = pays.

mean tables = revenu by femme
  /cells = sums mean count stdev min max.
```

Étude de cas : régression linéaire

```
get file "titanic.sav".
dataset name données1 window=front.

compute id = $casenum.
execute.

logistic regression variables survie
    /enter age femme.

compute e = 2.718281828459045235.
compute eta = -1.1598 - 0.0064 * age + 2.4660 * femme.
compute prediction = e ** eta / (1 + e**eta).
compute x = survie - prediction.
execute.

select if id = 1.
means tables = prediction x.
```

Symboles

$\in$	Appartient
$\forall$	Pour tout
$\forall x \in X$	Pour toutes les valeurs x dans l'ensemble X.
$\sum$	Somme
$\cdot$	Multiplication
$\approx$	Approximativement égal
$\neq$	Différent
$\perp$	Indépendant
$\not\perp$	Non indépendant
log	Logarithme
ln	Logarithme naturel
$X = \{0, 1, 2\}$	La variable X est un ensemble de trois valeurs.
$\sim$	Distribué
$X \sim Normale$	X suit une distribution normale.
$\partial Y / \partial X$	Dérivée de Y par rapport à X
$P(X)$	Probabilité de la variable X.
$P(X = x)$	Probabilité que la variable X soit égale à x
$P(Y,X)$	Probabilité conjointe de Y et X
$P(Y\|X)$	Probabilité conditionnelle de Y
$E[Y]$	Espérance de Y
$E[Y\|X = x]$	Espérance conditionnelle de Y étant donné que la variable X est égale à x.
$\bar{X}$	Moyenne de X
$\sigma_X^2 = \text{Var}(X)$	Variance de X
σ_X	Écart type de X
$\text{Cov}(X,Y)$	Covariance de X et Y
r_{XY}	Corrélation entre X et Y
$\|Z\|$	Valeur absolue de Z

Bibliographie

ACEMOGLU, Daron, Simon JOHNSON et James A. ROBINSON (2001). « The Colonial Origins of Comparative Development : an Empirical Investigation ». In : *American economic review* 91.5, p. 1369-1401.

ALESINA, Alberto et Matteo PARADISI (2017). « Political Budget Cycles : Evidence From Italian Cities ». In : *Economics & Politics* 29.2, p. 157-177.

ANGRIST, Joshua D. et Jörn-Steffen PISCHKE (2008). *Mostly Harmless Econometrics : an Empiricist's Companion*. Princeton university press.

– (2010). « The Credibility Revolution in Empirical Economics : How Better Research Design Is Taking the Con Out of Econometrics ». In : *Journal of economic perspectives* 24.2, p. 3-30.

– (2014). *Mastering' Metrics : the Path From Cause to Effect*. Princeton University Press.

ARONOW, Peter et Benjamin MILLER (2019). *Foundations of Agnostic Statistics*. Cambridge University Press.

ARONOW, Peter M. et Cyrus SAMII (2016). « Does Regression Produce Representative Estimates of Causal Effects ? » In : *American Journal of Political Science* 60.1, p. 250-267.

BAILEY, Michael A. (2016). *Real Stats : Using Econometrics for Political Science and Public Policy*. Oxford University Press.

BAIRD, Sarah, Craig MCINTOSH et Berk ÖZLER (nov. 2011). « Cash or Condition ? Evidence from a Cash Transfer Experiment ». In : *The Quarterly Journal of Economics* 126.4, p. 1709-1753.

BALTAGI, Badi (2008). *Econometric Analysis of Panel Data*. John Wiley & Sons.

BARON, Reuben M. et David A. KENNY (1986). « The Moderator–Mediator Variable Distinction in Social Psychological Research : Conceptual, Strategic, and Statistical Considerations. » In : *Journal of personality and social psychology* 51.6, p. 1173.

BATES, Douglas *et al.* (2015). « Fitting Linear Mixed-Effects Models Usinglme4 ». In : *Journal of Statistical Software* 67.1.

BECK, Nathaniel et Jonathan N. KATZ (2011). « Modeling Dynamics in Time-Serie-Cross-Section Political Economy Data ». In : *Annual Review of Political Science* 14.1, p. 331-352.

BELL, Andrew et Kelvyn JONES (jan. 2015). « Explaining Fixed Effects : Random Effects Modeling of Time-Series Cross-Sectional and Panel Data* ». In : *Political Science Research and Methods* 3.1, p. 133-153.

BENJAMIN, Daniel J. *et al.* (2018). « Redefine Statistical Significance ». In : *Nature Human Behaviour* 2.1, p. 6-10.

BERGMANN, Luke et Richard MORRILL (2018). « William Wheeler Bunge : Radical Geographer (1928–2013) ». In : *Annals of the American Association of Geographers* 108.1, p. 291-300.

BERTRAND, Marianne et Sendhil MULLAINATHAN (2004). « Are Emily and Greg More Employable Than Lakisha and Jamal ? A Field Experiment on Labor Market Discrimination ». In : *American economic review* 94.4, p. 991-1013.

BHAVNANI, Rikhil R. (2009). « Do Electoral Quotas Work After They Are Withdrawn ? Evidence From a Natural Experiment in India ». In : *American Political Science Review* 103.1, p. 23-35.

BLAYDES, Lisa et Christopher PAIK (2016). « The Impact of Holy Land Crusades on State Formation : War Mobilization, Trade Integration, and Political Development in Medieval Europe ». In : *International Organization* 70.3, p. 551-586.

BOUND, John, David A. JAEGER et Regina M. BAKER (1995). « Problems With Instrumental Variables Estimation When the Correlation Between the Instruments and the Endogenous Explanatory Variable Is Weak ». In : *Journal of the American statistical association* 90.430, p. 443-450.

BRAMBOR, Thomas, William Roberts CLARK et Matt GOLDER (2006). « Understanding Interaction Models : Improving Empirical Analyses ». In : *Political analysis* 14.1, p. 63-82.

BRITO, Carlos et Judea PEARL (2002). « Generalized Instrumental Variables ». In : *Proceedings of the Eighteenth conference on Uncertainty in artificial intelligence*. Morgan Kaufmann Publishers Inc., p. 85-93.

BUNGE, William (1988). *Nuclear War Atlas*. Blackwell Oxford.

CAIRO, Alberto (2016). *Download the Datasaurus. Never Trust Summary Statistics Alone; Always Visualize Your Data.* URL : `http :`

//www.thefunctionalart.com/2016/08/download-datasaurus-never-trust-summary.html.

CAMERON, A. Colin et Pravin K. TRIVEDI (2010). « Microeconometrics Using Stata, Revised Edition ». In : *StataCorp LP.*

CARD, David et Alan B. KRUEGER (1994). « Minimum Wages and Employment : a Case Study of the Fast-Food Industry in New Jersey and Pennsylvania ». In : *The American Economic Review* 84.4, p. 772-793.

CASELLA, George et Roger L. BERGER (2002). *Statistical Inference.* Duxbury Pacific Grove, CA.

CATTANEO, Matias D., Nicolás IDROBO et Rocío TITIUNIK (2019). *A Practical Introduction to Regression Discontinuity Designs.* Cambridge University Press.

CHANDRASEKHAR, Arun G., Benjamin GOLUB et He YANG (2018). *Signaling, Shame, and Silence in Social Learning.*

CLARK, Tom S. et Drew A. LINZER (2015). « Should I Use Fixed or Random Effects ? » In : *Political Science Research and Methods* 3.2, p. 399-408.

CLEVELAND, William S. (1993). *Visualizing Data.* Hobart Press.

CLEVELAND, William S. et Robert MCGILL (1986). « An Experiment in Graphical Perception ». In : *International Journal of Man-Machine Studies* 25.5, p. 491-500.

COHEN, Sheldon et Thomas A. WILLS (1985). « Stress, Social Support, and the Buffering Hypothesis. » In : *Psychological bulletin* 98.2, p. 310.

COPPOCK, Alexander, Thomas J. LEEPER et Kevin J. MULLINIX (déc. 2018). « Generalizability of Heterogeneous Treatment Effect Estimates Across Samples ». In : *Proceedings of the National Academy of Sciences* 115.49, p. 12441-12446.

CUNNINGHAM, Scott (2020). *Causal Inference : the Mixtape.* Yale University Press.

DE BOEF, Suzanna et Luke KEELE (2008). « Taking Time Seriously ». In : *American Journal of Political Science* 52.1, p. 184-200.

DEATON, Angus et Nancy CARTWRIGHT (août 2018). « Understanding and Misunderstanding Randomized Controlled Trials ». In : *Social Science & Medicine.* Randomized Controlled Trials and Evidence-based Policy : A Multidisciplinary Dialogue 210, p. 2-21.

DURAND, Claire et André BLAIS (2016). « La Mesure ». In : *Recherche Sociale.* Sous la dir. de Benoît GAUTHIER et Isabelle BOURGEOIS. 6e éd. Presses de l'Université du Québec à Montréal.

ENGZELL, Per (avr. 2019). « What Do Books in the Home Proxy for ? A Cautionary Tale ». In : *Sociological Methods & Research*, p. 0049124119826143.

FAIR, Ray C. (1978). « A Theory of Extramarital Affairs ». In : *Journal of Political Economy* 86.1, p. 45-61.

FERWERDA, Jeremy et Nicholas L. MILLER (2014). « Political Devolution and Resistance to Foreign Rule : A Natural Experiment ». In : *American Political Science Review* 108.3, p. 642-660.

FIELD, Kenneth (2018). *Cartography.* Esri Press.

FISHER, Ronald A. (1926). « The Arrangement of Field Trials ». In : *Journal of the Ministry of Agriculture of Great Britain* 33, p. 503-513.

FISMAN, Raymond, Florian SCHULZ et Vikrant VIG (2014). « The Private Returns to Public Office ». In : *Journal of Political Economy* 122.4, p. 806-862.

FRANZESE, Robert J. et Cindy KAM (2009). *Modeling and Interpreting Interactive Hypotheses in Regression Analysis.* University of Michigan Press.

FREEDMAN, David A. (2008). « On Regression Adjustments to Experimental Data ». In : *Advances in Applied Mathematics* 40.2, p. 180-193.

GANDRUD, Christopher (2016). *Reproducible Research With R and R Studio.* Chapman et Hall/CRC.

GAUTHIER, Benoît et Isabelle BOURGEOIS, éd. (2016). *Recherche Sociale.* 6e éd. Presses de l'Université du Québec à Montréal.

GÉLINEAU, François (2007). *Guide Pratique d'introduction à la Régression en Sciences Sociales.* Presses de l'Université Laval.

GELMAN, Andrew et Jennifer HILL (2006). *Data Analysis Using Regression and Multilevel/Hierarchical Models.* Cambridge university press.

GELMAN, Andrew, Hal S. STERN *et al.* (2013). *Bayesian Data Analysis.* Chapman et Hall/CRC.

GOLDBERGER, Arthur Stanley (1991). *A Course in Econometrics.* Harvard University Press.

GONZALEZ-DIAZ, Julio et Ignacio PALACIOS-HUERTA (2016). « Cognitive Performance in Competitive Environments : Evidence From a Natural Experiment ». In : *Journal of Public Economics* 139, p. 40-52.

GOODMAN-BACON, Andrew (2018). *Difference-in-Differences With Variation in Treatment Timing.* Rapp. tech. National Bureau of Economic Research.

GREENE, William H. (2017). *Econometric Analysis.* 8e éd. Pearson.

GRISWOLD, Max G. *et al.* (sept. 2018). « Alcohol Use and Burden for 195 Countries and Territories, 1990–2016 : a Systematic Analysis for the Global Burden of Disease Study 2016 ». In : *The Lancet* 392.10152, p. 1015-1035.

GUAY, Jean-Herman (2014). *Statistiques en Sciences Sociales Avec R.* Presses de l'Université Laval.

GUERRY, André-Michel (1833). *Essai Sur La Statistique Morale De La France.* Clearwater.

GUJARATI, Damodar, Dawn PORTER et Sangeetha GUNASEKAR (2017). *Basic Econometrics.* 5th edition. Mcgraw.

HACCOUN, Robert R. et Denis COUSINEAU (2007). *Statistiques : Concepts et applications.* Presses de l'Université de Montréal.

HAMPEL, Frank R. *et al.* (1986). *Robust Statistics.* Wiley Online Library.

HAY, Carter et Walter FORREST (2008). « Self-Control Theory and the Concept of Opportunity : the Case for a More Systematic Union ». In : *Criminology* 46.4, p. 1039-1072.

HEALY, Kieran (2018). *Data Visualization : A Practical Introduction.* Princeton University Press.

HEER, Jeffrey et Michael BOSTOCK (2010). « Crowdsourcing Graphical Perception : Using Mechanical Turk to Assess Visualization Design ». In : *Proceedings of the SIGCHI Conference on Human Factors in Computing Systems.* ACM, p. 203-212.

HELLIWELL, John F., Richard LAYARD et Jeffrey D. SACHS (2019). *World Happiness Report.* URL : `https://worldhappiness.report`.

HERNÁN, Miguel A., Sonia HERNÁNDEZ-DÍAZ et James M. ROBINS (2004). « A Structural Approach to Selection Bias ». In : *Epidemiology* 15.5, p. 615-625.

HERNÁN, Miguel A. et James M. ROBINS (2020). *Causal Inference : What If.* Boca Raton : Chapman & Hall/CRC.

HOLST, Charlotte *et al.* (oct. 2017). « Alcohol Drinking Patterns and Risk of Diabetes : a Cohort Study of 70,551 Men and Women From the General Danish Population ». In : *Diabetologia* 60.10, p. 1941-1950.

HUME, David (1748). *Philosophical Essays Concerning Human Understanding.*

IMAI, Kosuke, Luke KEELE, Dustin TINGLEY *et al.* (2011). « Unpacking the Black Box of Causality : Learning About Causal Mechanisms From Experimental and Observational Studies ». In : *American Political Science Review* 105.4, p. 765-789.

IMAI, Kosuke, Luke KEELE et Teppei YAMAMOTO (2010). « Identification, Inference and Sensitivity Analysis for Causal Mediation Effects ». In : *Statistical science* 25.1, p. 51-71.

IMBENS, Guido W. et Joshua D. ANGRIST (1994). « Identification and Estimation of Local Average Treatment Effects ». In : *Econometrica* 62.2, p. 467-475.

IMBENS, Guido W. et Donald B. RUBIN (2015). *Causal Inference in Statistics, Social, and Biomedical Sciences.* Cambridge University Press.

JAMES, Gareth *et al.* (2013). *An Introduction to Statistical Learning.* T. 112. Springer.

JOHNSON, Juliet, Vincent AREL-BUNDOCK et Vladislav PORTNIAGUINE (2019). « Adding Rooms Onto a House We Love : Central Banking After the Global Financial Crisis ». In : *Public Administration* 97 (3), p. 546-560.

KOCHER, Matthew A. et Nuno P. MONTEIRO (2016). « Lines of Demarcation : Causation, Design-Based Inference, and Historical Research ». In : *Perspectives on Politics* 14.4, p. 952-975.

LEVITT, Steven D. (2020). « Heads or Tails : the Impact of a Coin Toss on Major Life Decisions and Subsequent Happiness ». In : *The Review of Economic Studies.*

LEWIS, David (1973). « Causation ». In : *The journal of philosophy* 70.17, p. 556-567.

LIN, Winston (mar. 2013). « Agnostic Notes on Regression Adjustments to Experimental Data : Reexamining Freedman'S Critique ». In : *The Annals of Applied Statistics* 7.1, p. 295-318.

LUPU, Yonatan et Geoffrey P.R. WALLACE (2019). « Violence, Nonviolence, and the Effects of International Human Rights Law ». In : *American Journal of Political Science.*

MACASKILL, William (2015). *Doing Good Better : Effective Altruism and a Radical New Way to Make a Difference.* Guardian Faber Publishing.

MATEJKA, Justin et George FITZMAURICE (2017). « Same Stats, Different Graphs : Generating Datasets with Varied Appearance and Identical Statistics through Simulated Annealing ». In : *Proceedings of the 2017 Conference on Human Factors in Computing Systems*, p. 1290-1294.

MCCLOSKEY, Deirdre Nansen et Steve ZILIAK (2008). *The Cult of Statistical Significance : How the Standard Error Costs Us Jobs, Justice, and Lives.* University of Michigan Press.

McCormack, Andrew et Aaron Erlich (2019). *mapcan : Tools for Plotting Canadian Choropleth Maps and Choropleth Alternatives.* R package version 0.0.1.

McCullagh, P. et J.A. Nelder (1989). *Generalized Linear Models.* 2e éd. London, Chapman Hall.

McElreath, Richard (2018). *Statistical Rethinking : A Bayesian Course With Examples in R and Stan.* Chapman et Hall/CRC.

Meyer, Michelle N. *et al.* (mai 2019). « Objecting to Experiments That Compare Two Unobjectionable Policies or Treatments ». In : *Proceedings of the National Academy of Sciences*, p. 201820701.

Miguel, Edward, Shanker Satyanath et Ernest Sergenti (2004). « Economic Shocks and Civil Conflict : an Instrumental Variables Approach ». In : *Journal of political Economy* 112.4, p. 725-753.

Mill, John Stuart (1843). *A System of Logic, Ratiocinative and Inductive.*

Miller, Casey *et al.* (2019). « Typical Physics Ph.D. Admissions Criteria Limit Access to Underrepresented Groups but Fail to Predict Doctoral Completion ». In : *Science Advances* 5.1.

Moneta-Koehler, Liane *et al.* (2017). « The Limitations of the GRE in Predicting Success in Biomedical Graduate School ». In : *PloS one* 12.1, e0166742.

Monogan, James E. (2015). *Political Analysis Using R.* Springer.

Morgan, Stephen L. et Christopher Winship (2014). *Counterfactuals and Causal Inference.* Cambridge University Press.

Mutz, Diana C. et Robin Pemantle (2015). « Standards for Experimental Research : Encouraging a Better Understanding of Experimental Methods ». In : *Journal of Experimental Political Science* 2.2, p. 192-215.

Nickell, Stephen (1981). « Biases in Dynamic Models With Fixed Effects ». In : *Econometrica : Journal of the Econometric Society*, p. 1417-1426.

Norton, Edward C. et Bryan E. Dowd (2018). « Log Odds and the Interpretation of Logit Models ». In : *Health Services Research* 53.2, p. 859-878.

Pearl, Judea (2000). *Causality : Models, Reasoning and Inference.* T. 29. Springer.

– (2014). « Interpretation and Identification of Causal Mediation. » In : *Psychological methods* 19.4, p. 459.

Pearl, Judea et Dana Mackenzie (2018). *The Book of Why : the New Science of Cause and Effect.* Basic Books.

PENG, Roger D. (2019). *R Programming for Data Science*. Leanpub.

PUHANI, Patrick (fév. 2000). « The Heckman Correction for Sample Selection and Its Critique ». In : *Journal of Economic Surveys* 14.1, p. 53-68.

SENN, Stephen (1994). « Testing for Baseline Balance in Clinical Trials ». In : *Statistics in medicine* 13.17, p. 1715-1726.

SEVI, Semra, Vincent AREL-BUNDOCK et André BLAIS (2019). « Do Women Get Fewer Votes ? No. » In : *Canadian Journal of Political Science/Revue canadienne de science politique*.

SMITH, Louisa H. et Tyler J. VANDERWEELE (juil. 2019). « Bounding Bias Due to Selection ». In : *Epidemiology (Cambridge, Mass.)* 30.4, p. 509-516.

SNIJDERS, Tom A.B. et Roel J. BOSKER (déc. 2011). *Multilevel Analysis : An Introduction To Basic And Advanced Multilevel Modeling*. Second edition. SAGE Publications Ltd.

SOROKA, Stuart, Patrick FOURNIER et Lilach NIR (2019). « Cross-National Evidence of a Negativity Bias in Psychophysiological Reactions to News ». In : *Proceedings of the National Academy of Sciences*. eprint : `https://www.pnas.org/content/early/2019/08/27/1908369116.full.pdf`.

SOVEY, Allison J. et Donald P. GREEN (2011). « Instrumental Variables Estimation in Political Science : A Readers' Guide ». In : *American Journal of Political Science* 55.1, p. 188-200.

STOCK, James H. et Mark W. WATSON (2015). *Introduction to Econometrics*.

TUFTE, Edward R. (1983). *The Visual Display of Quantitative Information*. Graphics press Cheshire, CT.

TUKEY, John W. (1977). *Exploratory Data Analysis*. 1 edition. Pearson.

VANDERWEELE, Tyler J. et Yige LI (2019). « Simple Sensitivity Analysis for Differential Measurement Error ». In : *American Journal of Epidemiology* 188.10, p. 1823-1829.

VON STEIN, Jana (2016). « Making Promises, Keeping Promises : Democracy, Ratification and Compliance in International Human Rights Law ». In : *British Journal of Political Science* 46.03, p. 655-679.

WICKHAM, Hadley et Garrett GROLEMUND (2016). *R for Data Science : Import, Tidy, Transform, Visualize, and Model Data*. « O'Reilly Media, Inc. »

WOOLDRIDGE, Jeffrey M. (2010). *Econometric Analysis of Cross Section and Panel Data*. MIT press.

– (2015). *Introductory Econometrics : A Modern Approach*. Nelson Education.

WORRALL, John (sept. 2002). « What Evidence in Evidence⊠Based Medicine ? » In : *Philosophy of Science* 69.S3, S316-S330.

Index

Table des matières

PARTIE IV

Solutions

PARTIE V

Annexes